深度学习入门

Introduction to Deep Learning

[日] 瀧　雅人　著

杨秋香　王卫兵　等译

机 械 工 业 出 版 社

深度学习是机器学习研究中的一个活跃领域，本书的宗旨在于为深度机器学习的初学者提供一本通俗易懂、内容全面、理论深入的学习教材。

本书的内容大体可以分为机器学习基础、顺序传播神经网络的深度学习、玻尔兹曼机和深度强化学习四个部分，既考虑了通俗性和完整性，又介绍了深度学习的各个方面。其中机器学习基础部分介绍了神经网络、机器学习与深度学习的数学基础、典型任务、数据集等；顺序传播神经网络的深度学习部分介绍了梯度下降法的机器学习、深度学习的正则化、误差反向传播法、自编码器、卷积神经网络以及循环神经网络等；玻尔兹曼机部分对图模型神经网络的机器学习进行了深入的介绍；深度强化学习部分则重点介绍了强化学习中的深度神经网络学习的理论和方法。

通过本书的学习，读者可以快速了解机器学习的全貌，同时在理论上对其模型和方法进行深入分析和理解，从而为实际的开发打下深厚的理论基础，为技术创新提供具有启发性的方向和路径。

图书在版编目（CIP）数据

深度学习入门/（日）瀧雅人著；杨秋香等译．—北京：机械工业出版社，2020.6
ISBN 978-7-111-65531-2

Ⅰ.①深…　Ⅱ.①瀧…②杨…　Ⅲ.①机器学习　Ⅳ.①TP181

中国版本图书馆 CIP 数据核字（2020）第 077065 号

机械工业出版社（北京市百万庄大街 22 号　邮政编码 100037）
策划编辑：任　鑫　责任编辑：任　鑫　李小平
责任校对：樊钟英　封面设计：马精明
责任印制：张　博
三河市宏达印刷有限公司印刷
2020 年 10 月第 1 版第 1 次印刷
184mm×240mm・14.75 印张・326 千字
0001—2200 册
标准书号：ISBN 978-7-111-65531-2
定价：79.00 元

电话服务	网络服务
客服电话：010-88361066	机　工　官　网：www.cmpbook.com
010-88379833	机　工　官　博：weibo.com/cmp1952
010-68326294	金　　书　　网：www.golden-book.com
封底无防伪标均为盗版	机工教育服务网：www.cmpedu.com

译 者 序

正如原书序所介绍的那样，人工智能技术的发展将会掀起第四次工业革命，给社会进步和人类文明发展带来巨大的变革，因此我们有必要全面学习和了解人工智能技术，从而为这种变革的到来做好充分的准备。

深度学习是机器学习研究中的一个活跃领域，其动机在于建立模拟人脑进行分析学习的神经网络，模仿人脑的机制来实现诸如图像、声音和文本之类数据的解释。深度学习的概念源于人工神经网络的研究，深度学习结构含有多隐层的多层感知器，通过低层特征的组合形成更加抽象的高层表示属性类别或特征，以发现数据的分布特征表示。由于其强大的功能、良好的适应性，以及其结构的相对规整和易构性，目前在数据分析、图像及语音识别、趋势预测、机器翻译、机器博弈等众多领域均得到了广泛应用。

真正的深度学习是发生于21世纪的一项科学技术革新。关于深度学习，人们常常错误地认为其模型架构已经成熟，因此不再需要更多的理论研究，只需要足够的训练即能实现想要达到的目标。然而实际情况正如本书作者所说的那样，深度学习的研究与开发并不是歪打正着的事情，其模型的设计需要缜密的数理分析，其训练实践需要相应的理论指导。要想进行高水平深度学习模型的设计和实践，就必须具备深厚的理论背景。因此，作为一本入门书籍，本书力图对以往深度学习理论研究的方方面面进行尽可能详细的介绍，同时将当今最新的相关研究成果也纳入到了本书的内容之中，在强调系统性、通俗性的同时，又具有较强的前瞻性，并且对所介绍的问题都给出了详尽的分析和数学推导，因此也具有较强的学术性。其宗旨是为深度机器学习的学习人员提供一本入门的综合学习教材，即使没有任何机器学习知识储备的读者，通过本书的学习也能提升到可以窥见最前沿研究的高度。

本书的内容大体可以分为机器学习基础、顺序传播神经网络的深度学习、玻尔兹曼机和深度强化学习四个部分，既考虑了通俗性和完整性，又介绍了深度学习的各个方面。其中机器学习基础部分介绍了神经网络、机器学习与深度学习的数学基础、典型任务、数据集等；顺序传播神经网络的深度学习部分介绍了梯度下降法的机器学习、深度学习的正则化、误差反向传播法、自编码器、卷积神经网络以及循环神经网络等；玻尔兹曼机部分对图模型神经网络的机器学习进行了深入的介绍；深度强化学习部分则重点介绍了强化学习中的深度神经网络学习的理论和方法。

总之，本书为深度学习的初学者提供了一本通俗易懂、内容全面、理论深入的学习解决方案。通过本书的学习，读者可以快速了解机器学习的全貌，同时在理论上对其模型和方法进行深入分析和理解，从而为实际开发打下深厚的理论基础，为技术创新提供具有启发性的方向和路径。

本书由杨秋香、王卫兵等翻译。其中，王卫兵翻译了第1～7章，杨秋香翻译了第8～11章，徐倩翻译了原书序、原书前言、附录，并撰写了译者序。全书由王卫兵统稿，并最终定稿。刘泊、吕洁华、房国志、赵海霞、徐速、田皓元、徐松源、张宏、张维波、代德伟也参与了本书的翻译工作。在本书的翻译过程中，全体翻译人员为了尽可能准确地翻译原书的内容，对书中的相关内容进行了大量的查证和佐证分析，以求做到准确无误。为方便读者对相关文献的查找和引用，在本书的翻译过程中，本书保留了所有参考文献的原文信息；对书中所应用的专业术语采用了中英文对照的形式。但是鉴于本书较强的专业性，并且具有一定的深度和难度，因此，翻译中的不妥和失误之处也在所难免，望广大读者予以批评指正。

译者

2020年2月于哈尔滨

原 书 序

人工智能已经成为了一个热门的话题，并将会掀起第四次工业革命，给社会和文明带来巨大的变革。因此，我们必须做好充分的思想准备，全面地了解人工智能。

人工智能与计算机一样经历了60年的发展历程，但其性能的提高对社会的广泛影响还仅仅是最近十年的事情。人工智能的核心技术是深度学习，这也是受到了人脑神经回路的启发。通过提供大量的实践数据，人工智能系统可以自动地学习数据背后隐藏的机理和分布，进而实现只有相关专家才能达到的技能。

尽管如此，人工智能的应用还是仅限于有限的范围内，不能像人类那样运用自如。但是，如果能够从人类无法处理的大量数据当中提取规则的话，人工智能一定是一项不可轻视的新技术。它的实现得益于计算机和互联网等信息技术的惊人进步。

人工智能已经进入了人类的智能领域，并且正在走向人类的内心世界。人类是漫长岁月进化的结果，其思想和智能也随之产生，因而造就了今天的文明与社会，构成了我们生活的基础。甚至有人担心，人工智能能否会改变我们现有的社会与文明呢？到2045年，随着技术奇点的到来，人工智能可能会完全超越人类的智能。在这种惊人的情况下，人类的生存可能会需要机器智能的保护。

虽然这不是我们讨论的主题，但是人工智能会极大地影响社会与文明，这一点是无疑的。我想在论述这一事态的时候，有必要对人工智能技术，特别是作为其核心技术的深度学习要有一个充分的认识。

人工智能是人类创造的，因此我们理应了解它的方方面面。但是，实际上对于为什么人工智能能够产生如此神奇的效果，我们目前还没有根本的了解。就像我们所看到的经过良好学习的围棋模型，已经具有超越人类的本领，让即使是著名专业棋手也感到难以应对。但究其原因，我们仍然知之甚少。这种情况也发生在我们对人脑的认识过程中。人脑是长期进化的结果，从而使得人脑如此完美，但是目前我们对其出色工作的运行机理还是了解得不多。之所以如此，或许是人脑与人工智能在信息的利用上具有共通的运作机理，只是实现的方法不同而已。

人工智能具有突出的优势，能够以大量的软件和程序库作为工具，如果有效利用的话，会发挥很好的作用。但这并不代表我们已经了解了人工智能，我们还需要进一步掌握它的本质。虽然市面上有很多关于人工智能方面的书籍，但是本书首先从基础开始，通过理论简单明了地阐述了人工智能的基本原理。

深度学习也拥有悠久的历史。为了使初学者能够清楚掌握基本原理，本书从数理角度进行了明确阐释，并对编入的最新复杂内容做了详尽的说明。另外，在书中还欣喜地看到关于

Alpha Go 等的详尽介绍，并且还穿插了很多有趣的逸事。

对于想要通过学习加深对深度学习理解的学生、致力于进一步推进深度学习的研究人员以及利用人工智能进行技术创新的技术人员来说，本书可以说是一本必读的文献。通过本书所形成的对基础的扎实掌握和理解，对今后的发展将是十分有益的。

最后，对本书的正式出版表示祝贺！

日本理化学研究所脑科学综合研究中心特别顾问

甘利俊一

2017 年 3 月

原书前言

真正的深度学习是发生于21世纪的一项科学技术革新，若干年以后这一评价也不会改变。能够遇上科学技术飞速发展的时代，的确是非常幸运的。即使仅此一个理由，对深度学习进行研究也是非常有意义的事情。

关于深度学习，人们常常错误地认为即使理论上不够清楚，只要进行方法的积累，也是行得通的。这一认识从某一侧面反映了深度学习的一些实际情况，但并没有真正地把握研究开发的实际现状。深度学习的研究与开发并不是歪打正着的事情，而是要经过缜密的数理分析进行设计的，也就是说需要有相应的理论依据。想要高水平地进行深度学习的设计，就必须具备这方面的理论背景，因此本书对以往理论研究的方方面面进行了尽可能的介绍。然而，深度学习为什么能够达到如此高的性能，至今还不得而知，特别是还存在训练可能性、表现能力、泛化可能性这三大理论之谜。作为一本入门书籍，本书很难涉及目前世界上正在进行的理论研究，仅就几个重要的问题反复进行介绍，可将其作为加深理解的开端。

在深度学习和机器学习领域，有许多无偿提供的出色框架和教程，并公开了许多这方面的说明与实际运行的结果。本书省略了所有与实际运行有关的内容，但是要想掌握理论知识还需通过 TensorFlow 和 Chainer 等进行细致的实际操作和实验。读者可以通过框架边实验边学习。

我本人的专业是粒子和超弦理论，但是通过所属的理论科学联合研究推进小组（iTHES）举办的演讲会触发了本人对深度学习的兴趣。之后，经过不断学习，积累了一些学习笔记，被周围的人知道后，建议并支持我将其编辑成书，并向我推荐了讲谈社。这样，本书基于本人之前的学习笔记，并特别选取了一些基础的重要话题编写而成，书中也借鉴了许多学者的论文和著名的教科书的内容。之所以最终要出版本书，也是源于自己在学习之初的“如果有这么一本教科书该有多好啊!”这样一个想法，以便将这些内容汇集成书，我想也是非常有价值的。本书的目的就是将读者从没有任何机器学习知识储备的阶段提升到可以窥见最前沿研究的高度，这一尝试是否成功，真诚地希望各位读者给予判定。

神经网络研究的核心人物甘利俊一先生通读了本书原稿，并为本书做了详细的点评，还题写了诚挚的序言，本人不胜感激。同事小川轨明博士、田中章词博士、日高义将博士以及本乡优博士等对本书原稿提出了许多有益的建议，日常激烈、深入的讨论也进一步加深了作者对此的理解。若本书有优于其他书籍之处，也是仰仗各位先生的帮助，当然，本书的不当之处完全由我本人负责。另外，讲谈社的科学专员横山真吾先生对不善著书的我给予了耐心的鼓励；日本理化科学研究所的理论科学联合研究推进小组（iTHES）和数理创作计划提供了“科学家自由乐园”这一理想的研究环境。在此，对大家所给予的持续帮助，再一次表示感谢！

最后，如果受本书影响，能够涌现一批年轻的深度学习研究开发者的话，作者将不胜荣幸。

瀧　雅人

2017年4月

目　　录

⊖ * 表此内容选学，余同。

第 1 章　绪　　论

本书基于大学一年级所学的线性代数和微积分知识，来讲解机器学习的基础和几个最新的主题。借助这些知识，再加上一些最新论文的阅读，读者就能够很好地理解机器学习是如何进行的。掌握本书的内容，可为深度学习奠定一定的基础。本书的内容构成如图 1.1 所示。

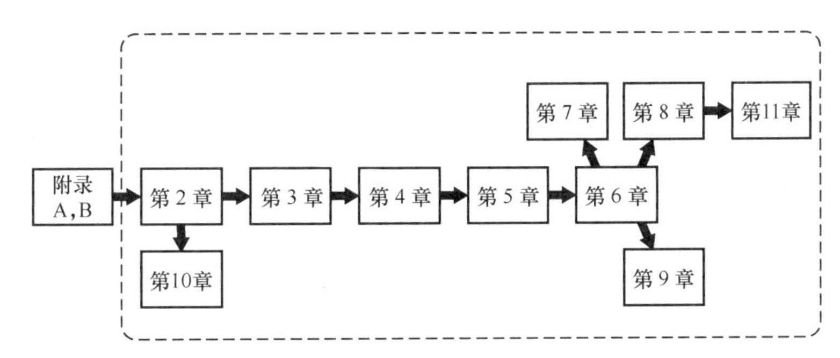

图 1.1　本书的构成

笔者在深度学习阶段参考了两本重要的书：前者[1]讲解简明扼要，推荐给想要快速了解深度学习轮廓的读者；后者[2]由深度学习顶级专家撰写而成，如果想要了解更多的内容，建议参考后者。本书涵盖了上述两本书的大部分内容，此外，还补充了一些最新内容，并试图从理论上对其加以阐释。本书不仅适合于初学者对深度学习进行各种基础体验，而且，对于那些不了解深度学习相关计算的读者也很实用。因此，想了解计算机理论或研究计算过程的人可以选用本书。考虑到标记法的可互换性，本书尽量避免与文献［1］的重复。另外，带 $*$ 的内容为拓展内容，也可以忽略。

下面，概括一下本书的数学标记法要点。加粗的小写字母表示一个纵向排列的向量㊀，向量的水平转置则加符号“$\top$”来表示。例如一个三维向量，可以表示如下：

$$\boldsymbol{v}=\begin{pmatrix} v_1 \\ v_2 \\ v_3 \end{pmatrix}, \qquad \boldsymbol{v}^\top=(v_1 \quad v_2 \quad v_3) \tag{1.1}$$

向量的第 i 项用 v_i 来表示。本书中，一个向量长度的二次方被表示为

㊀ 计算机科学中的向量和张量只是简单排列的数字所形成的多元数组，与具有线性本质的数学上的向量和张量无关。

$$(\boldsymbol{v})^2 = \boldsymbol{v}^\top \boldsymbol{v} = v_1^2 + v_2^2 + v_3^2 \tag{1.2}$$

而在其他书中常常用$\|\boldsymbol{v}\|^2$或$\|\boldsymbol{v}\|_2^2$来表示。加粗的大写字母则表示一个矩阵。

另外，在讨论概率时，正体表示一个随机变量，同一字母写成斜体时，则表示该数值为实际运算时的实际值。如果骰子面上的点数用x来表示的话，那么，出现“3点”时，实际值表示为$x=3$。本书没有区分离散随机变量和连续随机变量。这些随机变量的概率分布用$P(\mathrm{x})$来表示。对一个随机变量x进行一次具体实际值的确定过程，将其称作对随机变量x的取样，并表示如下：

$$x \sim P(\mathrm{x}) \tag{1.3}$$

本书中的符号“$\sim$”表示对随机变量进行取样的意思，近似相等则用符号“$\approx$”来表示。概率分布P的期望值用$\mathrm{E}_P[\cdots]$表示，切勿与误差函数$E(\cdots)$相混淆。

第 2 章　机器学习与深度学习

深度学习正在成为典型的机器学习手段。这种机器学习采用一种现代统计学的手段，其研究对象就是现代生活中围绕着我们身边的庞大数据。因此，本章从统计学的回顾开始，概述机器学习是基于何种概念的方法论。

2.1　为什么要进行深度学习

近几年，呈飞跃式发展的深度学习（Deep Learning）已成为人工智能研究的一种手段。更准确地说，近年来，深度学习已归属于迅猛发展的机器学习领域。深度学习是利用受动物神经网络启发而研制的人工神经网络（artificial neural network）的计算，主动获取大量数据背后知识的强有力手段。神经网络研究具有悠久的历史，其起源可以追溯到 20 世纪 40 年代，研究热潮几经过高的期望，而终以失望告终。此番深度学习的研究热潮与以往是截然不同的，之所以这样说，是因为计算机的计算能力获得了飞跃式提高，同时其成本也大幅度地下降，使人工神经网络真正地应用于计算机成为可能。而实际进行的计算机实验，也获得了超出预想的高性能，长期以来认为“人工神经网络不会成功”的想法开始被颠覆。研究者的世界观发生了戏剧性的改变，因而对其投入了大量的优秀人才与巨额的研究经费，使得以往极其薄弱的人工神经网络的研究获得了惊人的发展。

那么，在众多的方法中，是什么使得深度学习受到如此的关注呢？它绝不仅仅是一时的流行才引来关注的。以深度学习为代表的机器学习，其特点是计算机编程时不需要提供特别的熟练技巧。以识别手写数字为例，如果书写的数字不是特别不清晰的话，连小孩子都能认得出来，而以往让计算机识别的话，却并不那么容易。因此，为了使其辨别图像中的对象目标，研究者在图像识别方面思考了许多方法。例如，从图像中提取构成数字的点与线，并亲自编写进行位置关系和角度分析的程序，认为这样就可以进行数字识别了。可是，这种编程方法将手写数字进行了特殊的过度处理，因此当需要识别汉字数字和照片中的其他图像时，就必须重新考虑全新的程序和算法。而深度学习只要通过人工神经网络处理大量手写数字的图像数据，就可以主动获取识别数字的工具。也就是说，将各种手写数字呈现给人工神经网络，它就可以像人一样通过经验的学习来取得对象识别的方法，无论是手写汉字、数字，还是照片上的各种物体都可以进行识别。也就是说，深度学习可以为我们提供不依赖任务类别的通用的程序算法。

另外，深度学习具有极高的泛化性能。以前，想从图像数据中构筑图像识别能力，计算机程序也只能识别所呈现的图像，充其量也不过是机械的记忆而已。而我们真正希望实现的是一种泛化状态，也就是通过计算机对一部分人的手写文本识别的学习，能够达到准确识别所有人的手写文本的目标，即所谓的泛化是指从已有的数据中获取适合所有情况的知识。机器学习很难实现泛化这一大目标，但深度学习在许多任务中均能体现出很高的泛化性能。这一点证明了人工神经网络具有与其他方法完全不同的特性。

参考 2.1　No Free Lunch 定理

机器学习领域有一个 No Free Lunch 定理[3]。该定理的基本内容是，无论如何完善用于计算机识别的程序算法，如果将其性能平均分配给无数个不同的识别对象的话，那么所有的计算能力都将相同。也就是说，无论如何努力，也不可能编制出应对所有问题的程序算法。这也意味着专家的努力将毫无意义，也就没有必要进行深度学习了。

但是，定理中的“将其性能平均分配给无数个不同的识别对象”这句话很重要。实际上我们让它计算，就是让它模仿我们所做的事情，让它为我们分担。也就是说，我们只关注自己能够识别的对象，在这个意义上，可以说，赋予机器学习的任务是相当有限的。深度学习的成功暗示着，若想从事与我们相似的工作，受动物启发而得到的人工神经网络是最为适合的。

2.2　什么是机器学习

深度学习是机器学习的一种[4]，因此首先必须了解机器学习。其实第 3 章以后的内容，即使不了解本章的内容也无妨，但是基础很重要，不着急向前赶的读者请从本章学起吧！

所谓的机器学习（machine learning），是将人能完成的各种学习和技能作业，让计算机来进行的一种方法或手段的研究。在机器学习中人不直接将知识具体地写入到程序算法中，也不直接教它怎么做，而是让计算机自主地从具体的数据库中来进行学习。

依据 T. M. 米歇尔（Tom Michael Mitchell）的著名定式化理论[5]，机器学习由经验$\boldsymbol{E}$、任务$\boldsymbol{T}$、性能评价标准$\boldsymbol{P}$三个基本要素构成。机器学习就是让计算机程序通过已有的经验来进行学习，这里的学习是针对某一任务$\boldsymbol{T}$，通过经验$\boldsymbol{E}$，来提高$\boldsymbol{P}$测定的任务执行能力。如果任务$\boldsymbol{T}$是图像识别，则经验$\boldsymbol{E}$就提供图像数据，计算机程序与$\boldsymbol{P}$（定量测定程序运行情况的标准）对应的部分将在后续章节中详细讲解，这里先做一个简要的说明。如果参照 2.1 节讲解的泛化概念的话，那么性能评价标准就必须对$\boldsymbol{E}$未出现的数据，测定其经验后完成任务的情况。也就是说，机器学习不应该只是机械地记忆经历过的案例，而应将获取普遍经验的智慧推荐给计算机程序。

2.2.1　典型任务

1. 分类

所谓分类（classification），是将数据划分成某几个范畴。例如，当看到发来的电子邮件时，能分辨出是普通邮件还是垃圾邮件，这称作二元分类。所划分出的“非垃圾/垃圾”的结果就是类（class），将普通邮件和垃圾邮件的类别分别用$\mathcal{C}_0$, $\mathcal{C}_1$来表示，标记这样的类的标记被称作类标签。图像中的各个像素点也被处理为不同的数值，并将这些像素数据按一定规则进行排列，从而形成了图像数据库，我们将其记为$\boldsymbol{x}$。在此，粗体字表示将数值阵列当作向量来处理。所谓分类，是将$\boldsymbol{x}$确定为$\mathcal{C}_0$或$\mathcal{C}_1$，这样，代表各类的类标签，可以以数据$y=0,1$来表示，输入的时候也很方便。还可以表述为，将$\boldsymbol{x}$划分为$\mathcal{C}_y$类，就是确定$\boldsymbol{x}$归属类的离散值标签$y(\boldsymbol{x})$的值。

$$\boldsymbol{x} \longrightarrow y(\boldsymbol{x}) \in \{0,1\} \tag{2.1}$$

在多元分类的情况下，依次可以划分为$\mathcal{C}_1,\mathcal{C}_2,\cdots,\mathcal{C}_K$若干个类，类标签$y(\boldsymbol{x})$也依次用$1\sim K$的整数来表示。通过多元分类，可以将电子邮件分成多个文件夹，以收藏工作、家人、友人、垃圾邮件等不同类型的邮件文件。

上述介绍的是一种确定性分类方法，还有一种以概率进行的非确定性分类方法。在概率分类方法中，确定数据$\boldsymbol{x}$属于y类的概率$P(y|\boldsymbol{x})$。以刚才的例子为例，$P(y=1|\boldsymbol{x})$表示邮件$\boldsymbol{x}$属于垃圾邮件的概率，这种分类方法将在 2.4.8 节中再做讨论。

2. 回归

很多情况下，数据集合y中的数值不只是离散的 1 个、2 个等有限个数的数值。例如，当要从过去几天的气象数据$\boldsymbol{x}$来预测明天的气温时，y就相当于气温的温度值，所以y是一个连续的随机变量。像这样根据数据预测相应的实际数值y的过程就被称作回归（regression），这是一个对具有无数个采用实际数值标注的数据集进行的巨大分类问题。总之，所谓的回归，就是一个确定函数$y(\boldsymbol{x})$的过程，以便在已知$\boldsymbol{x}$值的情况下，确定该$\boldsymbol{x}$值所对应的y值。

$$\boldsymbol{x} \longrightarrow \boldsymbol{y}(\boldsymbol{x}) \in \mathbb{R} \tag{2.2}$$

作为应用任务，例如谷歌翻译就有我们所熟知的机器翻译。除此之外，还有将声音转换成文本的语音识别，自动检测异常状况的异常检测，或是压缩各种数据规模的数据压缩等，这些日常生活中的各种任务，机器学习均能涉猎。

2.2.2　形式各异的数据集

用于机器学习的数据因任务不同而不同，下面介绍一下用于深度学习试验的标准的学习用数据集。

1. MNIST

MNIST（Mixed National Institute of Standardsands and Technology，MNIST）数据库是由美国国家标准技术研究所（NIST）、前美国国家标准局提供的手写数字数据库，经整合而形成的数据集（见图 2.1）。该数据集收集了来自人口普查局工作人员和高中生的手写数字的图像数据，其中 6 万张用作训练数据，1 万张用作测试数据。每个样本被制成大小为 28×28 的灰度级图像。

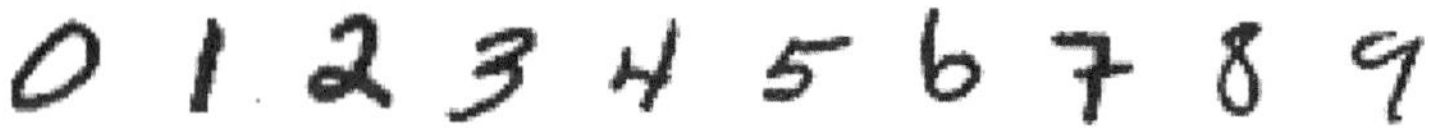

图 2.1　随机选出的 MNIST 数据集中的一部分（白底黑字图片）

2. ImageNet 图像

标记法（annotation）识别 MNIST 提供的手写数字图像的识别任务是比较简单的机器学习，需要做的常规任务包括区分图片上特定对象的对象种类识别（object category recognition）和检测出普通图像中的对象，并对其进行分类对象检测（object detection）。作为开发这种机器学习模式的实验平台，之前准备了各种不同的图像数据，ImageNet 是其中最为典型的，它是由约有 1400 万张自然对象的图像组成的庞大的数据库，而且每一张图像都为该对象标有一个正解标签，数据集的个数达 2 万个。其标记过程是采用手工标记（annotation）操作来实现的。

ImageNet 数据库的数据大小、种类数目都是正则的。但是如果想要进行更精细的实验，还需要准备更加精细的图像数据。CIFAR-10 是被分成 10 个类的 32×32 像素的图像数据集，其中训练用图像 6 万张，测试用图像 1 万张，宛如 MNIST 的自然图像版本。图 2.2 是从训练用数据中随机抽取的 10 张图片。

图 2.2　从各类中随机抽取的 CIFAR-10 数据集的一部分

另外，由加州理工大学研究小组提供的 Caltech 101 也经常被使用。该数据库是由约 9000 张 300×200 像素的图像组成，它们被分成 101 组，作为个人实验用，这个数据集很适合。

2.3　统计学基础

机器学习是根据经验来使程序完成各种任务的，下面需要讨论的是软件程序是如何获取完成任务所需要的知识的。科学分析数据的数理方法当然是统计学，机器学习的方法也是需要以统计学为基础的。基于此观点，我们称之为统计机器学习[6]。本章先回顾统计学的基础，讲解如何设计计算机学习程序及性能评价标准。在附录中汇集了本书使用的概率论知识和标记法，可根据需要加以参考。

2.3.1　样本和估计

之前只是简单地采用了样本和数据这个术语，下面我们将确定其准确的用法。数据或数据集合［data（set）］、样本（sample）都是由数据点（data point）构成的集合。以手写文本、图像识别为例，数据是用于统计分析时所准备的图像集合，每一张图像被称为数据点，此处只是省略了数据点而直接称其为数据。还有样本、表示样本要素的数据点等，这些术语的滥用是极其不正确的做法，但现状却常常是这样的。因此，根据实际情况，本书也基于此种用法，统计就是分析由这些数据点集合构成的数据，在这里我们引进估计方法。首先，用于统计分析的数据是从母集中抽取的㊀，该抽取过程被称为采样（sampling）。在此，为了将一个要素的抽取与采样加以区别，准确的术语应该叫抽样。抽样的目的是通过数据分析来获取数据背后有关母集的知识，这就好像是健康学者想要了解饮酒量与健康关系时不必调查地球上的全人类（＝母集）是一样的，仅随机抽取少数人（＝采样），并对其调查和分析其结果（＝数据），从而得出全人类通用的饮酒量与健康之间的关系。

母集的特征由数据所给出的生成分布（generative distribution）$P_{\mathrm{data}}(\mathrm{x})$来表征的，也就是不确定现象的概率分布模型。我们所掌握的数据是自然界中各种物理过程的变化结果，是宇宙的自然存在，人类无法知道其整个过程和全部的构成要素。因此，我们认为数据是某些不确定性过程随机生成的，经典的掷筛子游戏就是如此。如果能得到骰子和周围的所有物理信息的话，原理上是能够通过力学计算出骰子面上将呈现的点数的㊁。但人的认知和计算能力有限，只能猜中1/6的概率。所以，在此后的任何情况下，$\boldsymbol{x}$的任何一个具体的样本，我们均将其视为从数据生成分布中抽取的一个样本。

$$\boldsymbol{x} \sim P_{\mathrm{data}}(\mathbf{x}) \tag{2.3}$$

通过如此的模型化处理之后，我们就可以通过概率来预测各种现象的发生。在此，$\boldsymbol{x} \sim P(\mathrm{x})$表示某随机变量x的实际值$\boldsymbol{x}$的产生（取样）是以函数$P(\mathrm{x})$来分布的。

关于抽样需要注意的是，我们想了解的是母集的整体属性，如果样本抽取存在未知的偏差，则会使样本的解析产生失真，从而引起母集整体属性的误判。因此，我们对数据的抽样基本上只考虑随机地抽取。更准确地说，就是所有数据样本都从同一分布中独立地抽取，它们是独立同分布（independent and identically distributed，i. i. d.）的。故由此所获得的母集的知识就是我们所了解到的数据点的概率分布。我们将赋予数据足够特征的统计量称作参数（parameter），在后面的具体例子中，当我们研究正态分布时，在均值和方差确定的情况下，就可以知道所有数据点的具体分布，因此这两个值也就是我们所说的参数。实际上，数

㊀ 在本书中，我们假定母集为无限大，一次抽样后不影响数据的概率分布，因此可不考虑放回抽样和非放回抽样的区别，均按放回抽样来考虑。

㊁ 理论上，像混沌现象一样，在有限的计算能力下，该过程是难以追踪的。除此之外，量子力学的本质属性也是一个随机过程，在此不做理论上的深入分析。

据生成的过程是极其复杂的，真正的$P_{\mathrm{data}}(\mathrm{x})$具有无数个参数，数据的实际分布是很难全部掌握的。因此，通常将$P_{\mathrm{data}}(\mathrm{x})$视为一个实际分布的近似模型，并将其表示为$P(\mathrm{x};\boldsymbol{\theta})$。该模型参数$\boldsymbol{\theta}$的最适合的值$\boldsymbol{\theta}^*$则需要通过数据来进行估计（estimate）[㊀]，并将这种方法称作参数法。对于一个给定的参数模型，只要估计赋予分布特征的少数参数值即可。这样，如果能推断（inference）出数据生成的分布模型的话，我们就可以利用这一模型对那些还未生成的新数据进行各种预测。

2.3.2　点估计

数据是按某种未知的概率分布而生成的，确定这个概率分布的参数就是统计估计（statistical estimation）。由于我们无法直接从母集中抽取数据，因此只能从现有的有限个元素的数据集$\mathcal{D}=\{x_1,x_2,\cdots,x_N\}$中来计算出最佳的参数值，这种方法被称作点估计。为了进行点估计，对于一个给定的模型，其参数为随机变量$\{\mathrm{x}_1,\mathrm{x}_2,\cdots,\mathrm{x}_N\}$的函数，并将其记为

$$\hat{\boldsymbol{\theta}}(\mathrm{x}_1,\mathrm{x}_2,\cdots,\mathrm{x}_N) \tag{2.4}$$

该量即为估计量（estimator）。估计量也是一个随机变量，因此在给定具体的数据（随机变量的具体取值）之后，才能推出给定参数的估计值（estimate）

$$\hat{\boldsymbol{\theta}}^*(x_1,x_2,\cdots,x_N)=\hat{\boldsymbol{\theta}}(x_1,x_2,\cdots,x_N) \tag{2.5}$$

总之，如果这个估计值能尽可能地接近我们这里所说的参数值，就可以通过现有数据的值来了解其背后所隐藏的分布。

一个好的估计量应该具备一些良好的特征，下面介绍几个估计量的评价指标。

1. 偏差小

估计量的偏差（bias）是指估计量的期望值$\mathrm{E}\left[\hat{\boldsymbol{\theta}}\right]$与真值$\boldsymbol{\theta}^*$之间的差值，可表示如下：

$$b(\hat{\boldsymbol{\theta}})=\mathrm{E}\left[\hat{\boldsymbol{\theta}}\right]-\boldsymbol{\theta}^* \tag{2.6}$$

这个期望值是数据生成分布的期望值，是通过数据集中的许多数据点所计算的平均值。偏差小指的是估计值的偏差小，估计值与真值无偏离，偏差值为零时则称该估计量为无偏估计量（unbiased estimator），也是我们所希望的理想的估计量[㊁]。当估计量有偏差的时候，如果随着数据数量的增加，会出现$\lim_{N\to\infty}b(\hat{\boldsymbol{\theta}})=0$这样偏差趋近于零的情况，则称这种估计量为渐进无偏估计量（asymptotically unbiased estimator）。这些概念在学习机器学习理论时很重要，请记住它们。

㊀ 本书中，我们假定模型参数具有一个确定的值$\boldsymbol{\theta}^*$，并且该值可以通过数据来进行统计估计，这与将模型参数也看作随机变量的贝叶斯的观点有很大的不同，但本书对贝叶斯统计也不做介绍。

㊁ 实际上，无偏估计量也未必是合适的估计量，在近似估计量的精度足够的情况下，具有计算量小的优点，并且在某些情况下，反而更希望有些许的偏差存在。

2. 方差小

方差（variance）反映的是估计值与真值的偏离程度，因此显然希望方差越小越好。方差可表示为

$$Var(\hat{\boldsymbol{\theta}}) = \mathrm{E}\left[\left(\hat{\boldsymbol{\theta}} - \boldsymbol{\theta}^*\right)^2\right] \tag{2.7}$$

3. 一致性

所谓一致性（consistency）是指，随着数据点的增加，统计量越来越接近真的函数值，即当$N \to \infty$时

$$\hat{\boldsymbol{\theta}} \to \boldsymbol{\theta}^* \tag{2.8}$$

满足这个性质的估计量称作一致估计量（consistent estimator）[㊀]。

通过上述一些抽象概念的讲解，现在我们可以利用各种生成分布的具体例子，来实际运用一下之前学过的概念。

（1）高斯分布

高斯分布（Gauss distribution）随机变量x的取值服从以下分布：

$$P(x) = \mathcal{N}\left(x;\, \mu, \sigma^2\right) = \frac{1}{\sqrt{2\pi\sigma^2}} \mathrm{e}^{-\frac{(x-\mu)^2}{2\sigma^2}} \tag{2.9}$$

由此可见，如果μ和σ^2是确定的话，则随机变量x的分布也就确定了，因此我们需要确定的即为式（2.9）中的两个参数。那么，如何通过高斯分布随机抽取N个数据来估计该参数呢？现在我们假设所有的样本都是随机抽取的，任意的数据点x_n都是按高斯分布的独立的随机变量，因此说其期望值与分布的参数μ是一致的。

$$\mathrm{E}_{\mathcal{N}}\left[\mathrm{x}_n\right] = \int_{-\infty}^{\infty} x_n P(x_n) \mathrm{d}x_n = \mu \tag{2.10}$$

这当然是有关分布的期望值，它与数据$\mathcal{D} = \{x_1, x_2, \cdots, x_N\}$的平均值相近似。也就是说，用样本平均值来置换高斯分布的期望值，并将其设为μ的估计量$\hat{\mu}$。

$$\hat{\mu} = \frac{1}{N}\sum_{n=1}^{N} \mathrm{x}_n \tag{2.11}$$

于是，就巧妙地变成了无偏估计量

$$\mathrm{E}_{\mathcal{N}}\left[\hat{\mu}\right] = \frac{1}{N}\sum_{n=1}^{N} \mathrm{E}_{\mathcal{N}}\left[\mathrm{x}_n\right] = \mu \tag{2.12}$$

那么σ^2又怎样呢？作为简单的高斯积分计算问题，可以表示如下：

$$\mathrm{E}_{\mathcal{N}}\left[(\mathrm{x}_n - \mu)^2\right] = \int_{-\infty}^{\infty} (x_n - \mu)^2 P(x_n) \mathrm{d}x_n = \sigma^2 \tag{2.13}$$

㊀ 对于随机变量的收敛性，其含义取决于该收敛是随机的还是近似的。如有疑问，请参阅关于概率论和统计学的书籍。

因此，再次用样本平均值来近似这个期望值的话，可得到$\hat{\sigma}^2$的值为

$$\hat{\sigma}^2 = \frac{1}{N}\sum_{n=1}^{N}(x_n - \hat{\mu})^2 \tag{2.14}$$

这个量是否为无偏估计量呢？为了验证，我们计算一下其期望值即可。通过计算

$$\begin{aligned} \mathrm{E}_{\mathcal{N}}\left[(\mathrm{x}_n - \hat{\mu})^2\right] &= \mathrm{E}_{\mathcal{N}}\left[(\mathrm{x}_n - \mu)^2 - 2(\mathrm{x}_n - \mu)(\hat{\mu} - \mu) + (\hat{\mu} - \mu)^2\right] \\ &= \sigma^2 - 2\frac{\sigma^2}{N} + \frac{\sigma^2}{N} \end{aligned} \tag{2.15}$$

请注意x_n和$\hat{\mu}$均为随机变量，于是得

$$\mathrm{E}_{\mathcal{N}}\left[\hat{\sigma}^2\right] = \left(1 - \frac{1}{N}\right)\sigma^2 \tag{2.16}$$

由此可见，其是有偏差的，只是当$N \to \infty$时，这个期望值的极限与σ^2一致，所以它是一个渐进的无偏估计量。此外，将式（2.14）的估计量进行修正，除以另外一个系数，也可获得随机变量的无偏估计量：

$$\hat{\hat{\sigma}}^2 = \frac{N}{1-N}\hat{\sigma}^2 = \frac{1}{N-1}\sum_{n=1}^{N}(x_n - \hat{\mu})^2 \tag{2.17}$$

（2）伯努利分布

伯努利分布（Bernoulli distribution）是记录像掷骰子定大小那样的随机事件，随机事件取任意 2 个不同的值。在此，随机变量x用 0、1 两个离散值来表示，并设$\mathrm{x} = 1$时的概率为p，则事件的分布可表示为

$$P(x) = p^x(1-p)^{1-x} \tag{2.18}$$

该分布的参数为p。另外，伯努利分布的期望值与方差可以用参数表示为

$$\mathrm{E}_P[x] = \sum_{x=0,1} xP(x) = p$$

$$\mathrm{E}_P\left[(x-p)^2\right] = \sum_{x=0,1}(x - 2px + p^2)P(x) = p(1-p)$$

于是参数的估计量还可以平均为

$$\hat{p} = \frac{1}{N}\sum_{n=1}^{N} x_n \tag{2.19}$$

实际上，$\mathrm{E}_P[\hat{p}] = \sum_{n=1}^{N}\mathrm{E}_P[x_n]/N = p$成了无偏估计量。那么方差的大小如何呢？经实际计算得

$$\mathrm{E}_P\left[(\hat{p} - p)^2\right] = \frac{1}{N^2}\sum_{n=1}^{N}\mathrm{E}_P\left[(x_n - p)^2\right] = \frac{1}{N}p(1-p) \tag{2.20}$$

数据范围越大，估计值的偏差越接近于零，所以估计量对于大量的数据，其方差反而变小。

2.3.3 极大似然估计

以前是用发现法来寻找估计量，但是这对复杂分布的情况就无能为力了。事实上，对于参数存在的情况下，还有更好的求解方法，这就是我们要介绍的极大似然估计法（maximal likelihood method）。

假设给出了数据生成分布的参数模型$P_{\text{model}}(\mathrm{x};\boldsymbol{\theta})$，给出的样本$\mathcal{D}=\{x_1,x_2,\cdots,x_N\}$与从该分布中随机提取的近似，于是，这些就是单独从相同模型分布中生成的实际值。获取这个数据集时，其概率密度为

$$P\left(x_1,x_2,\cdots,x_N;\boldsymbol{\theta}\right)=\prod_{n=1}^{N}P_{\text{model}}\left(x_n;\boldsymbol{\theta}\right) \tag{2.21}$$

在此，将其看作对应的随机变量，记为$L(\boldsymbol{\theta})=P\left(x_1,x_2,\cdots,x_N;\boldsymbol{\theta}\right)$，并称之为似然函数(likelihood)。之所以数据值取$\{x_1,x_2,\cdots,x_N\}$这个观测值，是因为参数$\boldsymbol{\theta}$的值可以使概率$L(\boldsymbol{\theta})=P\left(x_1,x_2,\cdots,x_N;\boldsymbol{\theta}\right)$达到极大值的缘故。也就是说，因为参数值可以使得随机事件$L(\boldsymbol{\theta})$成为极大概率，因此就可以很容易地实现数据$\{x_1,x_2,\cdots,x_N\}$的生成。于是，由数据所给出的最优参数值可以使得似然函数取得极大值。

（极大似然估计）

最优参数值$\boldsymbol{\theta}_{\text{ML}}$可以使似然函数取得极大值。

$$\boldsymbol{\theta}_{\text{ML}}=\underset{\boldsymbol{\theta}}{\operatorname{argmax}}\,L(\boldsymbol{\theta}) \tag{2.22}$$

但是，由于似然函数是概率密度的积，需要多个小于1的数值反复相乘才能得到，因此其值通常很小，其计算在计算机上容易引起下溢出。因此，在实际应用中通常取似然函数的对数，并对对数的似然函数进行最大化。

$$\boldsymbol{\theta}_{\text{ML}}=\underset{\boldsymbol{\theta}}{\operatorname{argmax}}\ \log L(\boldsymbol{\theta}) \tag{2.23}$$

很明显，其结果并未改变。理论上，对一个函数取对数，不改变函数极值的位置。

这样，通过将目标函数最大化或最小化来决定估计所采用的最合适的函数值是机器学习最常用的方法。实际上，许多机器学习程序算法都是在最优法基础上构建的。不过在机器学习中，与最大化相比，更多采用的是将问题最小化。所以将负的对数似然函数作为目标函数的最小化问题来表现

$$\boldsymbol{\theta}_{\text{ML}}=\underset{\boldsymbol{\theta}}{\operatorname{argmin}}\left(-\log L(\boldsymbol{\theta})\right) \tag{2.24}$$

这只是习惯上的问题，但在学习机器学习之际，初学者很容易弄混。现将极大似然估计法试着应用到具体的分布上。

1. 高斯分布

我们再以高斯分布为例，N个数据的似然函数为

$$L(\boldsymbol{\theta}) = \prod_{n=1}^{N} \frac{1}{\sqrt{2\pi\sigma^2}} \mathrm{e}^{-\frac{(x_n-\mu)^2}{2\sigma^2}} \tag{2.25}$$

只是$\boldsymbol{\theta}=(\mu,\sigma^2)$给出了两个参数。对数似然函数再做简化，为：$\log L(\boldsymbol{\theta})=-\frac{N}{2}\log\sigma^2-\sum_n (x_n-\mu)^2/2\sigma^2+\text{const}$。这里的 const 表示的是常数项，为了找到这个函数的极大值，只要求出微分为 0 之处的参数值即可。

$$0=\left.\frac{\partial \log L(\boldsymbol{\theta})}{\partial \mu}\right|_{\boldsymbol{\theta}_{\mathrm{ML}}} = \frac{1}{\sigma_{\mathrm{ML}}^2}\sum_n (x_n-\mu_{\mathrm{ML}}) \tag{2.26}$$

$$0=\left.\frac{\partial \log L(\boldsymbol{\theta})}{\partial \sigma^2}\right|_{\boldsymbol{\theta}_{\mathrm{ML}}} = -\frac{N}{2}\frac{1}{\sigma_{\mathrm{ML}}^2}+\frac{1}{2(\sigma_{\mathrm{ML}}^2)^2}\sum_n (x_n-\mu_{\mathrm{ML}})^2 \tag{2.27}$$

由此马上就能解出 2 个未知的参数值，所得到的极大似然估计值$(\mu_{\mathrm{ML}},\sigma_{\mathrm{ML}}^2)$与之前我们所求解出的估计值$(\hat{\mu},\hat{\sigma}^2)$一致。值得注意的是极大似然估计所给出的估计量是有偏差的。

2. 伯努利分布

伯努利分布的似然函数为

$$L(p)=\prod_{n=1}^{N} p^{x_n}(1-p)^{1-x_n} \tag{2.28}$$

相应的对数函数为$\log L(p)=\sum_n [x_n\log p + (1-x_n)\log(1-p)]$。如将其最大化，则有

$$0=\left.\frac{\partial \log L(p)}{\partial p}\right|_{p_{\mathrm{ML}}} = \frac{\sum_n x_n}{p_{\mathrm{ML}}}-\frac{\sum_n (1-x_n)}{1-p_{\mathrm{ML}}} = \frac{\sum_n x_n - Np_{\mathrm{ML}}}{p_{\mathrm{ML}}(1-p_{\mathrm{ML}})}$$

通过对上式进行求解，获得的极大似然估计值p_{ML}也与我们之前所求得的估计值$\hat{p}=\sum_n x_n/N$一致。这种极大似然估计法是求估计量最通用的方法。

2.4 机器学习基础

学习了统计学的基础之后，让我们运用它来学习机器学习的基础吧。机器学习的目标是通过学习和计算机的算法对数据集进行处理，让计算机软件来进行学习，以便很好地完成各项任务。机器学习过程中，数据被分成训练数据（training data）、训练样本（training samples）和观测数据（observations）等。在文献中，数据或样本等名称，既指样本本身，也可以是样本的各个元素，这通常看起来是模糊的。本书在强调样本时，会像训练数据集（training set）或训练集合这样在其后加上“集”或“集合”这样的后缀。

承担学习任务的是由人设计的学习机器（learning machine），它也称作计算机学习体系（architecture）。提起机器通常会联想到机器人，但实际的学习机器不过是人设计的数学模型或函数（估计量），计算机只是安装了相应的学习程序而已。在自然科学的数据解析中，

相同的数据拟合函数也是基于数据来研究自然现象机理的一个例子。

评估量决定体系的学习过程就是程序算法的学习，这个也是由人来设计的。具体的程序算法因学习的任务和数据种类而异，不过一般的设计理念是首先引入检测任务完成质量好坏的标准，以此来完善、决定该值的程序算法。这个评价标准包括成本函数（cost function）、损失函数（loss function）、目标函数（objective function）或误差函数（error function）等，具体的内容以下将逐步进行介绍。

2.4.1　监督学习

机器学习分为监督学习（supervised learning）、非监督学习、强化学习等几个阶段，深度学习的基础是监督学习。监督学习的特点是所准备的训练用数据的输入（input）$\boldsymbol{x}$ 和输出（output）$\boldsymbol{y}$ 一定是成对的，即训练用数据形式为 $\mathcal{D}=\{(\boldsymbol{x}_1,\boldsymbol{y}_1),\cdots,(\boldsymbol{x}_N,\boldsymbol{y}_N)\}$。机器学习的目标就是估计这一输入、输出之间的关系，当输入新的未知数 $\boldsymbol{x}$ 时，就可以恰当地预测出对应的输出值 $\boldsymbol{y}$。

$$\boldsymbol{x}\longrightarrow\boldsymbol{y} \tag{2.29}$$

训练用数据中的输入、输出值，也就是练习问题和它的示范解答。学习体系通过参考这些问题的解答来学习求解问题的方法。除此之外，还准备了用于测试求解新问题能力的未见过的问题。

输出 $\boldsymbol{y}$ 也被称作目标变量（target）。用统计学术语来表达的话，就是了解说明随机变量（random variable）$\mathbf{x}$ 与目标随机变量（target variable）$\mathbf{y}$ 之间的关系，建立可以预测目标随机变量的模型，学习寻找目标随机变量的适当的估计值 $\hat{\boldsymbol{y}}$。在实际过程中，我们首先建立一个假定的估计量的函数模型（近似函数），然后让该函数的参数通过训练用的数据进行优化，从而成为最合适的值。这个过程即为程序算法的学习。

如 2.2.1 节讲解的那样，目标随机变量有以下两种：

（1）质变量（qualitative variable）。它和分类一样，是表示物体种类的随机变量。作为数值，也可以用离散随机变量来表示。例如硬币的正反面用实际的质随机变量来表示时，如果分别用 0 表示正面 1 表示反面的话，就可以取 0、1 两个离散数值来代表不同的事件的发生。

（2）量变量（quantitative variable）。而量变量的取值是连续的，是用于回归的随机变量。

2.4.2　最小二乘法线性回归

根据输入 $\boldsymbol{x}$ 来预测输出的过程就是回归。首先让我们来考虑一下输出不是向量，而是标量的情况[㊀]。在此将其视为一个参数模型，通常 y 用某函数 $\hat{y}=f(\boldsymbol{x};\boldsymbol{w})$ 表示，其值将由 $\boldsymbol{x}$ 来决定。不过这个函数的参数 $\boldsymbol{w}$ 是未知的，我们需要通过给定的数据来为其确定一个最适合的参数值，这个过程也就是学习。另外，由于数据在观测过程中也会夹杂着任意过程的不确定

㊀ 本书将不构成向量的一个成分的数称为标量。

因素，因此我们也按式（2.30）那样为y引入一个噪声。

$$y = f(\boldsymbol{x}; \boldsymbol{w}) + \epsilon \tag{2.30}$$

式中ϵ是一个随机变量，表示任意噪声对规则信号的叠加，而我们想要知道的是捕捉到输入$\boldsymbol{x}$和输出y之间对应的规则$f(\boldsymbol{x}; \boldsymbol{w})$。在此，假设有规律的部分是参数为一次函数的回归模型，则有

$$f(\boldsymbol{x}; \boldsymbol{w}) = \boldsymbol{w}^{\top} \boldsymbol{h}(\boldsymbol{x}) = \sum_{j} w_j h_j(\boldsymbol{x}) \tag{2.31}$$

这是关于参数的线性关系，因此叫线性回归（linear regression）。而$h_j(\boldsymbol{x})$未必一定是输入$\boldsymbol{x}$的线性函数。例如，x不为向量，而是标量时，选择$h_j(x) = x^j$这一单项时，就是单项式回归。

$$f(x; \boldsymbol{w}) = \boldsymbol{w}^{\top} \boldsymbol{h}(x) = \sum_{j=0}^{M} w_j x^j \tag{2.32}$$

需要注意的是，这种单项式回归也是线性回归的一种。

在回归分析中，为了嵌合模型$f(\boldsymbol{x}; \boldsymbol{w})$对给定数据$\mathcal{D}$时的输入、输出对应关系，通常会调整模型的参数$\boldsymbol{w}$。因此需要有一个衡量模型与数据嵌合度的标准。在机器学习中，通常是通过将误差函数（error function）[㊀]降低为最小来衡量模型函数$f(\boldsymbol{x}; \boldsymbol{w})$合适与否的标准，并以此来决定最合适的参数$\boldsymbol{w}^*$。但是还有一个最著名且易于理解的误差函数为方均误差(mean squared error)。

$$E_{\mathcal{D}}(\boldsymbol{w}) = \frac{1}{N} \sum_{n=1}^{N} [\hat{y}(\boldsymbol{x}_n; \boldsymbol{w}) - y_n]^2 \tag{2.33}$$

其中，$\hat{y}(\boldsymbol{x}_n; \boldsymbol{w})$是模型中输入了第$n$个输入数据所得到的模型估计值，$y_n$为输入数据对应的准确输出目标值。因此，$[\hat{y}(\boldsymbol{x}_n; \boldsymbol{w}) - y_n]^2$是预测与目标真值之间差值的二次方[㊁]，它检测的是估计值与正解目标真值之间误差的大小。再将其在整个样本上进行平均，得到的结果就是误差函数。将方均误差最小化的方法，就是我们熟知的最小二乘法（least squares method），它可以使要找的模型尽可能地契合数据，因此，将这个误差函数最小化的参数值选作模型的参数值。

$$\boldsymbol{w}^* = \underset{\boldsymbol{w}}{\operatorname{argmin}}\, E_{\mathcal{D}}(\boldsymbol{w}) \tag{2.34}$$

这里强调一个概念，机器学习本来的目的是要构建一个不仅对已有的训练数据，而且对所有的数据都能显示出良好性能的模型。基于训练数据来训练学习机器，以实现对未知数据发挥良好的性能，这称作泛化（generalization）。为了实现泛化，本来应该最小化的误差函数就成了不仅对训练数据，而且对任意可能的数据可以检测出的误差即泛化误差（generalization error）。

㊀ 在此也可使用代价函数、成本函数和目标函数。

㊁ 当输出$\hat{\boldsymbol{y}}$为向量时，则以向量$\hat{\boldsymbol{y}} - \boldsymbol{y}_n$的绝对值的二次方来计算。

$$E_{\text{gen.}}(\boldsymbol{w}) = \mathrm{E}_{(\mathbf{x},\mathrm{y})\sim P_{\text{data}}}\left[\left(\hat{\mathrm{y}}\left(\mathbf{x};\boldsymbol{w}\right)-\mathrm{y}\right)^2\right] \tag{2.35}$$

但是，因我们的能力所限，研究无法汇集所有可能的数据，因此这个固有的误差不可能最小化。因此，在机器学习中作为最后一招，通过现有的样本来平均估算近似的泛化误差，并将其最小化，而式（2.33）平均样本得到的误差则称作训练误差（training error）。仅仅缩小训练误差是很难实现泛化的，但令人惊奇的是，结合机器学习提供的各种技巧，将训练误差最小化是可以近似达到泛化的。本书将对这一问题进行介绍。

参考 2.2 正则方程

作为线性代数的应用，我们将提供最合适的参数公式来进行完整的改写。如果误差函数最小值处的一阶微分为 0，则可通过下式的求解来确定最合适的参数$\boldsymbol{w}^*$：

$$\frac{\partial E(\boldsymbol{w})}{\partial w_i} = \frac{1}{N}\sum_n x_{ni}\left(\boldsymbol{w}^\top \boldsymbol{x}_n - y_n\right) = 0 \tag{2.36}$$

将训练数据的向量全部排成一行，并引入设计矩阵（design matrix）

$$\boldsymbol{X} = (\boldsymbol{x}_1 \quad \boldsymbol{x}_2 \quad \cdots \quad \boldsymbol{x}_N) \tag{2.37}$$

同样也准备好向量$\boldsymbol{y}^\top = (y_1 \quad y_2 \quad \cdots \quad y_N)$，当然，也可以改写为$\sum_n x_{ni}\boldsymbol{w}^\top\boldsymbol{x}_n = \sum_n x_{ni}(\boldsymbol{x}_n^\top\boldsymbol{w})$。对应所有的$i$，可以将式（2.36）统一写为$\boldsymbol{X}\boldsymbol{X}^\top\boldsymbol{w}^* - \boldsymbol{X}\boldsymbol{y} = 0$。因此，可确定$\boldsymbol{w}^*$的正则方程（normal equation）为

$$\boldsymbol{w}^* = \left(\boldsymbol{X}\boldsymbol{X}^\top\right)^{-1}\boldsymbol{X}\boldsymbol{y} \tag{2.38}$$

其中，$\left(\boldsymbol{X}\boldsymbol{X}^\top\right)^{-1}\boldsymbol{X}$被称作$\boldsymbol{X}$的摩尔-彭若斯广义逆矩阵（Moore-Penrose pseudoinverse）。正则的二次方矩阵与普通的逆矩阵一致，并且这个方程非常规整。20 世纪，统计学开发了许多解正则方程的方法，但是在处理庞大的数据时，这些数值多数是不合适的，因此目前在实际中也很少使用。

2.4.3 基于概率的线性回归

到此，我们已经对采用函数方法进行的线性回归进行了介绍。但在该回归方法中，我们很难看出它与数理统计有什么联系。在此，我们使用概率的方法来重新进行回归分析。首先将变量$\mathbf{x}$和目标变量y都看作为随机变量，从而考虑通过条件分布模型$P(\mathrm{y}|\mathbf{x})$得到目标变量的估计量$\hat{\mathrm{y}}$。当给定一个变量$\mathbf{x}$的具体值时，这个条件分布模型将给出变量y取值的概率分布。于是，误差函数

$$E\left(\hat{\mathrm{y}}(\mathbf{x}),\mathrm{y}\right) = [\hat{\mathrm{y}}(\mathbf{x}) - \mathrm{y}]^2 \tag{2.39}$$

也变成了随机变量的函数所决定的一个随机变量。因此，我们可以使用该随机变量的期望值来作为该随机变量的实际值。

$$\mathrm{E}_{P_{\text{data}}}\left[\mathrm{E}\left(\hat{\mathrm{y}}(\mathbf{x}),\mathrm{y}\right)\right] = \sum_{\boldsymbol{x}}\sum_{y}\left[\hat{y}(\boldsymbol{x}) - y\right]^2 P_{\text{data}}(\boldsymbol{x},y) \tag{2.40}$$

$P_{\text{data}}(\boldsymbol{x},y)$为数据点$(\boldsymbol{x},y)$出现的概率，式（2.40）则为随机变量$\mathbf{x},\mathrm{y}$的所有可能离散值时所产生的误差的总和。我们将该误差函数称为期望误差或期望损失。

那么使期望误差最小化的估计量$\hat{y}$是什么呢？当与期望误差最小值所对应的估计量$\hat{y}^*$只针对随机变量$\boldsymbol{x}$的某一实际值时，如果使估计量发生一个$\hat{y}(\boldsymbol{x})\to\hat{y}(\boldsymbol{x})+\delta\hat{y}$的微小变化，则期望误差不会改变。此时，必须满足下式所给出的条件。

$$0=\delta\mathrm{E}_{P_{\text{data}}}\left[\mathrm{E}\big(\hat{\mathrm{y}}(\mathbf{x}),\mathrm{y}\big)\right]|_{\hat{y}^*}=\sum_{y}\left[\hat{y}(\boldsymbol{x})-y\right]P_{\text{data}}(\boldsymbol{x},y)|_{\hat{y}^*} \tag{2.41}$$

由此可得

$$0=\hat{y}^*(\boldsymbol{x})P_{\text{data}}(\boldsymbol{x})-\sum_{y}yP_{\text{data}}(y|\boldsymbol{x})P_{\text{data}}(\boldsymbol{x}) \tag{2.42}$$

所以，最适合的$\hat{y}^*$是关于条件分布$P_{\text{data}}(\mathrm{y}|\boldsymbol{x})$的期望值。

$$\hat{y}^*(\boldsymbol{x})=\mathrm{E}_{P_{\text{data}}(\mathrm{y}|\boldsymbol{x})}\left[\mathrm{y}\,|\,\boldsymbol{x}\right] \tag{2.43}$$

因此，当采用方均误差作为评价标准时，y的最佳预测值即为生成分布的期望值。由于实际的数据生成分布是未知的，所以采用概率的方法由数据来进行$P_{\text{data}}(\mathrm{y}|\boldsymbol{x})$的预测。该方法有以下两种不同的类型：

1. 生成模型

第一个方法是将数据背后的生成过程，直接作为同时分布$P(\mathbf{x},\mathrm{y})$进行模型化。即根据数据估计出模型化的分布$P(\mathbf{x},\mathrm{y})$之后，用先验概率$P(\boldsymbol{x})=\sum_{y}P(\boldsymbol{x},y)$和贝叶斯公式

$$P(y|\boldsymbol{x})=\frac{P(\boldsymbol{x},y)}{P(\boldsymbol{x})} \tag{2.44}$$

来计算条件分布$P(y|\boldsymbol{x})$，并利用该结果通过式（2.43）来进行其期望值的计算，从而进行回归分析的方法。

2. 识别模型

生成模型的方法是间接得出的，通过$P(\mathbf{x},\mathrm{y})$的计算可以捕捉到一部分的数据生成机理，但是$P(\mathrm{y}|\mathbf{x})$的间接评价可能导致计算精度的降低。因此，另一种方法是将条件分布$P(\mathrm{y}|\mathbf{x})$直接模型化，并通过数据来对其进行估计，然后再按式（2.43）来计算其期望值。在此，借用分类中的叫法，将这种方法称作识别模型。

此外，上节所采用的方法我们称其为函数模型或函数近似，它没有引入概率模型，直接通过式（2.43）来对特定的函数模型进行期望值的计算，并根据数据估计出最合适的模型参数。

2.4.4　最小二乘法与最优法

此前我们已经介绍了关于最小二乘法的各种特性，下面将介绍方均误差概率论的由来。正如之前所介绍的，假设数据是由按函数f的规则所给出的，并受到噪声的干扰，如式（2.30）所示。其中，ϵ由高斯分布来决定，其均值为0，方差为σ^2。亦即，y是从均匀高斯分布的估计量$\hat{y}(\boldsymbol{x};\boldsymbol{w})$中抽取的样本。

$$\epsilon \sim \mathcal{N}\left(\epsilon; 0, \sigma^2\right) \quad \longrightarrow \quad y \sim P(\mathrm{y}|\mathbf{x} = \boldsymbol{x}; \boldsymbol{w}) = \mathcal{N}\left(\mathrm{y}; \hat{y}(\boldsymbol{x}; \boldsymbol{w}), \sigma^2\right) \tag{2.45}$$

如果想要这个模型与数据生成分布接近就可以采用最优法，让其似然函数$L(\boldsymbol{w}) = \prod_n P(y_n|\boldsymbol{x}_n; \boldsymbol{w})$的对数函数最大化。在这个模型中，数据$(\boldsymbol{x}_n, y_n)$只从高斯分布$P(\mathrm{y}|\boldsymbol{x}; \boldsymbol{w})$中抽取，所以根据高斯分布定义，其对数似然函数可表示为

$$\log \prod_n P(y_n|\boldsymbol{x}_n; \boldsymbol{w}) = -\frac{1}{2\sigma^2} \sum_n \left[\hat{y}(\boldsymbol{x}_n; \boldsymbol{w}) - y_n\right]^2 + \text{const} \tag{2.46}$$

它的最大化就是$\sum_n \left[\hat{y}(\boldsymbol{x}_n; \boldsymbol{w}) - y_n\right]^2$的最小化，也就是方均误差的最小化。因此，如果函数模型估计量的偏差服从高斯分布，并且没有其他偏差存在的情况下，最小二乘法就是一种最优方法。同时，由于回归的函数模型f可以理解为高斯分布的模型化数据生成分布的平均值（见式（2.43））。这样，最优法可以为估计提供一个通用的框架。

2.4.5　过度拟合与泛化

前面我们介绍了机器学习中最基本的模型——回归。在此，我想大家应该可以回想起，回归仅仅是基于给定的数据的，并且希望通过回归，获取对其他任何数据均较为通用的预测模型。这种泛化的实现其实是有困难的，以下将加以介绍。

为简单起见，我们考虑一元数据的多项式回归。为了推定从已知的输入x来输出y的规律，我们将采用以下的多项式模型。

$$\hat{y} = \sum_{j=0}^{M} w_j x^j \tag{2.47}$$

此时，我们必须选定多项式的次数M。这种在选择模型时必须确定的参数我们称其为超参数（hyperparameter），以与需要通过学习而确定的参数相区别。超参数在学习过程的算法中不做任何修改。此时，M决定权重参数的数量，因此也决定了模型的自由度。图 2.3 是拟合的结果。在图 2.3a 所示的情况下，虽然训练数据是充足的，但由于模型的自由度太小，无法捕捉到数据所呈现的特征，使得训练的误差值过大，无法获得任何预测能力，我们称这种情况为欠拟合（underfitting）或欠学习（underlearning）。

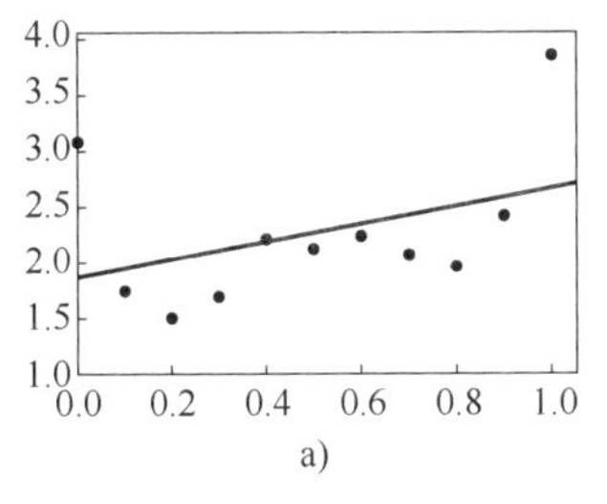

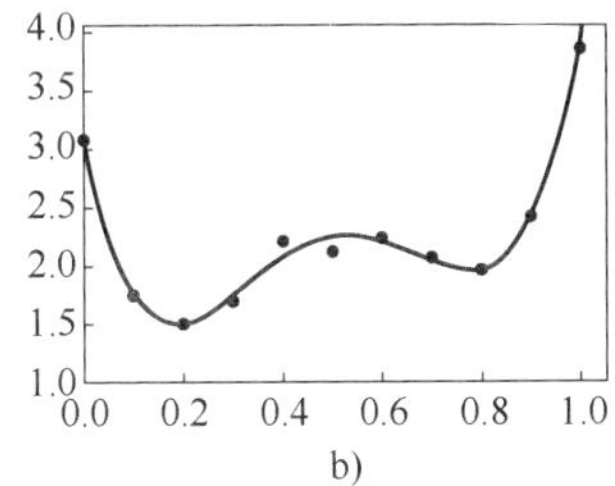

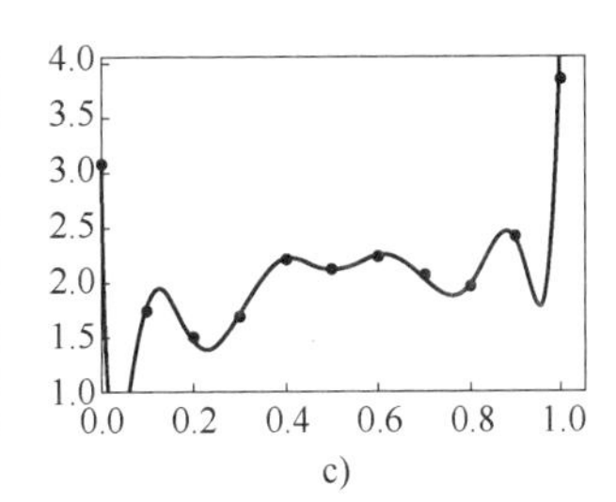

图 2.3　数据线性回归的例子

于是，我们猜想到M值不断增大，也许就能够更好地捕捉到数据的复杂特征了吧？但是，当模型拥有的自由度过多时，亦即有不必要的自由度存在时，也会出现其他问题。在这

种情况下，由于模型的自由度过大，多项式模型在学习过程中会将数据中的噪声（统计的摆动）信息当作正常数据，通过学习也嵌入到模型中了，这就是图 2.3c 所示的情况。此时，尽管对给定的训练数据的训练误差确实是不断降低的，但由于对训练数据的过度拟合，使得模型对未知的非训练数据的预测能力却在不断降低。这种情况就好比是“由于死记硬背学习过多的原因，而变得不能灵活运用，对未见到过的问题毫无办法应对的考生”。这种状况在机器学习中被称为过拟合（overfitting）或过度学习（overlearning）。

如果降低模型的自由度，则可以避免过度学习的发生。但时，随着模型自由度的降低，训练误差也会增大。反之，如果一味地加大自由度，虽然训练误差会不断减小，但由于过拟合的发生，会使得泛化误差开始增大。这是一个此消彼长的权衡状态，因此我们希望找到的泛化状况是处于图 2.3 所示的两极端的中间状态。此时，模型的自由度与学习数据所包含的信息丰富程度相匹配。因此，为了使机器学习顺利进行，必须估计合适的模型参数的数值，即模型的自由度。自由度的估计有多种不同的基准，遗憾的是现在像深度学习那样复杂的模型，无论哪种基准作用都不太大。因此，实际操作中除了需要训练数据以外，还需要准备数据，并以验证数据所产生的相关误差为基准，以此来评判模型是否合适。

2.4.6 正则化

避免过度学习的最简便方法是在一开始就选择自由度数量不是太多的模型，而在实质上能够减少模型自由度的各种方法称作正则化（regularization）。实际上，在不修改模型本身的情况下，只是稍微变更一下学习的程序算法，也可以实质性地降低模型的自由度。一般地，这种正则化可以通过最优误差函数的改进来进行，如式（2.48）所示。

$$E_{\text{new}}(\boldsymbol{w}) = E(\boldsymbol{w}) + \lambda R(\boldsymbol{w}) \tag{2.48}$$

式中，λ 为调节正则化效果强弱的正则化参数。

权重衰减（weight decay）也是这种正则化的一个典型例子。由多项式回归的例子可知，我们可以将一些多项式的参数值强制为 0，从而减少初期模型可调节参数的数量，因此也能降低模型的自由度。因此可以在最小化的误差函数中加入如式（2.49）所示的项。

$$E_{wd}(\boldsymbol{w}) = E(\boldsymbol{w}) + \lambda \boldsymbol{w}^{\top}\boldsymbol{w} \tag{2.49}$$

通过新加项的施加，得到上式的右边部分所构成的新的最小化误差函数，权重向量 $\boldsymbol{w}^{\top}\boldsymbol{w}$ 的选取标准是能够获得尽可能小的解 $\boldsymbol{w}^*$。因此，被如此修正之后的最优解会尽可能地使得权重向量 w 的成分大体上为零。由此可见，权重衰减是不改变模型本身的，而是通过添加可以使参数减少至最小化的误差函数的正则化来实现自由度的降低的。可以采用权重衰减的回归被称作岭（ridge）回归。例如，通过权重衰减，可以将正则方程式（2.38）修改为 $\boldsymbol{w}^* = (\boldsymbol{X}\boldsymbol{X}^{\top} + 2N\lambda\boldsymbol{I})^{-1}\boldsymbol{X}\boldsymbol{y}$。

除了岭回归外，还有许多回归的正则化方法。其中一例是使用 LASSO（Least Absolute Shrinkage and Selection Operator）回归，如式（2.50）所示，这一方法可以使得不需要的权重趋于零。

$$E_{\mathrm{LASSO}}(\boldsymbol{w}) = E(\boldsymbol{w}) + \lambda \sum_i |w_i| \tag{2.50}$$

在实现泛化性能的机器学习中，正则化方法占据极其重要的地位。它既可以保证高性能的目标，同时又可以减少模型的自由度，以避免过度学习的发生。第 5 章将会介绍深度学习中的各种正则化方法。

2.4.7　分类

之前是围绕回归分析进行的机器学习，下面将进行另一个重要的话题，讨论分类监督学习。分类就是将给定的输入x分为K个类别（class）$\mathcal{C}_1, \mathcal{C}_2, \cdots, \mathcal{C}_K$的操作。并假定这些类别都是相互排他的，对于任意一个给定的输入$\boldsymbol{x}$，将不会同时属于多个类别，并且必定会属于某一个类别。为了能够像回归那样采用数值对类别进行处理，我们可以采用以下两种方法来进行离散的目标变量的引入。

1. 二元分类

最简单的情况是只有 2 个分类类别情况。此时，当输入属于类 1 时，可以采用$y = 1$来表示；当输入属于类 2 时，可以采用$y = 0$来表示。因此，可以采用一个二值变量（binary variable）y就可以了，并将判别y为 0 或 1 的分类称作二元分类。

2. 多元分类

当进行对手写数字 0～9 判别的时候，即分类的类别是多个的情况下，也有多种不同的分类方法。最简单的方法就是用$y = 1, 2, \cdots, K$这样的K个离散数值来表示K个不同的类别。在手写数字识别的例子中，$K = 10$，还可以采用 1-of-K 编码（1-of-K encoding）的向量表示方法，所得到的结果即为由y的取值所决定的K个元素的向量。

$$\boldsymbol{t}(y) = \begin{pmatrix} t(y)_1 & t(y)_2 & \cdots & t(y)_K \end{pmatrix}^\top \tag{2.51}$$

在 1-of-K 编码中，如果输入变量的取值是属于第k个类别的话，即$y = k$，则向量的第k个成分$t(y = k)_k = 1$，其他的成分$t(y = k)_{\ell(\neq k)}$全部为 0。此时，这种表示方法也被称作 one-hot 编码。例如，当输入属于第一个类别的向量表示为

$$\boldsymbol{t}(y = 1) = \begin{pmatrix} 1 & 0 & \cdots & 0 \end{pmatrix}^\top \tag{2.52}$$

为方便起见，我们引入如下的简便的标记方法。

定义 2.1 （1-of-K 编码的简易表示）

$$\delta_{i,j} = \begin{cases} 1 & i = j \\ 0 & i \neq j \end{cases} \tag{2.53}$$

运用这个 1-of-K 编码的简易表示可以将 one-hot 编码的向量元素写为

$$t(y)_k = \delta_{y,k} \tag{2.54}$$

2.4.8　分类方法

分类就是对给定的输入，找出与其对应的离散目标变量值，因此，可以采用以下几种

方法。

1. 函数模型

函数模型是将输入与输出的关系当作一种函数关系来处理的方法。

$$\hat{y} = y(\boldsymbol{x}; \boldsymbol{w}) \tag{2.55}$$

例如，取值为 0、1 的 2 个值的目标变量，假设其模型为

$$y(\boldsymbol{x}; \boldsymbol{w}) = f(\boldsymbol{w}^{\top}\boldsymbol{x} + b) \tag{2.56}$$

这个就是第 3 章将要介绍的最简单的一层神经网络。

2. 生成模型

除了函数模型法以外，还可以将数据当作概率。在生成模型中，数据隐含的随机性可通过同时分布$P(\boldsymbol{x}, \boldsymbol{y})$的模型来表达，并让这个模型与数据相适合。与第$k$个分量为 1 时，亦即$\boldsymbol{t}(\boldsymbol{y})^{\top} = (0 \quad \cdots \quad 0 \quad 1 \quad 0 \quad \cdots \quad 0)$所对应的同时分布$P(\boldsymbol{x}, \boldsymbol{y})$也代表了输入$\boldsymbol{x}$属于类别$\mathcal{C}_k$的概率，因此也可以将其视为$P(\boldsymbol{x}, \mathcal{C}_k)$的模型。

对所有的类别都求取这个概率之后，再求取$\boldsymbol{x}$的边缘分布$P(\boldsymbol{x})$，从而采用式（2.44）的贝叶斯公式，求取条件分布$P(\mathcal{C}_k|\boldsymbol{x})$。条件分布$P(\mathcal{C}_k|\boldsymbol{x})$就可以评价任意数据$\boldsymbol{x}$属于各个类别的概率，最终将得到的概率值最大的类别$\mathcal{C}_k$估计为$\boldsymbol{x}$的所属类别。

3. 识别模型

生成模型首先得到同时分布，然而再计算条件概率分布$P(\mathcal{C}_k|\boldsymbol{x})$。识别模型则无需这样的迂回，首先直接将条件概率分布$P(\mathcal{C}_k|\boldsymbol{x})$模型化，然后再通过数据来进行模型的学习。该方法在本质上与生成模型是相同的。

2.4.9　logistic 回归

在这里以分类为例，再详细讨论一下识别模型。首先来考虑二元分类的情况，因为这种情况只有 2 个类别，故其概率分布满足$P(\mathcal{C}_1|\boldsymbol{x}) + P(\mathcal{C}_2|\boldsymbol{x}) = 1$。然后再引入 logistic sigmoid 函数来对回归的结果进行处理，该函数也直接被称为 sigmoid 函数。

定义 2.2 （logistic sigmoid 函数）

$$\sigma(u) = \frac{1}{1 + \mathrm{e}^{-u}} = \frac{\mathrm{e}^{u}}{1 + \mathrm{e}^{u}} \tag{2.57}$$

于是，以下所示的条件分布

$$P(\mathcal{C}_1|\boldsymbol{x}) = \sigma(u) \tag{2.58}$$

也可以采用 sigmoid 函数来表示。根据 sigmoid 函数的定义，取值范围为$u = \pm\infty$，而$0 \leqslant \sigma(u) \leqslant 1$，其数值大小在概率值的范围内。这里的$u$被称作对数赔率。

$$u = \log \frac{P(\mathcal{C}_1|\boldsymbol{x})}{1 - P(\mathcal{C}_1|\boldsymbol{x})} = \log \frac{P(\mathcal{C}_1|\boldsymbol{x})}{P(\mathcal{C}_2|\boldsymbol{x})} \tag{2.59}$$

$\mathrm{e}^{u} = P(\mathcal{C}_1|\boldsymbol{x})/P(\mathcal{C}_2|\boldsymbol{x})$即为赔率，表示$\boldsymbol{x}$属于类$\mathcal{C}_1$的概率和非$\mathcal{C}_1$类概率的比。当我们联

想到赛马中的赔率，就自然能够明白这个名称的由来了。根据该定义，如果对数赔率大于 1 的话，则属于类$\mathcal{C}_1$的可能性就会超过类$\mathcal{C}_2$的可能性。因此，对数赔率具有明确的意义，所以在设计概率模型时常作为基本的工具。

实际上，许多分类运用都假设对数赔率u是与输入相关的简单线性函数。

（logistic 回归）

$$u = \boldsymbol{w}^\top \boldsymbol{x} + b \tag{2.60}$$

其中，$\boldsymbol{w}$是综合表示模型参数的向量，这个模型在统计分析中被称作 logistic 回归（logistic regression），它作为伯努利分布的统计分析法被广泛应用，而且 logistic 回归是一般线性模型中重要的统计模型的典型例子。为了与训练数据联合使用最优法，这也是一般线性模型运用的方法。首先，对于取离散值的目标函数y，当$y=1$时，则表示属于第 1 个类别$\mathcal{C}_1$；当$y=0$时，则表示属于第 2 个类别$\mathcal{C}_2$。即

$$P(y=1|\boldsymbol{x}) = P(\mathcal{C}_1|\boldsymbol{x}), \quad P(y=0|\boldsymbol{x}) = 1 - P(\mathcal{C}_1|\boldsymbol{x}) \tag{2.61}$$

其中，$P(y|\boldsymbol{x})$服从贝努利分布，一般可以表示如下：

$$P(y|\boldsymbol{x}) = [P(\mathcal{C}_1|\boldsymbol{x})]^y \, [1 - P(\mathcal{C}_1|\boldsymbol{x})]^{1-y} \tag{2.62}$$

如果将上式右边的y用$y=1$或$y=0$代入的话，马上就能理解。因此用数据$\{(\boldsymbol{x}_1, y_1), \cdots, (\boldsymbol{x}_N, y_N)\}$来学习的话，按照最优法，只要将下面的似然函数

$$L(\boldsymbol{w}) = \prod_{n=1}^{N} [P(\mathcal{C}_1|\boldsymbol{x}_n)]^{y_n} \, [1 - P(\mathcal{C}_1|\boldsymbol{x}_n)]^{1-y_n} \tag{2.63}$$

最大化即可。在此，我们回顾一下 logistic 回归的参数$\boldsymbol{w}$，在采用线性函数将对数赔率部分模型化时，用式（2.60）导出的参数。在实际机器学习中，运用的是对数似然函数，所以通过负的对数似然函数来进行误差函数的定义。

定义 2.3 （交叉熵）

$$E(\boldsymbol{w}) = -\sum_{n=1}^{N} \left[y_n \log P(\mathcal{C}_1|\boldsymbol{x}_n) + (1 - y_n) \log (1 - P(\mathcal{C}_1|\boldsymbol{x}_n)) \right] \tag{2.64}$$

这个被称作数据经验分布与数据模型分布的交叉熵（cross entropy）[⊖]，也是深度学习中经常出现的一个重要的误差函数。

2.4.10 softmax 回归

下面讨论多元分类的识别模型，这种情况采用普通的 logistic 回归也可以求解。先看

⊖ 在文献［2］中也强调过，将它称之为交叉熵本来是错的，交叉熵只有指定代入 2 个分布才能具体确定。详细参见附录 A。

下式

$$P(y|\boldsymbol{x}) = \prod_{k=1}^{K} \left[P(\mathcal{C}_k|\boldsymbol{x})\right]^{t(y)_k} \tag{2.65}$$

从 one-hot 编码的定义式（2.54）可知这是一个正确的表达式。例如$\boldsymbol{t}(y) = (1 \ 0 \ 0 \ \ldots)^\top$时所对应的$y = \mathcal{C}_1$的情况，正是式（2.65）右方所给出的$P(\mathcal{C}_1|\boldsymbol{x})$。这个分布即为伯努利分布的多值随机变量的自然扩展，也被称为多项式分布（multinoulli distribution），更多地是被称作类分布（categorical distribution）。将这个分布稍加改写的话，则$\sum\limits_{k=1}^{K} t(y)_k = 1$通常也成立，并由此可得

$$\begin{aligned} P(y|\boldsymbol{x}) &= \prod_{k=1}^{K-1} \left[P(\mathcal{C}_k|\boldsymbol{x})\right]^{t(y)_k} \left[P(\mathcal{C}_K|\boldsymbol{x})\right]^{1-\sum\limits_{k=1}^{K-1} t(y)_k} \\ &= P(\mathcal{C}_K|\boldsymbol{x}) \mathrm{e}^{\sum\limits_{k=1}^{K} t(y)_k u_k} \end{aligned} \tag{2.66}$$

式中

$$u_k = \log \frac{P(\mathcal{C}_k|\boldsymbol{x})}{P(\mathcal{C}_K|\boldsymbol{x})} \tag{2.67}$$

这就是对数赔率问题的一般化表示。即将对数赔率变成普通的多类别问题，因此，在多元分类中，对数赔率也是描述分布的最合适的参数。根据对数赔率的定义，直接可得到$P(\mathcal{C}_K|\boldsymbol{x})\mathrm{e}^{u_k} = P(\mathcal{C}_k|\boldsymbol{x})$。对上式的右部进行取和的话，则根据全概率定理可得$\sum\limits_{k} P(\mathcal{C}_k|\boldsymbol{x}) = 1$。因此可得以下关系式

$$P(\mathcal{C}_K|\boldsymbol{x}) = \frac{1}{\sum\limits_{k=1}^{K} \mathrm{e}^{u_k}} \tag{2.68}$$

将其转换为$P(\mathcal{C}_K|\boldsymbol{x})\mathrm{e}^{u_k} = P(\mathcal{C}_k|\boldsymbol{x})$可知，各个类的分布可用 softmax 函数来表示

$$P(\mathcal{C}_k|\boldsymbol{x}) = \mathrm{softmax}_k\left(u_1, u_2, \cdots, u_K\right) \tag{2.69}$$

这里所用的 softmax 函数就是下列的多变量函数。

定义 2.4 （softmax 函数）

$$\mathrm{softmax}_k\left(u_1, u_2, \cdots, u_K\right) = \frac{\mathrm{e}^{u_k}}{\sum\limits_{k'=1}^{K} \mathrm{e}^{u_{k'}}} \tag{2.70}$$

这个函数可以改写为$\mathrm{softmax}_k = 1/\sum\limits_{k'=1}^{K} \mathrm{e}^{-(u_k - u_{k'})}$。当随机变量中的第$\ell$个取值比其他的值更大时，通过简单计算可得

$$\mathrm{softmax}_k\left(u_1, u_2, \cdots, u_K\right) \approx \begin{cases} 1 & (k = \ell) \\ 0 & (k \neq \ell) \end{cases} \tag{2.71}$$

因此，对于多元分类问题，可以采用对数赔率作为 softmax 函数的参数。如 logistic 回归那样，也可以采用一个线性函数来表示这个对数赔率，并将这个线性对数赔率的识别模型称作 softmax 回归。

（softmax 回归）

$$u_k = \boldsymbol{w}_k^\top \boldsymbol{x} + b_k, \quad (k = 1, 2, \cdots, K-1) \tag{2.72}$$

在 softmax 回归中，最优法的应用与 logistic 回归中的情况完全相同，即将负的对数似然函数进行最小化，从而得到最佳的参数。但是要注意的是需要加上 $\sum_k P(\mathcal{C}_k|\boldsymbol{x}_n) = 1$，$\sum_k t(y_n)_k = 1$这一条件。这样，多余的 1 个自由度就被消除了。根据式（2.67），$u_K = 0$，因此，第k个类里没有附加参数$\boldsymbol{w}_K$。

定义 2.5 （交叉熵）

$$E(\boldsymbol{w}_1, \cdots, \boldsymbol{w}_{K-1}) = -\sum_{n=1}^{N}\sum_{k=1}^{K} t(y_n)_k P(\mathcal{C}_k|\boldsymbol{x}_n) \tag{2.73}$$

2.5 特征学习与深度学习的进展

2.5.1 特征学习

到此为止，我们已经学习了多元回归的机器学习，这些方法都是从一些给定的输入$\boldsymbol{x}$来抽取数据的特征。但是，现在网络上存储的数据是庞大和复杂的，因此，仅采用这种传统的采样分析方法未必能很好地获取我们所需要的信息。

为了更好地理解机器学习这一问题，我们在此引入表现（representation）或特征（feature）这个概念，它所指的是用于机器学习数据的表现形式。当我们谈到数据的时候，一般是将想要仔细了解的现象的观测结果或图像数据作为数值来记录，只是这个数值一般不是原来的对象本身。例如，以图像识别为例，想要分析的对象是拍摄物体的照片，而且为了便于机器学习，照片的像素值统一做数据化为一个数组。这样，为了机器学习而准备的数据被称为表现或特征。当然，在这个例子中，将照片和像素数组都统称为信息也是完全可以的，但是，这里为了提供通过人工消除分析中不需要的信息的手段，从而更好地完备数据的特征、提高分析的准确度，我们可以设计具有更好提取数据本质的特征，并将其称为表现工程学或特征工程学。它在统计分析与机器学习中占据重要的地位。事实上，机器学习的大部分性能都是由能否设计出适合问题的数据特征来决定的。

但是这种方法在处理复杂数据时未必适用，这是因为庞大的数据背后潜藏的复杂图像，人工设计的简单特征不能很好地实现建模。另外，每个任务都有人工设计特征的话，很难形成普适的方法。因此，在现代机器学习中，特征学习开始活跃起来，特征学习是通过学习而自动获取符合自己特征的一种方法，因此数据被同时用于特征的估计和实现回归。以前讨论的回归，是将输入$\boldsymbol{x}$直接用于回归；而基于特征学习的机器学习，是一边学习将输入转换为最适合任务的特征$\boldsymbol{h}(\boldsymbol{x})$，一边对其特征进行回归分析的一种方法。

$$\boldsymbol{x} \longrightarrow \boldsymbol{h}(\boldsymbol{x}) \longrightarrow \hat{\boldsymbol{y}}\left(\boldsymbol{h}(\boldsymbol{x})\right) \tag{2.74}$$

深度学习之所以受到如此重视，是因为在各种不同的情况下为构筑学习这种不明确的数据特征$\boldsymbol{h}(\boldsymbol{x})$提供了通用的强有力的方法。深度学习获得的特征也被称为深层特征，关于深层特征，我们从第 3 章开始详细介绍。为了整体地把握其脉络，本章先简单地回顾一下深度学习快速发展的历史。

2.5.2 深度学习的出现

现代意义上的深度学习的起源，可以追溯到 2006 年杰弗里（Geoffrey Everest Hinton）推动的深度玻尔兹曼机研究。实际上，神经网络经过 1990 年的低谷后，经过 Hinton 等少数研究者脚踏实地的不断研究，在 2006 年获得了丰硕的成果。

他们为了解决玻尔兹曼机的深度化㊀问题进行了各种研究，并且推动了计算机性能的提高。以前认为不可能实现深度玻尔兹曼机的运行㊁，现已成功实现，这一成果证实了体系结构的深化是获得更好表现的突出良策。至此，基于深度学习的特征学习诞生了。

尽管这一发现加速了深度学习的研究，但其发展过程也并不是一帆风顺的。在玻尔兹曼机获得成功之后不久，我们发现原来的模型同样也可以用于神经网络的深化。而且，在玻尔兹曼机上所形成的各种技术在神经网络中也可以借用，因此其后的深度学习以神经网络为中心发展至今。因此，本书的构成与其发展的历史顺序相反，第 9 章之前只聚焦神经网络，其后再介绍玻尔兹曼机。

深度学习领域的划时代研究是 2012 年，Hinton 小组在 AlexNet[8] 上取得了 ILSVRC（The ImageNet Large Scale Visual Recognition Challenge）的成功，同年 Q. V. 等人宣布了 Google 猫[9] 的实现。下面重点介绍两者所进行的深度学习的研究情况。

ImageNet 大规模图像识别竞赛 ILSVRC 开始于 2010 年㊂，是利用 ImageNet 数据库的一部分进行图像识别的竞赛，每年都有许多公司和企业在此进行器学习的先进技术竞技，也是业界非常有名的赛事活动。赛事利用近 100 万张训练用自然图像，并将其分成 1000 组，对图像识别架构进行训练，互相比拼各自架构的性能。自 ILSVRC 开始以来，经过 2010～2011 两年的比赛，参加对象分类识别的构架都是基于传统的图像识别方法。2010 年获胜队

㊀ 深度学习的关键词深度（deep）的含义会在本书中逐步地变得明晰。

㊁ 本书中的实例是指能应用到计算机上，并使其实际运行的程序。

㊂ 2017 年，ILSVRC 宣布终止，时间虽短，却走过了发挥重要作用的 8 年历史。

NEC-UIUC的误判最少，共为 5 个，误判率为 28%㊀，这在当时已达到了普通图像识别技术的世界水平，他们用到了 SIFT 特征量和支持向量机（SVM）等特征。2011 年获胜队施乐欧洲研究中心（Xerox Research Centre Europe）的误判率为 26%，未见明显改善，与人的误判率 5%相比，还差得很远。但是，2012 年的比赛结果为 16%，以当时的水平来看是令人吃惊的低误判率，获得了绝对性的胜利的团队就是 Hinton（辛顿）小组，他们用的模型正是深度学习。同时期显然也出现了许多深度学习的成果，但是一般将 ILSVRC2012 的获胜作为深度学习真正的轰动而被人们记住。从 2011 年起，ILSVRC 大部分进入前位的模型都向深度学习转换，朝着深度化道路前进。2015 年出现了低于人类误判率 4.8%的成绩，成为深度学习研究领域的标志性事件。

在 ILSVRC2012 成为热门话题的同年 6 月，Q. V. 等所在的斯坦福大学的谷歌团队在机器学习国际会议（International Conference on Machine Learning，ICML）上发表了“Google 猫”。他们用 Youtube 动画中随机提取的 1000 万张图像，让具有 9 层结构的人工神经网络进行无监督学习，结果令人吃惊。神经网络二层结构内部自动产生了对各种概念具有特异反应的“细胞”㊁。例如，既有展示人的图像时有积极反应的细胞，也有展示猫的图像显示特异的细胞。神经科学中有一种假设，就是认为头脑中有对各种概念有反映的特定细胞，例如被称作“祖母细胞”的细胞，当你看到祖母时，它会专门承担相应的识别任务，这就是所谓的祖母细胞学说。在生物学中，祖母细胞发挥着重要的功能，这一假设未必受到广泛的支持，但是同样的想法在模拟人脑的深度学习中自动地实现了，这也说明上述各种观点也都是很有意义的。图 2.4 是从输入图像而得到猫细胞反应开始，深度学习通过学习再现的一张普通的猫脸图像。

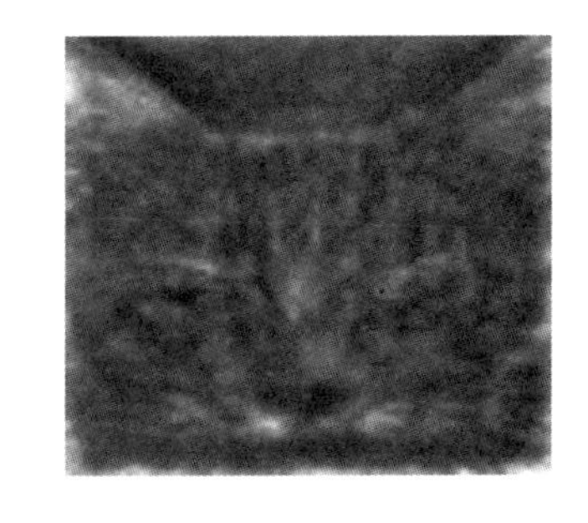

图 2.4　神经网络根据获得的猫概念所形成的图像化的“Google 猫”[10]

自 2012 年以来，深度学习研究取得了惊人的进展。在深度学习以前，许多意想不到的任务，如机器翻译、对话程序、来自文本的图像生成、计算机围棋等，如今都表现出了极高的性能。照这样下去的话，许多专家会认为，人工智能领域的各个部分的研究不久都可能会被深度学习所取代。要想了解这种深度学习威力的秘密，首先必须夯实理论基础，因此，从第 3 章开始，让我们从理解到底是什么神经网络入手，进行深度学习的学习。

㊀ 对于识别率最高的 5 个类别，将没有完全识别的情况也视为误判时的误判率。

㊁ 这个细胞即为下一章将要介绍的人工神经元。

第 3 章　神 经 网 络

目前建立的深度学习的各种模型，基本都是采用神经网络来实现的。本章从实际的神经细胞模型开始，最终定义一般的正向传播型神经网络。

3.1　神经细胞网络

人类的大脑是由超过 1000 亿个神经细胞聚集构成的[11]，神经细胞也被称作神经元（neuron），是本章讨论的主角。实际上在神经系统中还存在着神经胶质（神经胶质细胞），是神经元的数十倍，据说可以支持神经元的活动。不过为了简单起见，这里我们只关注神经元。

神经元有着与我们熟悉的普通细胞非常不同的形状。揭示神经元细胞形状的是卡米洛·高尔基。1873 年高尔基用银和铬创造出细胞染色法，成功观察到神经元的形状。实际观察后发现，神经元的形状如图 3.1 所示。中间膨胀的部分称作细胞体，是细胞核的核心部分。通常是 10μm 大小，从这里延伸出两种突起。

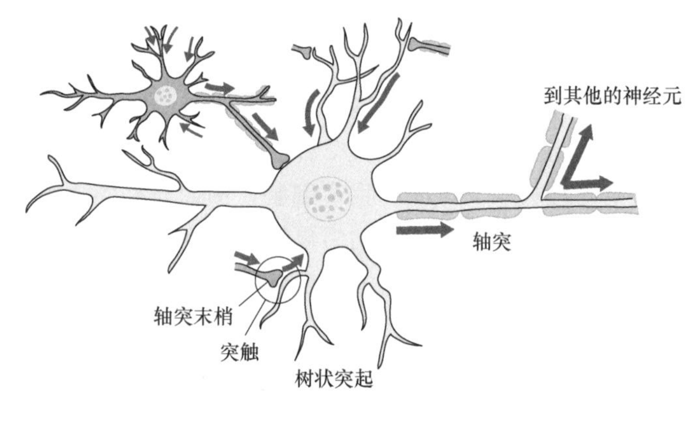

图 3.1　神经元和突触

其中一个被称为轴突（axon），是一根细而直的突起。人类的神经轴突长度短的仅有 1mm，长的则会超过 1m。从长的轴突上还会延伸出几个分支，这些分支被称作轴突侧枝，侧枝最长的只有数十微米。侧枝的末端称作轴突末梢，在之后的讨论中起重要的作用。

另一个突起称作树状突起（dendrite）。树状突起正像树枝一样，从枝干的细胞体上延伸出许多分支。树状突起分出更多的枝干，与其说是枝干不如说看起来像植物的根。全长最多不过几毫米，比起轴突要短得多。

这种突起聚集了很多游离的神经元，在大脑中反复地进行有规律的连接。注意图 3.1 中用圆圈标示的部分，这个被称作突触（synapse）的部位是从轴突分裂出来的侧枝的末端（轴突末梢）与其他突触连接的部位。轴突末梢主要形成其他神经元的树状突起和细胞体的突触。

那么轴突、树状突起以及突触有怎样的作用呢？现在我们已经对这些基本行为有了充分的了解了。

首先轴突和树状突起都能起到作为传递电信号的电线的作用。神经回路上的电信号行为如图 3.2 所示的那样，能够在极短的时间内产生脉冲的传播。这种脉冲的振幅是固定的，因此脉冲电波的幅度并不是由信号的强度决定的。脉冲在短时间内细密地传输，但是与信号强度相对应的是该脉冲的密度。

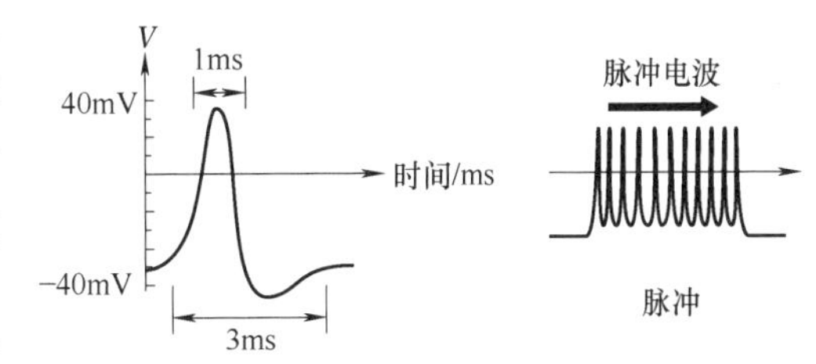

图 3.2 电位变化及电脉冲的传播

突触部分首先将轴突传来的电信号作为信号，轴突末梢将一种称作突触小泡的囊泡中装有的化学物质洒向外面。这种化学物质被称作神经递质，释放后在突触的树状突起侧被接住。这里有许多感受器，与神经递质结合后，和从刺激中产生的新的电信号组合。树状突起上有许多突触，各个突触上的树状突起接受各种神经元的电信号输入，并将信号传向细胞体。然后，大量由树状突起传递的信号在到达细胞体后进行总的结算。

细胞体在接受一定范围以上的也就是超过阈值（threshold）的电信号时，向轴突输出电信号。该脉冲在将轴突侧枝也作为分支时，向各个轴突末梢传递。电信号在各个轴突末端都有的突触向其他神经元的树状突起中输入，并重复同样的传播模式。通过反复进行这种复杂的相互作用，神经细胞网络得以存在。

参考 3.1 高尔基和卡哈尔

在光学显微镜下，突触中的神经元是真的黏合在一起，还是有空隙存在还无法判断。卡米洛·高尔基（Camillo Golgi）认为突触中的神经元是完全融合的，但是精通高尔基染色法的西班牙神经学家 S. R. 卡哈尔（Cajal）却通过仔细观察对高尔基的论述提出了异议。卡哈尔主张突触中并不是两个细胞紧紧黏合，两者间其实存在着狭窄的缝隙。这两种学说长时间地对立着，就连 1906 年高尔基和卡哈尔同时获得诺贝尔奖时，两者的获奖纪念演讲都表示不能接受对方的意见彼此对立。

直到 20 世纪 50 年代，电子显微镜的发展，才最终判断出了高尔基和卡哈尔哪一方是正确的，即实际上正确的是卡哈尔的学说。神经元在突触中与其他的神经元连接，但是并没有完全结合，只是接近而已。卡哈尔的学说中“其间隔的部分掌握着处理神经元电信号的关键”，作为现代神经科学的起点被确立起来。

3.2 形式神经元

早在 1943 年，深度学习的研究就开始出现在沃伦·麦卡洛克（Warren McCulloch）和沃尔特·皮茨（Walter J. Pitts）的论文中了。这里有些历史故事，可以回顾一下大脑的数理模型究竟是怎样产生的。

作为神经生理学家的外科医生麦卡洛克，年轻时对心理学和哲学抱有很大兴趣。受图灵的影响，麦卡洛克对于计算机采用相同逻辑的集中计算来实现人类的意识深信不疑，并决定实现人类思考的计算模型，但由于要直接面对一些数学问题，使得其研究陷入了僵局。就在那时，与皮茨的共同研究，使得他的研究得到了推进。

麦卡洛克和皮茨发现神经元的活动可以通过数理逻辑学的方法实现模型化，并据此发现了神经活动相对应的数理模型和逻辑结构。他们首先定义了称作形式神经元（formal neuron）和人工神经元（artificial neuron）的基本单元，其结构如图 3.3 所示。形式神经元就是将实际的神经元活动进行模型化。如实际的神经元一样，形式神经元也从其他多个形式神经元（$i=1,2,\cdots$）处接收输入信号x_i。图中画出的多个箭头表示神经元的输入，但神经元发出的信号只有开启和关闭两个状态，即x_i的值只有 0 或 1。但是，我们已经知道，突触中神经元的结合强度是不同的，因此引入表示突触结合强度的权重w_i，并将细胞体的总输入定义为

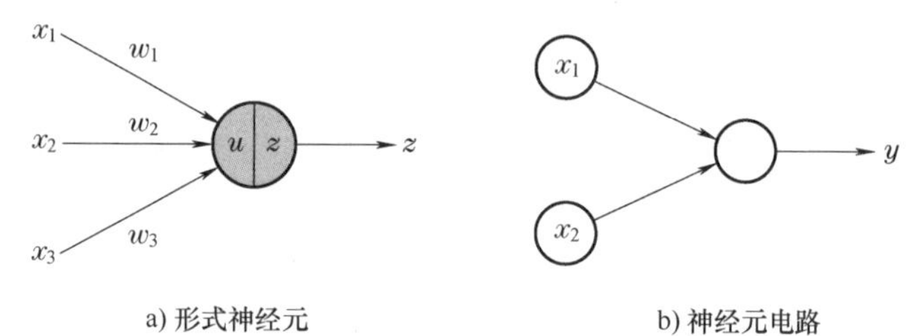

图 3.3　形式神经元与简单的神经元电路示例

$$u=\sum_i w_i x_i \tag{3.1}$$

式中，u相当于向细胞体内实际输入的电信号的总量。接收到该总输入u，神经元会向轴突方向进行输出，但这里应该会有个阈值。因此，将这种情况通过以下单位阶跃函数进行模型化。

$$\theta(x+b)=\begin{cases}1 & (x\geqslant -b)\\ 0 & (x<-b)\end{cases} \tag{3.2}$$

式中，b是给定的阈值参数。那么这种形式神经元的输出将变为

$$z=\theta(u+b)=\theta\left(\sum_i w_i x_i+b\right) \tag{3.3}$$

像这里所使用的阶跃函数，通常将总输入u变为输出z的函数，我们称之为激活函数(activation function)。z的值也是 0 或 1 两个数值，可以再次将其转化为其他神经元的输入。

多个麦卡洛克和皮茨形式神经元的组合，能够采用计算机那样的逻辑计算加以实现。如果对计算机科学有充分了解的话，我们会知道，通过与非门（NAND）的组合，能够实现任意一个逻辑电路。所谓的与非门是一种最基本的逻辑电路，能够实现如下所示的输出值y相对于两个输入值x_1,x_2的逻辑关系。

(x_1,x_2)	(0,0)	(1,0)	(0,1)	(1,1)
y	1	1	1	0

在此，我们试想一下一个实现与非门输出的形式神经元的电路。在该电路中，存在着两个只给出两个输入值x_1, x_2的形式神经元，我们将它们称为输入神经元。将从输入神经元接收输入值x_1, x_2，并根据NAND的逻辑关系给出输出值$y(x_1, x_2)$的神经元称为输出神经元。图3.3b给出了这种电路的完整形式。例如，通过

$$y = \theta(-x_1 - x_2 + 1.5) \tag{3.4}$$

这一简单的神经元电路，就能很好地实现NAND的逻辑功能。亦即，两个输入神经元和输出神经元之间的权值均为−1，输出阈值是1.5。分别将输入x_1, x_2的四个组合值代入，立刻就能得到NAND的逻辑输出。

通过对这种神经元电路的多重组合，就能通过形式神经元来实现任意的逻辑运算。这是一个非常重要的结论，但在当时并没有得到应有的关注。从这个结论发展到现代的神经网络，这中间还必须有进一步的进化，完成这一进化工作的是Rosenblatt。

参考3.2 麦卡洛克和皮茨

皮茨出生在底特律的一个工人家庭。由于家庭环境的不幸，他躲进了图书馆自学古希腊语和拉丁语和数学。独自沉浸在崇高的学习世界里，对他来说是逃避不幸现实世界的唯一方法。他12岁时，只用了3天就读完了伯兰特·罗素（Bertrand Russell）和阿尔弗雷德·诺斯·怀特海德（Afred North Whitehead）的《数学原理》，并且发现了许多错误。当收到皮茨指出这些错误的信件时，罗素和怀特·海德想邀请他，但是当时的皮茨却没办法去剑桥。幸运的是，3年后罗素去了芝加哥大学任职，于是，皮茨终于下决心也去了芝加哥。他一边赚钱一边在芝加哥大学学习罗素的讲义，并且给了著名的数学逻辑学家卡纳普·鲁道夫（Carnap Rudolf）很多启发。就这样，17岁的皮茨终于与麦卡洛克相遇了。于是，麦卡洛克将生活状况不是很好的皮茨接到自己家中，麦卡洛克的家人也热情地接纳了皮茨。在这种共同研究的环境中，终于促成了历史性的形式神经元论文《神经活动内在观念的逻辑计算》的诞生。

3.3 感知器

3.3.1 由形式神经元到感知器

我们已经了解到，通过形式神经元可以构造任何类型的逻辑电路，但是再进一步的信息我们无从知道。究竟需要设计怎样的神经元电路？怎样设计出有效计算待求解问题的电路？这些问题都不清楚。

为此，如森布莱特（Rusenblatt）提出了一个重要的构想。该构想不考虑形式神经元网络的权重w和偏置b等固定的数值，引入诸如训练这样的学习机制来妥善处理待求解问题，亦即对给定的网络进行有监督的学习。有关的详细内容将在第 4 章中加以介绍。

如森布莱特将由多个形式神经元的组合所形成的神经元电路称作感知器（perceptron）。感知器具有一个层状的结构，这是形式神经元所不具有的。图 3.4 是一个具有 2 层结构的例子，此处没有将输入层计入层数，圆圈中给出的是该形式神经元的输出值。

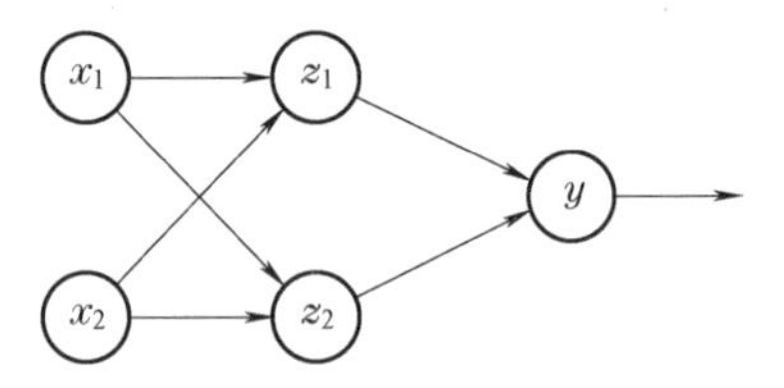

图 3.4 一个具有 2 层结构的感知器的例子

通常，聚集着多个形式神经元的层的输出，作为与其紧接着的下一层的输入。各层的输出均作为下一层的输入，如此往复。但是，只有第一层被称作感知器的输入层，它是由输入用的形式神经元组成的，并将输入向量$\boldsymbol{x}^\top=(x_1 \quad x_2 \quad \cdots)$的各个$x_i$作为其输出值，也就是说，输入层的形式神经元数量与输入向量的元素的数量相同。如森布莱特将输入层称作感知层，其作用就像网膜和皮肤一样，使得神经元电路的一端能够接收来自外部的刺激。

另一方面，如森布莱特将感知器最后的层称作输出层，该层将感知器推定出的最终结果$\boldsymbol{y}^\top=(y_1 \quad y_2 \quad \cdots)$的各个$y_j$作为其输出值。除此之外，输入与输出层之间的层均被称为中间层或隐藏层。各层神经元的数量没有特殊限制。图 3.4 的例子中，输入层和中间层分别由两个神经元组成，由一个神经元组成的是输出层。能够利用权重参数学习的感知器受到了极大关注，从而掀起了 20 世纪 60 年代第一次神经网络的风暴。

3.3.2 感知器与马文·明斯基（Marvin Lee Minsky）

如森布莱特毕业于布朗克斯（Bronx）科学高中，与创立人工智能研究领域的马文·明斯基是同级同学。这所高中培育了因研究超导的 BCS 理论而出名的利昂·库柏（Leon Cooper）和基本粒子理论研究学家谢尔登·格拉肖（Sheldon Lee Glashow）、史蒂文·温伯格（Steven Weinberg）、戴维·普利策（H. David Politzer）等诺贝尔奖获得者。明斯基证明了，在有限的计算中，位于输入层和输出层之间的单层感知器无法求解离散的非线性问题，亦即所谓的非线性不可能问题⊖。同时由于有影响力的明斯基在自己的著作中介绍了这一结果，使得人们对感知器抱有的强烈期待迅速落空，进而使得 20 世纪 60 年代末期第一次神经网络风暴就这样结束了。但是，明斯基的结论在现代并没有意义。因为在感知器到达 2 层以上的时候，单层感知器不能解决的非线性不可能问题也得到了解决。

⊖ 所谓的非线性不可能问题，指的是单层的感知器不能进行与两个离散量对应的二元分类。

练习 3.1

思考一下非线性不可能问题中最简单的典型示例 XOR。

(x_1, x_2)	(0,0)	(1,0)	(0,1)	(1,1)
y	0	1	1	0

通过许多实验证明，这是一个单层感知器无法解决的问题。由于已经了解了其中的缘由，在此留给读者作为作业。让我们考虑图 3.4 所示的 2 层感知器，并采用如下所示的 ReLU 函数来代替阶跃函数，作为激活函数。

$$f_{\text{ReLU}}(u) = \begin{cases} u & (u \geqslant 0) \\ 0 & (u \leqslant 0) \end{cases} \tag{3.5}$$

如何调整权重和偏置才能实现 XOR 所给出的逻辑功能呢？这里先给出一种答案，$y = f_{\text{ReLU}}(z_1 + z_2)$，$z_1 = f_{\text{ReLU}}(x_1 - 2x_2)$，$z_2 = f_{\text{ReLU}}(-2x_1 + x_2)$。如想对这个答案进行验证，请将 4 个实际输入分别进行代入。另外，在选择阶跃函数而不是 ReLU 作为激活函数的情况下，试着构造实现 XOR 的 2 层感知器。

3.4 顺序传播神经网络的组成

到此为止，我们已经了解了感知器的发展历史。以此为基础，我们来全面定义现代的人工神经网络。

3.4.1 神经元和顺序传播神经网络

神经网络[㊀]是由被称作单元（unit）的基本元素组成的，这个基本元素也就是之前所介绍的神经元。图 3.5a 所示的神经元，就是感知器中的形式神经元。但是，各个神经元都具有实数值的输入和输出，也就是说，各个神经元的输出值无论是什么实数都是可以的，它与只允许离散值的形式神经元不同。另外一个明显的不同点是，作为激活函数也可以使用可微分的递增函数，比如广泛使用的 sigmoid 函数。首先，假设一个神经元具有多个不同的输入值x_i，由于各个神经元之间结合强度的不同，实际的加权和为

$$u = \sum_i w_i x_i \tag{3.6}$$

即为该神经元的总输入。u被称作活性值（activation），在该活性值上加入偏置（bias）b，再通过激活函数（activation function）f的作用，所得到的结果即为该神经元的输出z。

$$z = f(u + b) = f\left(\sum_i w_i x_i + b\right) \tag{3.7}$$

㊀ 本书中的神经网络，特指人工神经元的回路，而不是生物神经元回路。

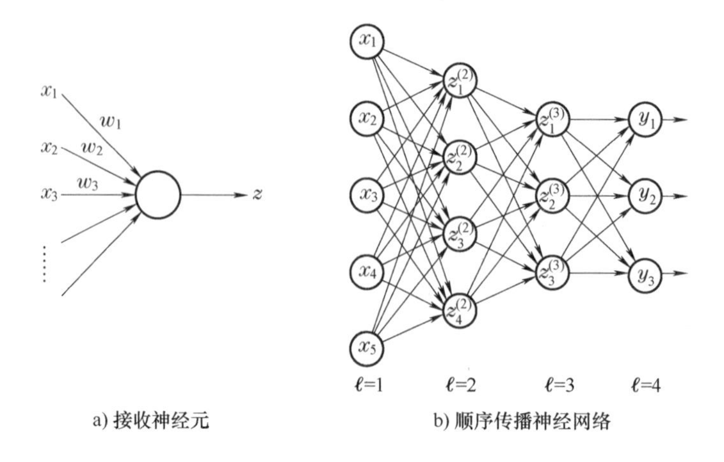

a) 接收神经元　　b) 顺序传播神经网络

图 3.5　接收神经元及由其构成的顺序传播神经网络结构

图 3.5a 为接收神经元的结构，接收来自$x_1, x_2\ \cdots$的输入，输出z；图 3.5b 为以这样的神经元构成的，由输入层加另外 3 层所构成的顺序传播神经网络的例子。圆圈中的变量，表示相应单位的输出值。

顺序传播神经网络（feedforward neural network，亦称为前馈神经网络）是将这些神经元连接成层状的结构，并简称其为神经网络。图 3.5b 是其中的一个典型示例。ℓ为层数，$\ell=1$为输入层（input layer），$\ell=4$为输出层（output layer），$\ell=2,3$被称作中间层（internal layer）或隐藏层（hidden layer）。信号的传递如箭头所示，按$\ell=1,2,3,4$的顺序传递，因此称为正向顺序传播。更复杂的非顺序传播的网络将在第 9 章中进行介绍。

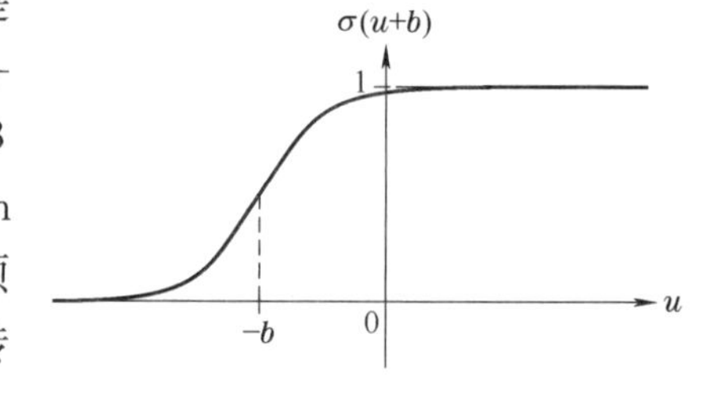

图 3.6　sigmoid 函数

由于激活函数是在神经元接收到的活性值超过阈值$-b$时才将其进行输出，因此在过去的研究中经常使用与阶跃函数类似的连续函数作为激活函数。其中一个示例就是 sigmoid 函数，$\sigma(u+b)=1/(1+\mathrm{e}^{-u-b})$。如图 3.6 所示，可以清楚地看到阈值附近信号上升的情况。关于目前研究中经常使用的激活函数将在 3.6 节进行介绍。

3.4.2　输入层

在图 3.5 的示例中，输入层由 5 个神经元形成。各个输入神经元向整个神经网络分别输出输入向量$\boldsymbol{x}^\top=(x_1\quad x_2\quad x_3\quad x_4\quad x_5)$的各个元素。并且，输入神经元没有激活函数，只输出$x_i$，输入层不计入神经网络的层数㊀。

输入层神经元的数量与输入向量$\boldsymbol{x}$的元素个数相等。第 1 层的输出可用下式来表示，右

㊀ 也有“不将神经元称为单元”的学派[12]，在本书中称其为输入单元，但仍翻译为输入神经元。

侧为向量表示。

$$z_i^{(1)} = x_i,\ \ \boldsymbol{z}^{(1)} = \boldsymbol{x} \tag{3.8}$$

3.4.3 中间层

考虑一下第ℓ层中的第j个神经元。由于这个神经元会接收来自$\ell-1$层的各个输入值$z_i^{(\ell-1)}$，其活性值为

$$u_j^{(\ell)} = \sum_i w_{ji}^{(\ell)} z_i^{(\ell-1)} \tag{3.9}$$

其中，$w_{ji}^{(\ell)}$为第$\ell-1$层的神经元i与第ℓ层的神经元j结合的权重。如在图 3.5 中，其加权和为

$$u_1^{(3)} = w_{11}^{(3)} z_1^{(2)} + w_{12}^{(3)} z_2^{(2)} + w_{13}^{(3)} z_3^{(2)} + w_{14}^{(3)} z_4^{(2)} \tag{3.10}$$

神经元的输出为激活函数对活性值$u_j^{(\ell)}$加上神经元固有的偏置$b_j^{(\ell)}$的作用结果。

$$z_j^{(\ell)} = f^{(\ell)}\left(u_j^{(\ell)} + b_j^{(\ell)}\right) = f^{(\ell)}\left(\sum_i w_{ji}^{(\ell)} z_i^{(\ell-1)} + b_j^{(\ell)}\right) \tag{3.11}$$

各个神经元也可以使用不同的激活函数$f^{(\ell)}$，但在同一层上，一般使用相同的激活函数。

这些公式也可用矩阵来表示：首先将第ℓ层的全部神经元的活性值采用向量$\boldsymbol{u}^{(\ell)} = (u_j^{(\ell)})$来表示，输出值采用向量$\boldsymbol{z}^{(\ell)} = (z_j^{(\ell)})$表示；然后将第$\ell-1$层的神经元$i$与第$\ell$层的神经元$j$结合的权重$w_{ji}^{(\ell)}$作为$(j,i)$成分导入权重矩阵。

$$\boldsymbol{W}^{(\ell)} = \begin{pmatrix} w_{11}^{(\ell)} & w_{12}^{(\ell)} & \cdots \\ w_{21}^{(\ell)} & w_{22}^{(\ell)} & \cdots \\ \vdots & \vdots & \end{pmatrix} \tag{3.12}$$

然后再将偏置表示为垂直向量$\boldsymbol{b}^{(\ell)} = (b_j^{(\ell)})$。如此，就能够将中间层进行的计算处理表示为

$$\boldsymbol{u}^{(\ell)} = \boldsymbol{W}^{(\ell)} \boldsymbol{z}^{(\ell-1)},\quad \boldsymbol{z}^{(\ell)} = f^{(\ell)}\left(\boldsymbol{u}^{(\ell)} + \boldsymbol{b}^{(\ell)}\right) \tag{3.13}$$

在本书中，对于一般的向量$\boldsymbol{v}^\top = (v_1\quad v_2\quad v_3\quad \cdots)$，函数$f$对其的作用被定义为对下列各个成分的单独作用。

$$f(\boldsymbol{v}) = f\begin{pmatrix} v_1 \\ v_2 \\ v_3 \\ \vdots \end{pmatrix} = \begin{pmatrix} (f(\boldsymbol{v}))_1 \\ (f(\boldsymbol{v}))_2 \\ (f(\boldsymbol{v}))_3 \\ \vdots \end{pmatrix} \equiv \begin{pmatrix} f(v_1) \\ f(v_2) \\ f(v_3) \\ \vdots \end{pmatrix} \tag{3.14}$$

此前，我们对权重和偏置的表示是分别进行的，但是，偏置的表示也可以包括在权重的表示中。为了便于理解，通常在所有的中间层（和输入层）上增加一个输出为 1 的神经元，并将其标号记为$i=0$，即有

$$z_0^{(\ell)}=1 \tag{3.15}$$

在第$\ell-1$层的$i=0$神经元和第ℓ层的$j\neq 0$神经元之间引入权重w_{j0}^{ℓ}，则该权重就是之前所表示的偏置。之所以有$w_{j0}^{\ell}=b_j^{\ell}$，是因为

$$\sum_{i=0} w_{ji}^{\ell} z_i^{\ell-1}=\sum_{i=1} w_{ji}^{\ell} z_i^{\ell-1}+w_{j0}^{\ell}=\sum_{i=1} w_{ji}^{\ell} z_i^{\ell-1}+b_j^{\ell} \tag{3.16}$$

因此，在本书中，除非在必要的时候，一般将偏置包含在权重中不再单独给出偏置的表示。因此，如下表示的活性值中已经包含了偏置。

$$\boldsymbol{u}^{(\ell)}=\boldsymbol{W}^{(\ell)}\boldsymbol{z}^{(\ell-1)},\quad \boldsymbol{z}^{(\ell)}=f^{(\ell)}\left(\boldsymbol{u}^{(\ell)}\right) \tag{3.17}$$

当然，偏置位于$\boldsymbol{W}^{(\ell)}$的第 0 列中。

3.4.4　输出层

现在，让我们来考虑一个由L层组成的顺序传播神经网络，则最后的第L层即为神经网络的输出层。输出层将以与其邻近的$L-1$层的输出$\boldsymbol{z}^{(L-1)}$作为输入，并将其转换为神经网络的最终输出$\boldsymbol{y}=\boldsymbol{z}^{(L)}$。输出层的作用是实现诸如回归那样的机器学习中需要完成的任务，也就是说，$\boldsymbol{h}=\boldsymbol{z}^{(L-1)}$为输入$\boldsymbol{x}$的特征，输出层的作用则为通过对这个特征$\boldsymbol{h}$的回归分析来推定$\boldsymbol{x}$和$\boldsymbol{y}$的关系。

$$\hat{\boldsymbol{y}}=\boldsymbol{z}^{(L)}=f^{(L)}\left(\boldsymbol{u}^{(L)}\right),\quad \boldsymbol{u}^{(L)}=\boldsymbol{W}^{(L)}\boldsymbol{h} \tag{3.18}$$

在表示输出层给出的推定量$\boldsymbol{y}$上施加的“ˆ”记号，在不引起混淆的情况下，大多时间是可以省略的。

在输出层中，为了使得激活函数的值域与目标变量的值域一致，需要选择恰当的激活函数$f^{(L)}$。关于输出层的详细构成和神经网络的学习详见 3.5 节。

3.4.5　函数模型

在完成了从输入层到输出层的一系列信息处理结构的介绍后，我们在此做一个总结。亦即顺序传播神经网络，从输入向量$\boldsymbol{x}$开始，网络的各层依次对相应的输入向量施加处理，最终给出了从输入$\boldsymbol{x}$到输出$\boldsymbol{y}$的函数模型。

$$\hat{\boldsymbol{y}}=f^{(L)}\left(\boldsymbol{W}^{(L)}f^{(L-1)}\left(\boldsymbol{W}^{(L-1)}f^{(L-2)}\left(\cdots\boldsymbol{W}^{(2)}f^{(1)}(\boldsymbol{x})\right)\right)\right) \tag{3.19}$$

使用这个函数近似模型来对数据进行拟合，正是神经网络的机器学习。

3.5 神经网络的机器学习

顺序传播神经网络接收输入$\boldsymbol{x}$，并给出如下的输出：

$$\boldsymbol{y}(\boldsymbol{x};\boldsymbol{W}^{(2)},\cdots,\boldsymbol{W}^{(L)},\boldsymbol{b}^{(2)},\cdots,\boldsymbol{b}^{(L)}) \tag{3.20}$$

输出值随权重$\boldsymbol{W}^{(\ell)}$和偏置$\boldsymbol{b}^{(\ell)}$的变化而变化，这些参数可以统一表示为$\boldsymbol{w}$。如果将这个输出看作机器学习中的识别函数的话，则可以利用数据来对参数$\boldsymbol{w}$进行拟合，其步骤与一般的有监督学习相同。首先准备训练数据集$\mathcal{D}=\{(\boldsymbol{x}_n,\boldsymbol{y}_n)\}_{n=1,\cdots,N}$。在该数据集上，当输入训练数据为$\boldsymbol{x}_n$时，神经网络的输出值为$\boldsymbol{y}(\boldsymbol{x}_n;\boldsymbol{w})$。为了尽可能缩小该输出值与目标值$\boldsymbol{y}_n$之间的误差，我们需要通过学习来进行权重和偏置的调整。进行误差测量的误差函数的选择，依赖于任务和输出层的构造。这样，误差函数的最小化也即为神经网络的学习目标。

$$\boldsymbol{w}^*=\underset{\boldsymbol{w}}{\operatorname{argmin}}\,E(\boldsymbol{w}) \tag{3.21}$$

尽管如式（3.20）所示，从输入可以直接得到输出$\boldsymbol{y}$，但实际的信号处理是沿着层状构造逐级进行的。特别地，当我们将第$L-1$层的信息处理和最后的输出层分开来看的话，就会发现，从第2层开始，一直到$L-1$层，其中的每一层均可以被看作输入$\boldsymbol{x}$形成的逐渐高级的特征，最后的第$L-1$层的输出则为输入$\boldsymbol{x}$的深度特征$\boldsymbol{h}$。

$$\boldsymbol{h}(\boldsymbol{x};\boldsymbol{W}^{(2)},\cdots,\boldsymbol{W}^{(L-1)})=\boldsymbol{z}^{(L-1)}(\boldsymbol{x};\boldsymbol{W}^{(2)},\cdots,\boldsymbol{W}^{(L-1)}) \tag{3.22}$$

然后输出层就会被看作为根据特征进行回归那样的一般的机器学习。那么，接下来就将根据神经网络要完成的任务，来看输出层的构造。

3.5.1 回归

如果要对特征$\boldsymbol{h}$进行线性回归的话，一个显然的激活函数就是恒等映射，也就是只需要使用恒等映射的输出层就可以了。

定义 3.1 （线性神经元）

$$\boldsymbol{y}=\boldsymbol{W}^{(L)}\boldsymbol{h} \tag{3.23}$$

这样的神经元被称为线性神经元（linear unit，线性单元，在此译作线性神经元）。由于大多数情况下，需要进行的回归为非线性回归，因此需要考虑采用某种非自明的激活函数。

$$\boldsymbol{y}(\boldsymbol{x};\boldsymbol{w})=f^{(L)}\left(\boldsymbol{W}^{(L)}\boldsymbol{h}\right) \tag{3.24}$$

具体选择怎样的$f^{(L)}$，我们必须根据问题的性质来加以确定。

在使用数据来对输出进行拟合时，为了使函数$\boldsymbol{y}(\boldsymbol{x};\boldsymbol{w})$的预测值和实际数据尽可能接近，我们可以将方均误差最小化。

$$E(\boldsymbol{w})=\frac{1}{2}\sum_{n=1}^{N}\left(\boldsymbol{y}(\boldsymbol{x}_n;\boldsymbol{w})-\boldsymbol{y}_n\right)^2,\qquad \boldsymbol{w}^*=\underset{\boldsymbol{w}}{\operatorname{argmin}}\,E(\boldsymbol{w}) \tag{3.25}$$

代入了通过学习得到的最优参数$\boldsymbol{w}^*$的函数$\boldsymbol{y}(\boldsymbol{x};\boldsymbol{w}^*)$，能够精准预测与输入$\boldsymbol{x}$对应的$\boldsymbol{y}$。与一般的回归不同的是，它不只是回归函数的参数，而是同时学习决定特征的中间层的权重参数。这就是神经网络的特征学习。

3.5.2　二元分类

与回归并列的典型任务是将数据分为两个类别的二元分类，此时与两个类别相对应的标签y的值只有 0 和 1 两个值。当神经网络实现二元分类时，输出层能够给出特征$\boldsymbol{h}=\boldsymbol{z}^{(L-1)}$的 logistic 回归。

训练数据集$\mathcal{D}=\{(\boldsymbol{x}_n,y_n)\}_{n=1,\cdots,N}$所对应的目标值$y_n$为 0 或 1，但是在 logistic 回归中，$y=1$的概率推定为$\hat{y}=P(y=1|\boldsymbol{x})$，而不是二元变量本身。换句话说，亦即为$y$的期望值㊀。因为二元变量 y 的分布是符合伯努利分布的，其期望值为$\mathrm{E}_{P(\mathrm{y}|\boldsymbol{x})}[\mathrm{y}|\boldsymbol{x}]=\sum_{y=0,1}yP(y|\boldsymbol{x})=P(y=1|\boldsymbol{x})$。因此，在进行 logistic 回归时，自然会考虑一个输出层的神经元，来进行输出值为$y=P(y=1|\boldsymbol{x})$的推定。也就是说，只要输出层的构造符合式（2.58）就可以了。

定义 3.2　（sigmoid 神经元）

$$y(\boldsymbol{x};\boldsymbol{w})=P(y=1|\boldsymbol{x};\boldsymbol{w})=\sigma\left(\sum_i w_i^{(L)}h_i\right) \tag{3.26}$$

这样的神经元被称作 sigmoid 神经元。这里的 sigmoid 神经元的激活函数就是 logistic 回归的 sigmoid 函数，对神经元总的输入计算对数赔率。

$$f^{(L)}=\sigma,\quad u^{(L)}(\boldsymbol{x};\boldsymbol{w})=\log\frac{P(y=1|\boldsymbol{x};\boldsymbol{w})}{1-P(y=1|\boldsymbol{x};\boldsymbol{w})} \tag{3.27}$$

如果能对这个神经网络进行训练的话，训练所得到的模型就能够根据输入数据$\boldsymbol{x}$来判断其所属的类别。因为，如果$P(y=1|\boldsymbol{x})>1/2$时，$\boldsymbol{x}$则属于是想对完成学习的模型进行分析输入数据时的输出值，就能判定$\boldsymbol{x}$属于$y=1$的类别；反之则可以判断$\boldsymbol{x}$属于$y=0$的类别是正确的。

这种神经网络应该进行哪种学习好呢？由于其输出层具有 logistic 回归的构造，和 logistic 回归一样，我们知道使用极大似然法就好。也就是说，$P(y=1|\boldsymbol{x};\boldsymbol{w})$的推定和伯努利分布的概率推定是一样的，所以只需要将该分布的负对数似然性作为误差函数即可。

$$P(y|\boldsymbol{x};\boldsymbol{w})=P(y=1|\boldsymbol{x};\boldsymbol{w})^y\left(1-P(y=1|\boldsymbol{x};\boldsymbol{w})\right)^{1-y} \tag{3.28}$$

㊀　推定被赋予的数据$\boldsymbol{x}$属于分类$y=1$的概率。

因此，对于输出$y(\boldsymbol{x}_n;\boldsymbol{w}) = P(y=1|\boldsymbol{x}_n;\boldsymbol{w})$，可以采用下式所示的误差函数$E(\boldsymbol{w})$，而找到使其最小化的参数的过程亦即为学习。

$$E(\boldsymbol{w}) = -\sum_{n=1}^{N}\Big(y_n \log y(\boldsymbol{x}_n;\boldsymbol{w}) + (1-y_n)\log\left(1-y(\boldsymbol{x}_n;\boldsymbol{w})\right)\Big) \tag{3.29}$$

通过这样的神经网络，能够通过特征学习，来进行面向 logistic 回归的深度特征学习。

3.5.3　多元分类

最后，我们来看看多元分类。比如手写文本识别和图像文本识别就是典型的多元分类问题。假如有K个类别，当$K \geqslant 3$时，则应该采用 softmax 回归的输出层来进行$\boldsymbol{h} = \boldsymbol{z}^{(L-1)}$。

与多元分类相对应的目标变量的取值为$y = 1, 2, \cdots, K$。在输出层也相应地设置K个神经元，并用这些神经元的输出值来推断输入$\boldsymbol{x}$属于类别$y = k$的概率$P(y=k|\boldsymbol{x})$。为了能在该输出层实现 softmax 回归，只要输出层的第k个神经元给出其输出值就可以了。

定义 3.3　(softmax 神经元)

$$y_k(\boldsymbol{x};\boldsymbol{w}) = P(y=k|\boldsymbol{x};\boldsymbol{w}) = \text{softmax}_k\left(u_1^{(L)}, \cdots, u_K^{(L)}\right) \tag{3.30}$$

$$\boldsymbol{u}^{(L)} = \boldsymbol{W}^{(L)}\boldsymbol{h} \tag{3.31}$$

这里的输出层激活函数是 softmax 函数[⊖]。经过学习的神经网络，能够根据输入数据$\boldsymbol{x}$，将最大输出值y_k所对应的k值判定为x所属于的类。

在 softmax 学习中，用向量来表示目标变量非常方便。

$$y \quad \longleftrightarrow \quad \boldsymbol{t}(y) = (t(y)_j) = (0 \quad \cdots \quad 0 \quad 1 \quad 0 \quad \cdots \quad 0)^{\top} \tag{3.32}$$

右边是$y = k$时，第k个元素是 1，其他元素均为 0 的向量。训练数据也与t一并给出。

$$\mathcal{D} = \{(\boldsymbol{x}_n, \boldsymbol{t}_n)\}_{n=1,\cdots,N} \tag{3.33}$$

如果将向量$\boldsymbol{t}_n$的第k个元素被记为$t_{n,k}$的话，则 softmax 输出神经网络的交叉熵

$$E(\boldsymbol{\theta}) = -\sum_{n=1}^{N}\sum_{k=1}^{K} t_{n,k}\log y_k(\boldsymbol{x}_n;\boldsymbol{\theta}) \tag{3.34}$$

即为其误差函数。

3.6　激活函数

在此之前，还没有对中间层的激活函数进行详细介绍。麦卡洛克和皮茨引入的阶跃函数，几乎没有被使用过。那么现在使用什么样的激活函数呢？

⊖ softmax 函数与通常的激活函数不同，这是因为y_k不仅依赖于神经元k的总输入$u_k^{(L)}$，还依赖于输出层所有神经元的总输入。

遗憾的是，到目前为止，实际上还没有一个通用的标准使得根据任务的特点来唯一确定隐藏层的激活函数。在实际工作中，采用的都是依赖于经验和试探的方法，尽管如此，在大多情况下适用的激活函数的选择方法也已广为人知，我们在此对典型的激活函数做一个简介。

3.6.1 sigmoid 函数及其变体

20 世纪 80 年代以后，采用可微分函数作为激活函数。其原理将在第 6 章进行介绍，这里仅介绍其中的一个具体示例。这个被人熟知的例子就是输出层使用的 sigmoid 函数，它恰好是一个平滑可微分的阶跃函数。该函数具有以下著名的优良性质：

$$\sigma'(u) = \sigma(u)(1 - \sigma(u)) \tag{3.35}$$

因为该性质，其微分不需要重新计算，可以通过 $\sigma(u)$ 得到。sigmoid 函数的值域为 $0 \leqslant \sigma(u) \leqslant 1$，在需要负值的情况下，使用双曲正切函数。

$$f(u) = \frac{\mathrm{e}^u - \mathrm{e}^{-u}}{\mathrm{e}^u + \mathrm{e}^{-u}} \tag{3.36}$$

实际上，对于中间层激活函数，比起 sigmoid 函数我们更喜欢使用双曲正切函数[13]。有时候，也使用分段线性近似的双曲正切函数（hard tanh）。

$$f(u) = \begin{cases} 1 & (x \geqslant 1) \\ u & (-1 < x < 1) \\ -1 & (x \leqslant -1) \end{cases} \tag{3.37}$$

3.6.2 正则化线性函数

实际上，现在不仅是阶跃函数，就连 sigmoid 函数和双曲正切函数也不怎么使用，之后会讲明其中的缘由。我们知道，为了让神经网络的学习顺利进行，最好采用正则化线性函数（rectified linear function）作为激活函数。

定义 3.4 （正则化线性函数）

$$f(u) = \max\{0, u\} = \begin{cases} u & (x > 0) \\ 0 & (x \leqslant 0) \end{cases} \tag{3.38}$$

具有这个激活函数的神经元被称作正则化线性单元（Rectified Linear Unit，ReLU）激活函数本身也被简称为 ReLU，如图 3.7 所示。也有采用一种被称为软加函数（soft plus function）的近似平滑函数作为激活函数的情况，但不经常使用。

$$f(u) = \log(1 + \mathrm{e}^u) \tag{3.39}$$

当总输入为负时，ReLU 不输出。因此，采用 ReLU 的神经元的偏置通常取较小的正数作为初始值。这样一来，使得神经元在学习开始的时候就能够给出输出值，从而保证后续将要介绍的误差反向传播的学习得以顺利进行。

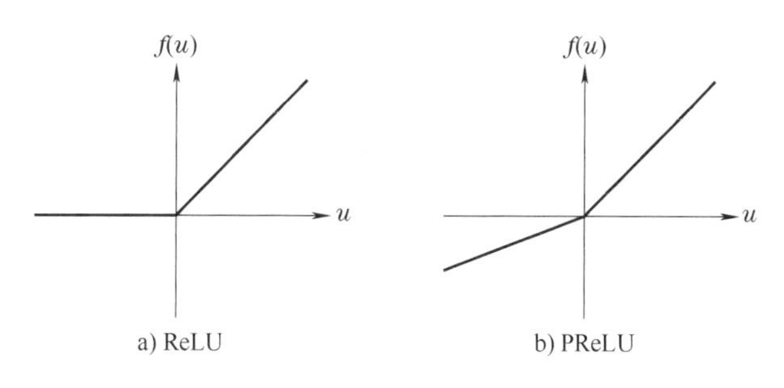

图 3.7 ReLU 和 PReLU（参数化 ReLU）

正则化线性函数存在各种不同的一般化，下面为其中的一例。

定义 3.5 （带泄露的 ReLU/参数化 ReLU）

$$f(u)=\alpha\min\{0,u\}+\max\{0,u\} \tag{3.40}$$

在带泄露单元的 ReLU（Leaky ReLU）[22]中，α为超参数，取 1 以下的较小正数。α也可以不由我们进行选择，而是将其作为像权重一样进行学习的参数，在这种情况下，被称为参数化 ReLU（Parametric ReLU，PReLU）[23]。迄今为止，已经提出了各种复杂的激活函数，但在很多情况下，ReLU 已经足够了。

3.6.3 maxout

在 PReLU 中，由于适合任务的斜率α是通过学习来确定的，所以也可以作为研究激活函数的一种方法。在此我们将其进一步推进，以获得更一般性的分段线性函数。

这种激活函数中，最近经常使用的是 maxout 函数[14]。激活函数中间层的 maxout 是由我们所选择的正整数k来决定的，而且 maxout 和以 softmax 为激活函数的神经元一样，在仅关注单个神经元的总输入u_j的情况下是无法给出其输出的。它需要使用属于同一 maxout 层的全部k个神经元的总输入，才能给出一个输出$f(\boldsymbol{u})_j$。以下，首先给出 maxout 的定义。

定义 3.6 （maxout）

$$f(\boldsymbol{u})_j=\max_{i\in\mathcal{I}_{k,j}}u_i,\quad \mathcal{I}_{k,j}=\{(j-1)k+1,(j-1)k+2,\cdots,jk\} \tag{3.41}$$

要注意的是，它与通常的式（3.14）是不同的，maxout 激活函数对单个元素是不起作用的。

这个复杂的激活函数究竟起到了什么作用呢？为此我们来看看一个在$k=3$的情况下，$j=2$神经元的示例。同时，假设 maxout 层有 6 个以上的神经元，则$j=2$的输出为

$$f(\boldsymbol{u})_2=\max_{i=4,5,6} u_i \tag{3.42}$$

为了简单起见，假设 maxout 层的前一个层只包含 1 个神经元，其输出为z。作为一个例子，假设

$$u_4=-3z-2,\quad u_5=-z+1,\quad u_6=0.5x+1 \tag{3.43}$$

如果这个z给出了 maxout 层的总输入，则式（3.42）的曲线如图 3.8 所示。这正是将一个凸函数用三条直线进行分割而得到的线性近似曲线。通过k值的增加，无论多么细微的任意凸函数都能够以 maxout 激活函数来近似表达。由于该分段线性函数的形状是由权重和偏置决定的，所以可以通过学习来确定适当的函数形状。

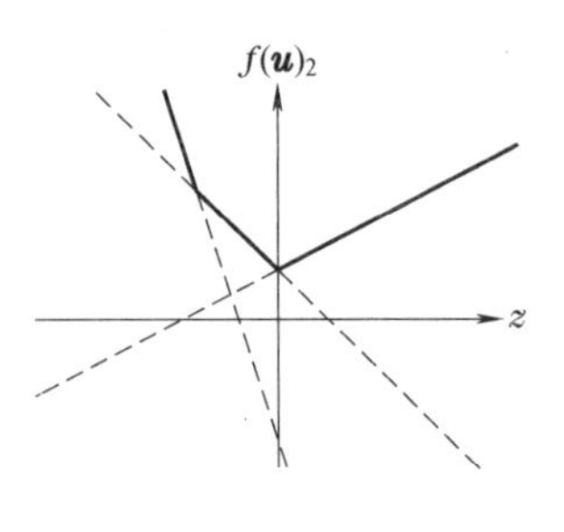

图 3.8 maxout 函数示例

3.7 为什么深度学习是重要的

如果只是为了学习复杂的现象，那我们只需要准备更多的参数就可以了，未必需要进行多层化。因为层内神经元的增加，也会实现参数的增加。既然如此，深度神经网络究竟有什么特别的呢?

实际上，深度学习究竟有什么特别之处，我们现在还不十分清楚，但是我们可以介绍一些已经了解的重要见解。首先，让我们来看一个输入向量为d_0个元素，具有L层的神经网络。当其中间层大约由 d 个 ReLU 神经元组成时，所能够表现函数的复杂度大约为$(d/d_0)^{L\,d_0}\,(d)^{d_0}$[15]。因此，要想使得神经网络输出复杂化时，层内神经元数量的增加只能起到多项式的效果，而层数的增加效果是指数函数的。也就是说，如果要提高神经网络表现能力的话，多层化将使效率大大提高。

同时也有人指出，通过不断的多层化，在提高表达能力的同时，也有可能使得学习变得容易成功。根据参考文献 [16]，随着层数的增加，误差函数的大部分局部最小值几乎都会下降到全局最小值的位置，同时与其他临界点之间的距离也会增大。这里使用的术语的意义将在后面章节进行详细说明。

从特征学习的观点来看，深层化也非常重要。通过多层叠加的神经网络的学习，可以期待随着层的递增，可以实现从低级到高级特征的学习。也就是说，向网络输入数据时，中间层的输出给出的是与其层相对应的级别水平上的数据特征。通过下一层对该数据特征的处理，能够使其成为更高级别的数据特征。最终在接近输出层时，即能够表现出相当高级的概念。因此，通过层的深化，可以逐层提高数据的抽象度，从而以层的构成顺序，进行从低级概念到高级概念的表达。这个结构被认为是超级特征工程学能够实现高度特征学习的理由。

并且，泛化性能和深层学习的关系也开始被讨论，然而大部分相关的论述目前还都只是在预测阶段。要真正解开深层化的奥秘，还有待今后理论的发展。

第 4 章　基于梯度下降法的机器学习

神经网络的机器学习和其他的机器学习一样，是通过误差函数的最小化来实现的。但是，并不能精确地求解误差函数的最小化问题，只能使用计算机的数值计算方法。因此，本章介绍深度学习中的梯度下降法，也是深度学习中的标准方法。

4.1　梯度下降法

神经网络的学习被公式化为成本函数的最小化，亦即要解决在网络参数空间上寻找目标函数$L(\boldsymbol{w})$最小值的最优化问题。

$$\boldsymbol{w}^* = \underset{\boldsymbol{w}}{\operatorname{argmin}}\ L(\boldsymbol{w}) \tag{4.1}$$

当然，在实际应用中，由于成本函数非常复杂，因此无法精确地求解这个问题，只能通过计算机来求得近似的数值。

作为最小值的数值求解法，其中著名的一种是牛顿迭代法（Newton-Raphson method）。尽管本书的内容没有用到任何牛顿迭代法，但作为最优解方法的基本知识，首先在此做一简单介绍。由于在最小值点处，所有方向的微分量均将消失，因此我们要求解的问题即为如式（4.2）所示的方程。

$$\frac{\partial L(\boldsymbol{w})}{\partial w_i} = 0 \tag{4.2}$$

在牛顿迭代法中，对上述方程式依据泰勒定理进行近似展开。在某个点$\boldsymbol{w}_0 = \{(w_0)_j\}$附近对式（4.2）的左边进行展开时，则得到

$$\frac{\partial L(\boldsymbol{w})}{\partial w_i} = \frac{\partial L(\boldsymbol{w}_0)}{\partial w_i} + \sum_j \frac{\partial^2 L(\boldsymbol{w}_0)}{\partial w_j \partial w_i}\left[w_j - (w_0)_j\right] + \cdots \tag{4.3}$$

忽略式中的高次项，并采用矩阵表示的话，则得到式（4.4）。

$$\frac{\partial L(\boldsymbol{w})}{\partial \boldsymbol{w}} \approx \left.\frac{\partial L(\boldsymbol{w})}{\partial \boldsymbol{w}}\right|_{\boldsymbol{w}_0} + \boldsymbol{H}(\boldsymbol{w}_0)(\boldsymbol{w} - \boldsymbol{w}_0) \tag{4.4}$$

这也意味着上式的左边是以$\partial L(\boldsymbol{w})/\partial w_i$为元素的向量。$\boldsymbol{H}_0$为海森矩阵（Hessian Matrix），如式（4.5）所示。

$$\left[\boldsymbol{H}(\boldsymbol{w}_0)\right]_{ij} = \frac{\partial^2 L(\boldsymbol{w})}{\partial w_i \partial w_j} \tag{4.5}$$

在此，当式（4.4）的左边为 0 时，如果海森矩阵为正则，则得到式（4.6）。

$$\boldsymbol{w}=\boldsymbol{w}_0-[\boldsymbol{H}(\boldsymbol{w}_0)]^{-1}\left.\frac{\partial L(\boldsymbol{w})}{\partial \boldsymbol{w}}\right|_{\boldsymbol{w}_0} \tag{4.6}$$

因此可以假设

$$\boldsymbol{w}^{(t+1)}=\boldsymbol{w}^{(t)}-\left[\boldsymbol{H}(\boldsymbol{w}^{(t)})\right]^{-1}\left.\frac{\partial L(\boldsymbol{w})}{\partial \boldsymbol{w}}\right|_{\boldsymbol{w}^{(t)}} \tag{4.7}$$

亦即依次使用t的值来进行$\boldsymbol{w}^{(t)}$的更新。如果顺利的话，对于某一个大的T，$\boldsymbol{w}^{(T)}$的值会收敛到一个固定值。

$$\boldsymbol{w}^{(T)}\approx\boldsymbol{w}^{(T+1)}\approx\boldsymbol{w}^{(T+2)}\approx\cdots$$

而这个收敛值正也是所求的实现最小值的点。因为根据式（4.7），在这个特定点上，一阶微分$\partial L(\boldsymbol{w})/\partial\boldsymbol{w}|_{\boldsymbol{w}^{(T)}}$几乎为 0。

虽然牛顿迭代法在各种场合得到了广泛应用，但是在深度学习中几乎不使用它，这是因为对海森逆矩阵的求解，增加了很多计算成本。同时，在深度学习中引入参数的数量庞大，因此必须进行庞大的海森逆矩阵的计算，并且要在式（4.7）的迭代过程中反复地进行。此外，成本函数的二阶微分的计算也十分困难，因此这种方法是不现实的。

实际上，也存在着各种不同的改进的牛顿迭代法，但在深度学习中大多采用一些仅和成本函数的一阶微分信息相关的方法，这就是梯度下降法（gradient descent method）。本章将介绍深度学习中梯度下降法的相关问题。

4.1.1 梯度下降法寻求最小值

找到误差函数$E(\boldsymbol{w})$的最小点的方法有多种，其中最直观简单的方法如图 4.1 所示。在误差函数曲线上，从上方滚落一个小球，然后等待小球滚落到曲线凹陷的最低点，该点即为。这个方法就是梯度下降法的思想。

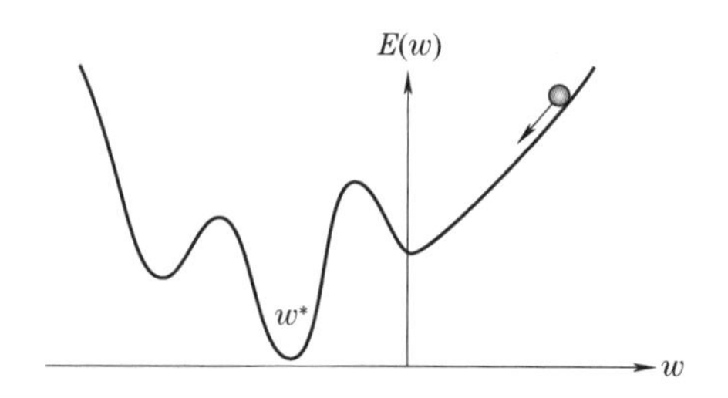

图 4.1 基于梯度下降法的最小值寻找方法

在梯度下降法中，小球开始下落的位置对应我们所准备的参数初始值（initial value）$\boldsymbol{w}^{(0)}$[⊖]。以这个初始值为起始点，可将坡道上滚落的小球的运动采用离散的时间点$t=0,1,2,\cdots$来描述。小球在曲线上的滚动意味着从当前的位置向曲线的梯度相反的方向移动。

$$\nabla E(\boldsymbol{w})=\frac{\partial E(\boldsymbol{w})}{\partial \boldsymbol{w}}\equiv\left[\frac{\partial E(\boldsymbol{w})}{\partial w_1},\cdots,\frac{\partial E(\boldsymbol{w})}{\partial w_D}\right]^{\top} \tag{4.8}$$

在此，为了简单起见，我们给神经网络的权重参数$w_1,w_2,\cdots,w_D$均赋予了标号，D为神经网络的全部参数的数量。在时刻t，处于位置$\boldsymbol{w}^{(t)}$的小球向梯度的相反方向移动的规则可表示如下

⊖ 如何选择初始值也直接关系到学习的成败。关于这个问题将在本章的后半部分进行介绍。

$$\boldsymbol{w}^{(t+1)}=\boldsymbol{w}^{(t)}+\Delta \boldsymbol{w}^{(t)}, \quad \Delta \boldsymbol{w}^{(t)}=-\eta \nabla E\left(\boldsymbol{w}^{(t)}\right) \tag{4.9}$$

上式的右侧定义了小球在下一个时刻将滚动到的位置$\boldsymbol{w}^{(t+1)}$，这里的$t=0,1,2,\cdots$。通过上式反复的迭代操作，能够使得小球逐渐滚落到误差函数曲线的底部。我们将决定一步移动距离大小$\Delta \boldsymbol{w}^{(t)}$的超参数$\eta$称为学习率（learning rate）。最终的梯度消失将使上述迭代操作收敛，使得小球不能再进行移动，此时所处的点即为函数的最小值。这里所说的收敛指的是在计算机的数值精度范围内看不出$\boldsymbol{w}^{(t)}$的变化的情况。当然，迭代也可以在这种情况出现之前结束，我们也可以设定一个小的数值，当小球的位置参数随时间变化量小于该数值时，即可以判定迭代的收敛。

遗憾的是，学习率的选择到目前为止还没有一个通用的方法，只能通过试探得出。如果学习率太大的话，单步的移动幅度过大，可能不能很好地捕捉误差函数的形状，所以会出现收敛问题。另一方面，如果学习率过小的话，学习可能不能完整进行。因此，找到合适大小的学习率对学习的顺利进行是很重要的。

4.1.2　局部极小值问题

到目前为止我们还没有提到最小值和极小值的区别，这是因为在简单的误差函数向下凸出的情况下，函数的任意极小值一定与最小值一致，所以不需要进行区分。但是，由于深度学习中的误差函数一般是很复杂的非凸函数，所以除了作为实际最小值的全局极小值（global minimum）之外，还拥有庞大数量的局部极小值（local minima）。图 4.1 所示的简单曲线中，除了 1 个全局极小值以外，还有 2 个局部极小值。

此外，在神经网络中会出现高度的对称性和极小值的重叠。以第ℓ层的两个神经元$j=1,2$为例，如果将这两个神经元互换位置，最后的输出也不会发生改变。因为如果将$w_{1i}^{(\ell)},w_{k1}^{(\ell+1)}$与$w_{2i}^{(\ell)},w_{k2}^{(\ell+1)}$一起同时互换的话，就如同什么都没有发生一样。各层中这样的互换将有${}_{d_\ell}C_2$种可能，因此在整个神经网络上将有$\prod_\ell {}_{d_\ell}C_2$种互换对称性。也就是说，如果有一个局部最小值的话，则会自动产生$\prod_\ell {}_{d_\ell}C_2$个重复的极小值。这样一来，深度模型中极小值的数量将是十分庞大的。

这种情况下，通过梯度下降法进行全局最小值的寻找，就像在干草堆中寻找针一样困难。因此，在深度学习中即使达到了极小的值，也无法达到真正的最小值。在常规的机器学习体系中，这是一个严重的问题，被称作局部最小值问题或局部最优解问题。局部最优解是局部的极小值，它没有在一个大范围上将误差函数最小化，我们真正想要的是一个大范围上的最优解。

令人不可思议的是，尽管在深度学习中没有找到真正的最小值，但是如果能发现误差函数较好的极小值也足够了[1]。这是一个区分深度学习和其他机器学习的重要标志，同时也是

[1] 为了进行正则化，一般来说连极小值都没有达到。

深度学习中的一大谜团[1]。关于这个问题，现在也在进行各种不同的研究，详细的讨论超出了本书的范围。在这里只要理解的是，在很多情况下只要找到足够小的值就足够了。

4.1.3　随机梯度下降法

虽说深度学习不需要真正的最小值，但如果误差函数的值陷入过大的临界点[2]时，则所得的结果将完全无法使用。因此，为了尽量避免被临界点所捕获，我们引入了随机的要素，从而通过从陷入点弹出效应的产生，来对梯度下降法进行改进。

为实现随机性的引入，需回顾一下学习结构。在给定训练数据$\mathcal{D}=\{(\boldsymbol{x}_n,\boldsymbol{y}_n)\}_{n=1,\cdots,N}$时，误差函数是通过各训练样本元素$(\boldsymbol{x}_n,\boldsymbol{y}_n)$的计算而得到的。

$$E(\boldsymbol{w})=\frac{1}{N}\sum_{n=1}^{N}E_n(\boldsymbol{w}) \tag{4.10}$$

如果使用平均二乘误差的话，就会得到式（4.11）。

$$E_n(\boldsymbol{w})=\frac{1}{2}\left[\boldsymbol{y}(\boldsymbol{x}_n;\boldsymbol{w})-\boldsymbol{y}_n\right]^2 \tag{4.11}$$

如果是K元分类的话，则使用交叉熵。

$$E_n(\boldsymbol{w})=-\sum_{k=1}^{K}t_{nk}\log y_k\left(\boldsymbol{x}_n;\boldsymbol{w}\right) \tag{4.12}$$

在梯度下降法中，如式（4.10）所示，每次的迭代更新都使用了全部的训练样本，因此这种方法被称为批量学习（batch learning）。

此外，由梯度引起的参数更新也可以反复进行多次，每更新一次不需要使用全部的样本。每次更新时，仅使用数据集中的部分训练样本，我们将这种方法称作小批量学习（minibatch learning）。在小批量学习中，首先需要准备好在各个训练时间t上要用到的训练样本的子集$\mathcal{B}^{(t)}$。这个训练样本的子集$\mathcal{B}^{(t)}$被称为小批量（minibatch），该子集通常都是在学习开始之前随机生成，然后在训练时间t上使用小批量的平均误差函数进行更新。

$$E^{(t)}(\boldsymbol{w})=\frac{1}{|\mathcal{B}^{(t)}|}\sum_{n\in\mathcal{B}^{(t)}}E_n(\boldsymbol{w}) \tag{4.13}$$

式中，$n\in\mathcal{B}^{(t)}$为该小批量训练样本的标号，$|\mathcal{B}^{(t)}|$为小批量中样本个数的总和。

使用小批量进行参数更新的过程与批量学习相同。

$$\boldsymbol{w}^{(t+1)}=\boldsymbol{w}^{(t)}+\Delta\boldsymbol{w}^{(t)},\quad \Delta\boldsymbol{w}^{(t)}=-\eta\,\nabla E^{(t)}\left(\boldsymbol{w}^{(t)}\right) \tag{4.14}$$

---

[1] 在球面自旋玻璃模型中，对深层神经网络的模型进行了大胆近似，对几乎所有的局部极小值来说，它们之间的差值都是极小的[16]。因此，无论选择哪个局部极小值，只要其小于预定的误差，均能实现良好的性能。

[2] 临界点处的微分也全部为0。在图4.1中，对应为2个极大点。

特别地，当每个训练时间t上使用的小批量仅含有一个训练样本时，$|\mathcal{B}^{(t)}|=1$，我们将此时的学习称作在线学习（online learning）或者随机梯度下降（Stochastic Gradient Descent，SGD）法。

在小批量学习中，通过小批量的随机选择，可以使得每次的误差函数$E^{(t)}(\boldsymbol{w})$的形式也发生随机改变。因此，与一直持续使用相同的误差函数$E(\boldsymbol{w})$的批量学习不同，进入不理想的临界点的可能性更小。这也是小批量学习被重视的重要原因之一。

而且，从样本使用有效性的角度来看，小批量也很受欢迎。如果训练数据的规模变得很大的话，含有相似样本的可能性也会升高。因此，通过小批量的使用，而不需要使用整个训练数据集，在一个更新步骤中可以避免重复使用相似数据而产生的计算消耗。

此外，在小批量梯度下降法中，各个梯度$\nabla E_n(\boldsymbol{w})$的计算是相互独立的，能够容易地并行进行。因此，如果核心处理部件具有多个 GPGPU 时，在这样的并行计算环境中，使用一定大小的小批量是合理的。

4.1.4　小批量的制作方法

在（小）批量学习中，学习的时间以纪元（epoch）来度量，亦即所谓的 epoch 这个单位。在 1 个 epoch 中，意味着整个训练数据集被完整地使用了一次。

在一个 epoch 开始的时候，首先将数据随机分割成适当尺寸的小批量，然后使用这些小批量进行梯度更新。如果全部的小批量都用完了的话，该 epoch 就结束了。但是，由于一个 epoch 的训练通常是不够的，所以还要继续进行下一个 epoch 的训练，并重新进行小批量的随机产生。反复进行上述的训练过程，直到误差变得非常小时，学习即结束。

在批量学习中，由于一次更新需要使用全部的训练数据，因此其更新时间与 epoch 是相同的。

4.1.5　收敛和学习率的调度

到目前为止，我们一直假定学习率η在学习过程中都是固定的。如果在每个训练更新步骤中学习率的大小一直保持不变，那么很难接近想要收敛的点，收敛就会变慢。特别是在 SGD 和小批量训练中，将误差函数$E(\boldsymbol{w})$的推定值作为小批量上真正的期望值近似地给出。只要使用基于小批量的推定值，无论到什么时候，其随机效果都不会消失，所以也不能收敛于$E(\boldsymbol{w})$的极小值。因此，随着与极小值的接近，学习率也需要变小，以减小梯度的统计波动。为此，我们决定引入时间相关的学习率。

$$\Delta\boldsymbol{w}^{(t)}=-\eta^{(t)}\nabla E^{(t)}\left(\boldsymbol{w}^{(t)}\right)\tag{4.15}$$

对于凸误差函数上的 SGD 方法，已知$\eta^{(t)}$保证收敛的条件为

$$\sum_{t=1}^{\infty}\eta^{(t)}\to\infty,\quad\sum_{t=1}^{\infty}[\eta^{(t)}]^2<\infty\tag{4.16}$$

但是在实践中，因为只在意数字上的收敛，所以不一定需要严格满足这个条件。因此经常采用以下方法来进行学习率的更新。

$$\eta^{(t)}=\begin{cases}\frac{t}{T}\eta^{(T)}+\left[1-\frac{t}{T}\eta^{(0)}\right] & (t\leqslant T)\\ \eta^{(T)} & (t\geqslant T)\end{cases}\tag{4.17}$$

也就是说，在初始的T步骤之内，使学习率线性地衰减。通过某个较大T值的选择，使得学习率经过衰减以后，固定在一个小的定值$\eta^{(T)}$上。除此之外，还有各种不同的$\eta^{(t)}$的选择方法，例如学习率随着时间t，以$1/t$或$1/\sqrt{t}$等进行衰减的方法也经常被使用。

$$\eta^{(t)}=\frac{\eta^{(1)}}{t},\ \eta^{(t)}=\frac{\eta^{(1)}}{\sqrt{t}}\tag{4.18}$$

4.2　改进的梯度下降法

4.2.1　梯度下降法的问题

关于梯度下降法，除了此前已经介绍了的局部最优解问题以外，还有很多需要解决的其他问题。

其中之一就是振荡。请考虑如图 4.2a 所示的误差函数形成深谷的情况。对于这样陡峭的绝壁，只有在谷底处其梯度才会变得缓慢。请试想一下，按照梯度下降法的思想，一个小球掉进这样的山谷时会出现怎样的情形呢？如果只在梯度方向上进行参数的更新，小球就会沿着山谷猛烈地振荡起来，永远不会停止。相反，在谷底梯度变化缓慢的地方，如果步进的幅度太小，则根本探索不到极小值的位置。在图 4.3 中，可以看到向椭圆形的谷底振荡下落的情形。深度学习可能需要消耗很长的计算时间来摆脱这样的低谷。因此，为了抑制振荡，深度学习增加了物理上的摩擦和惯性的作用，以改善运动的平稳性。其代表性的例子即为将在 4.2.2 节中加以介绍的动量法。

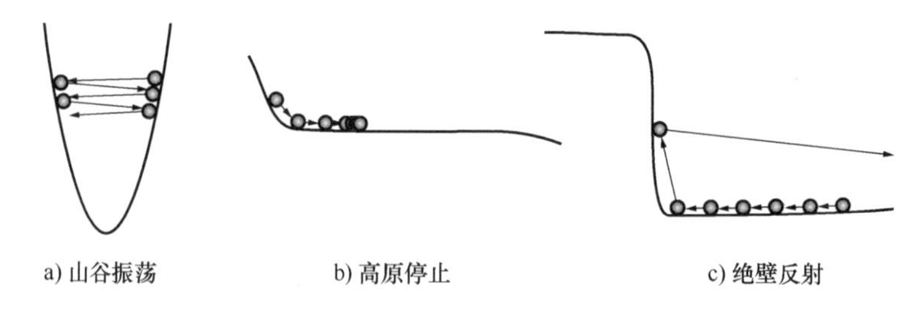

图 4.2　振荡情况

引起问题的不仅仅是山谷。如果像图 4.2b 所示的那样，存在着像高原上的平原那样的宽广平坦的区域，则称这样的区域为学习高原。一旦进入学习高原，梯度就会消失，因此参数更新也会停止。即使小批量等随机要素的加入，深度学习误差函数中出现的学习高原也会导致学习进展缓慢。

还有，误差函数中突然陡峭的绝壁（见图 4.2c）的出现也是危险的，即使是在斜坡上缓慢滚动的小球，在碰到陡峭绝壁的瞬间也会被强烈地弹开。一旦被陡峭的绝壁弹开，就得再缓慢地向绝壁靠近，这样无论到什么时候学习也不会完成，因此需要在学习中给梯度大小$|\nabla E|$设定一个阈值g_0，当$|\nabla E| \geqslant g_0$，超过阈值时，根据下式进行梯度参数更新大小的调整。这种方法被称为梯度裁剪（gradient clipping）。

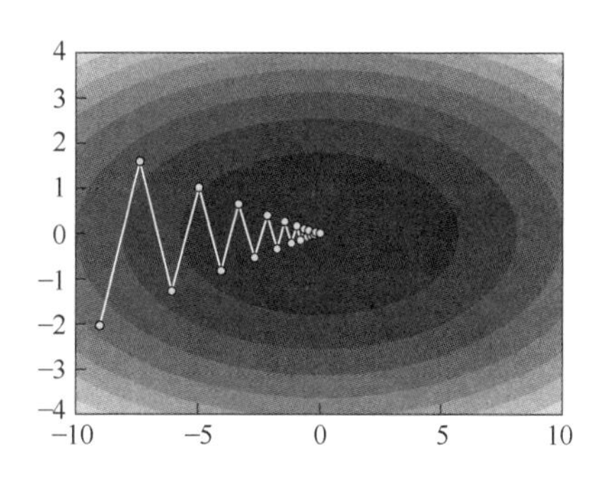

图 4.3　振荡导致梯度下降法的收敛迟缓（明暗（热图）表示等高线，越浅的颜色表示的位置越高）

$$\Delta \boldsymbol{w}^{(t)} = -\eta \frac{g_0}{|\nabla E|} \nabla E\left(\boldsymbol{w}^{(t)}\right) \tag{4.19}$$

为了解决与梯度有关的问题，建议不仅要绘制误差函数的曲线，梯度的大小也要在学习中进行绘制，以便在遇到梯度消失和爆炸时，可以采取有针对性的措施。

关于梯度下降法，另一个更重要的问题是鞍点（saddle point）的存在。鞍点是一种梯度为 0 的临界点，如图 4.4 所示。在鞍点处，当向某个方向稍微偏离一点时，梯度开始下降。反之，当偏向另一个方向时则梯度开始上升。在随机进行临界点的搜索时，相对于所有梯度的正负和全部的极小点和极大点，遇到这种鞍点的概率更高。实际上，深度学习的临界点大半是这种误差值相差较大的鞍点，而且鞍点周围有比较平坦的区域，被陷于此区域的危险性也很高。因此使得深度神经网络学习成功的关键是，即使陷入鞍点也能进行摆脱，这就需要在学习算法上下功夫。以下介绍的对梯度下降法的几个改进，将有利于从鞍点处的逃脱。

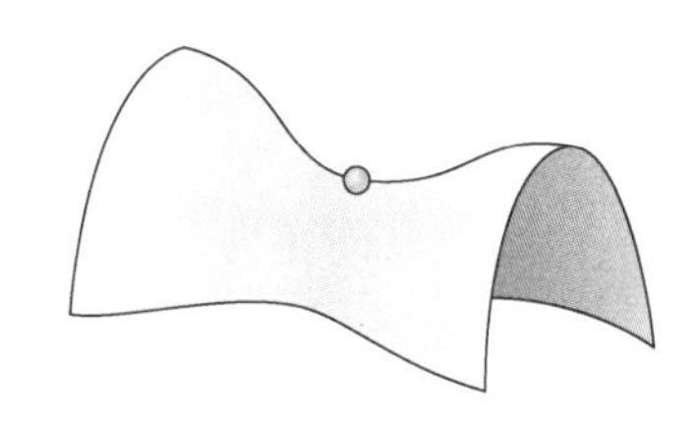

图 4.4　三维曲面上的鞍点

4.2.2　动量法

动量（momentum）法是抑制梯度下降法的振荡，加速向极小值收敛的方法。动量也被称为“惯性”，通过前一时刻梯度影响的滞留来防止振荡的产生，如图 4.5 所示。

振荡的原因是深谷底部周围梯度急剧发生的正负交替。因此，需要将前一步梯度的影响施加在当前的梯度上。假设上一次参数的更新量$\Delta \boldsymbol{w}^{(t-1)}$为负值，而当前梯度$\nabla E(\boldsymbol{w}^{(t)})$为一个较大的正值，此时通过将上次的更新量稍微添加到当前的梯度中，则可以将此次的更新量$\nabla E(\boldsymbol{w}^{(t)})$抑制为一个较小的正值，如图 4.6 所示。采用这个方法，可以防止梯度大幅度地

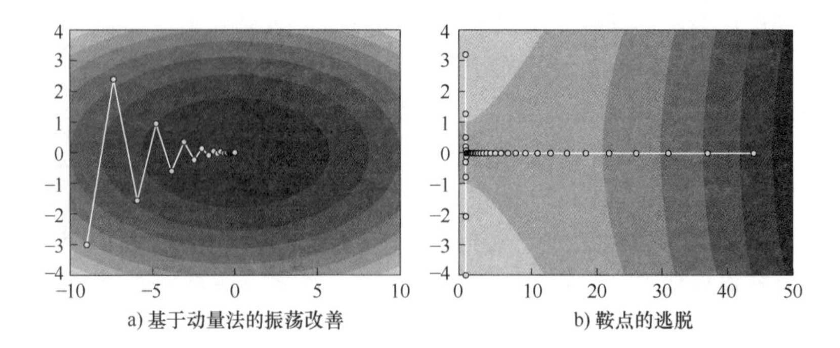

图 4.5　动量示意图（逃脱后则加速梯度的下降。所示出的 49 步中，大部分用于从鞍点的逃脱）

正负摆动，这就是动量法。

（动量法）

$$\boldsymbol{w}^{(t+1)} = \boldsymbol{w}^{(t)} + \Delta\boldsymbol{w}^{(t)} \tag{4.20}$$

$$\Delta\boldsymbol{w}^{(t)} = \mu\,\Delta\boldsymbol{w}^{(t-1)} - (1-\mu)\eta\,\nabla E\big(\boldsymbol{w}^{(t)}\big) \tag{4.21}$$

其初始值为$\Delta\boldsymbol{w}^{(0)} = 0$，$\mu$取比较靠近 1 的 0.5～0.99 之间的值。

动量法不仅可以防止振荡，在普通斜面上还可以加速梯度下降法的参数更新。因此，我们可以认为误差函数的梯度$\nabla E(\boldsymbol{w})$在一定范围内，此时，作为“末端速度”的更新式（4.21）$\Delta\boldsymbol{w}^{(t)} = \Delta\boldsymbol{w}^{(t+1)} = \Delta\boldsymbol{w}$即变为

$$\Delta\boldsymbol{w} = -\eta\,\nabla E\big(\boldsymbol{w}\big) \tag{4.22}$$

也就是说，在梯度一定的斜面上，原本式（4.21）中为$(1-\mu)\eta$的学习率会产生增加到η的加速效果。另外，$\mu = 0$时，动量法的效果消失，回归为普通的梯度下降法。

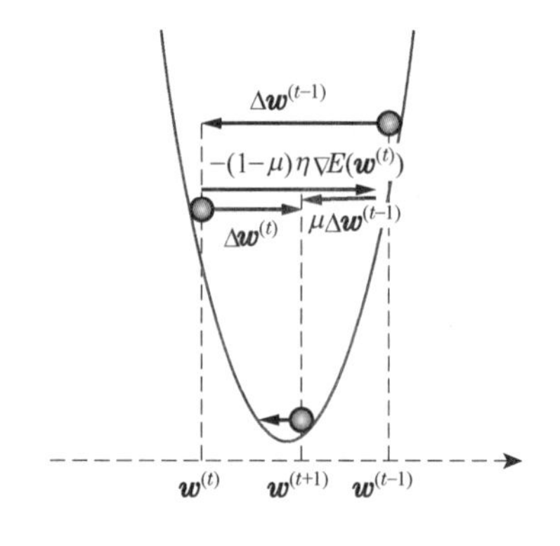

图 4.6　动量法力矩对波谷振荡的抑制

4.2.3　Nesterov 加速梯度下降法

Nesterov 加速梯度下降法（Nesterov's accelerated gradient method）[17]是动量法的改进版，只是衡量梯度值的位置不同。

（Nesterov 加速梯度下降法）

$$\boldsymbol{w}^{(t+1)} = \boldsymbol{w}^{(t)} + \Delta\boldsymbol{w}^{(t)} \tag{4.23}$$

$$\Delta\boldsymbol{w}^{(t)} = \mu\,\Delta\boldsymbol{w}^{(t-1)} - (1-\mu)\eta\,\nabla E\big[\boldsymbol{w}^{(t)} + \mu\boldsymbol{w}^{(t-1)}\big] \tag{4.24}$$

该方法的思想为，首先根据$\boldsymbol{w}^{(t)}+\mu\boldsymbol{w}^{(t-1)}$来粗略地估计下一时刻$t+1$的位置，并利用该处梯度大小的信息，从而可以通过使用稍早一点位置的梯度，在梯度变化之前进行改进的实施，以便事先对其变化进行应对。

4.2.4　AdaGrad

迄今为止，我们已经了解了通过动量法来防止梯度下降法振荡的产生及收敛加速的方法。下面将介绍有关梯度下降法的其他改进措施。

梯度下降法只有一个学习率η。但是实际上，在参数空间的不同坐标方向上，误差函数的梯度会有很大的差异。例如，误差函数在w_1方向具有陡峭的梯度时，而w_2方向的梯度却只是缓慢的倾斜。从而使得在w_1方向上，参数值随着大的梯度不断更新，而在w_2方向上却不能进行完全的更新。这是因为，控制梯度下降法参数更新的学习率只有一个。

如果能根据各参数方向的不同而引入多个学习率的话，则无论在哪个方向都能以均等的速度进行学习，梯度下降法的收敛性应该会变得更好。但是，如果学习率的增加变得泛滥的话，必须由我们通过试探法来决定的超参数就会增加，这样也会产生新的麻烦。因此，我们在此介绍一种在不增加参数的情况下，也能给各个方向制定合适的有效学习率的方法。

在这样的方法中，很早就被采用的是自适应次梯度下降 AdaGrad（adaptive subgradient descent）法[18]。

（AdaGrad）

$$\Delta\boldsymbol{w}_i^{(t)}=-\frac{\eta}{\sqrt{\sum_{s=1}^{t}\left(\nabla E(\boldsymbol{w}^{(s)})_i\right)^2}}\nabla E\left(\boldsymbol{w}^{(t)}\right)_i \tag{4.25}$$

左边为$\Delta\boldsymbol{w}^{(t)}$的第$i$个分量，$\nabla E\left(\boldsymbol{w}^{(t)}\right)_i$为梯度的第$i$个分量。在 AdaGrad 中，学习率被除以历史梯度分量二次方和的二次方根。因此，在已经采取了较大梯度值的方向上，学习率会减小，从而使得在迄今为止梯度较小方向上的学习率会相对增大。由此，可以有效防止在某些方向上学习毫无进展的情况发生。

AdaGrad 的缺点是，当学习初期的梯度较大时，其后期的更新量$\Delta\boldsymbol{w}_i^{(t)}$会立刻变小，如此下去学习就会停止。所以有必要在适当程度上选择较大的学习率η，如图 4.7 所示。因此 AdaGrad 是对学习率的选择方法敏感而难以使用的方法。此外，如果初始梯度过大的话，也不能得到快速的更新，所以对权重的初始值也很敏锐。下面介绍一下这个问题的改进方法。

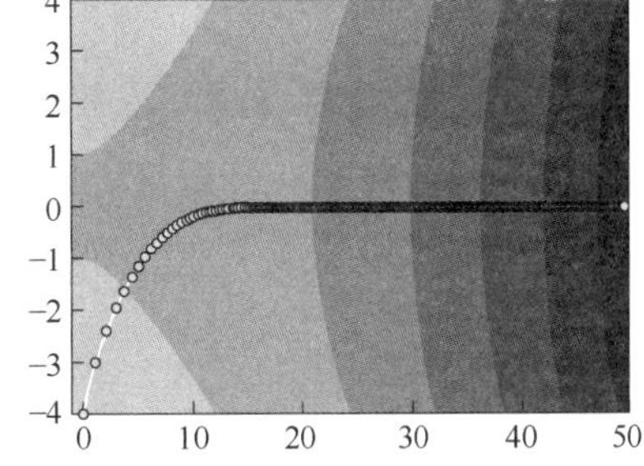

图 4.7　AdaGrad 的梯度下降法（可以立即从鞍点处逃脱，同时学习率也立即衰减，即使给出了 320 次更新也只能进行到这里）

4.2.5 RMSprop

RMSprop（方均根）是希顿在其授课讲义中介绍的一种方法[19]，尽管没有作为论文公开发表，但也是全世界广泛使用的著名方法。

AdaGrad 的问题在于，更新量一旦为 0 时，就再也回不到非 0 的值了，这是因为其收集了所有历史梯度信息的缘故。因此，为了使历史梯度信息能够按某一指数因子衰减而消失，我们决定采用梯度分量 $\nabla E(\boldsymbol{w}^{(t)})_i$ 按指数函数平滑而得到方均根（Root Mean Square，RMS）$v_{i,t}$ 来代替式（4.25）中的平方和二次根（如图 4.8 所示）。

（RMSprop）

$$v_{i,t} = \rho v_{i,t-1} + (1-\rho)\left(\nabla E(\boldsymbol{w}^{(t)})_i\right)^2 \tag{4.26}$$

$$\Delta \boldsymbol{w}_i^{(t)} = -\frac{\eta}{\sqrt{v_{i,t}+\epsilon}} \nabla E\left(\boldsymbol{w}^{(t)}\right)_i \tag{4.27}$$

$v_{i,t}$ 的初始值 $v_{i,0}=0$。此外，为了不让分母为 0，引入了一个较小的常量 ϵ，该常量取 10^{-6} 等级的一个较小值。为了简便起见，此后我们使用式（4.28）这种表示方法。

$$\mathrm{RMS}\left[\nabla E_i\right]_t = \sqrt{v_{i,t}+\epsilon} \tag{4.28}$$

由于 RMSprop 只受近期历史梯度的影响，因此其更新量不会完全消失。另外，在深度学习中，如果要想顺利地脱离鞍点并加速更新的话，可以将该方法与动量法等组合使用。RMSprop 方法的有效性已经得到了广泛的证实。

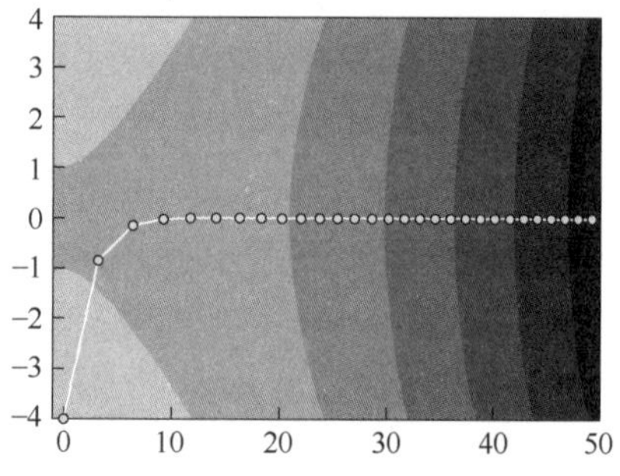

图 4.8　RMSprop 方法的使用，30 次更新就达到了良好的效果

4.2.6 AdaDelta

虽然 RMSprop 是改善 AdaGrad 的好方法，但是它对全局学习率 η 的值敏感这一事实，却没有得到改善，这其中一个原因是维度的不匹配。请回忆一下物理学中的维度分析，假设误差函数 $\boldsymbol{E}$ 为一个无维度的量，也就是说将测量参数 $\boldsymbol{w}$ 的长度比例设为几倍也不变的函数。另一方面，$\Delta\boldsymbol{w}$ 是具有长度的维度，$\boldsymbol{E}$ 的微分是具有长度的倒数的维度。

$$\Delta \boldsymbol{w} \sim length, \nabla E(\boldsymbol{w}) \sim \frac{1}{length} \tag{4.29}$$

可是在梯度下降法中，这两个维度不同的量通过学习率使之成比例地变化。由于将这种不匹配强加在学习率上，使得适当的学习率大小会随着问题的不同而发生各种变化。

因此，要想实现鲁棒的学习率，必须消除这种不匹配。让我们来回忆一下牛顿·拉弗森迭代法［如式（4.7）所示］。该方法之所以能够在很多的领域得到使用，是因为其两边的维度一致，没有不稳定性。实际上，其右侧如式（4.7）所示，与左侧具有相同的维度。

$$\Delta \boldsymbol{w} = \boldsymbol{H}^{-1} \nabla E(\boldsymbol{w}) \sim \frac{1}{\frac{\partial^2 E}{\partial w^2}} \frac{\partial E}{\partial w} \sim length \tag{4.30}$$

如果可以使用类似海森矩阵的因子，那么就可以改善 RMSprop 的维度。当然，由于海森矩阵的计算成本很高，所以可以采用一种方法来进行推算。首先关注式（4.30），如果将这个公式看作只有对角成分不为零的变形的话，海森逆矩阵大致上可以估计为

$$\Delta \boldsymbol{w}_i = H_{ii}^{-1} \nabla E(\boldsymbol{w})_i \Longrightarrow H_{ii}^{-1} = \frac{\Delta \boldsymbol{w}_i}{\nabla E(\boldsymbol{w})_i} \tag{4.31}$$

因此，通过$\Delta \boldsymbol{w}_i$的 RMS 和$\nabla E(\boldsymbol{w})_i$的 RMS 的比例，可以粗略地估计海森逆矩阵。但是$\Delta \boldsymbol{w}_i^{(t)}$是当前想知道的量，$\Delta \boldsymbol{w}_i$可以使用前一个时刻的 RMS。以上就是将牛顿・拉弗森迭代法$\Delta \boldsymbol{w} = \boldsymbol{H}^{-1} \nabla E(\boldsymbol{w})$在梯度下降法中的近似，从而得到如下所示的 AdaDelta[20] 的定义和公式。

（AdaDelta）

$$\Delta \boldsymbol{w}_i^{(t)} = -\frac{\mathrm{RMS}\left[\Delta \boldsymbol{w}_i\right]_{t-1}}{\mathrm{RMS}\left[\nabla E(\boldsymbol{w})_i\right]_t} \nabla E\left(\boldsymbol{w}^{(t)}\right)_i \tag{4.32}$$

RMS 部分的计算，首先与式（4.26）一样进行。

$$u_{i,t} = \rho\, u_{i,t-1} + (1-\rho)\left[\Delta \boldsymbol{w}_i^{(t)}\right]^2 \tag{4.33}$$

$$v_{i,t} = \rho\, v_{i,t-1} + (1-\rho)\left[\nabla E(\boldsymbol{w}^{(t)})_i\right]^2 \tag{4.34}$$

但在$t=0$时的初始值都为 0，衰减率ρ两者都使用共同的值，并根据该衰减的加权平均来定义 RMS。关于衰减率的大小，推荐诸如$\rho = 0.95$这样的值。

$$\mathrm{RMS}\left[\Delta \boldsymbol{w}_i\right]_t = \sqrt{u_{i,t} + \epsilon} \tag{4.35}$$

$$\mathrm{RMS}\left[\nabla E(\boldsymbol{w})_i\right]_t = \sqrt{v_{i,t} + \epsilon} \tag{4.36}$$

4.2.7 Adam

最后，我们将介绍一种与 AdaDelta 不同的 RMSprop 改进方法[21]。在 Adam 中，不仅使用式（4.26）分母中的梯度 RMS，而且斜率本身也采用指数平滑的平均值进行替换。这类似于对 RMSprop 的梯度部分应用包含指数衰减的动量，但实际上 Adam 更加精细。

首先定义梯度及其二次方指数平滑的平均值为

$$m_{i,t} = \rho_1\, m_{i,t-1} + (1-\rho_1) \nabla E\left[\boldsymbol{w}^{(t)}\right]_i \tag{4.37}$$

$$v_{i,t} = \rho_2\, v_{i,t-1} + (1-\rho_2)\left\{\nabla E\left[\boldsymbol{w}^{(t)}\right]_i\right\}^2 \tag{4.38}$$

其初始值$m_{i,0} = v_{i,0} = 0$。这乍一看似乎是梯度的一次微分和二次微分的良好推定量，但实际上是有偏差的。因为初始值是 0，所以更新初期时微分的推定值趋近于 0。

通过偏差的修正，可使其尽量接近其无偏差推定量。作为例子，考虑二次微分$v_{i,t}$，在

初始值下解方程式（4.38）得到式（4.39）。

$$v_{i,t}=(1-\rho_2)\sum_{s=1}^{t}(\rho_2)^{t-s}\left[\nabla E(\boldsymbol{w}^{(s)})_i\right]^2 \tag{4.39}$$

在 SGD 等方法中，各时刻的梯度$\nabla E(\boldsymbol{w}^{(s)})$与每步被随机取样的训练样本相对应，因此也认为服从某概率分布。在此取式（4.39）的期望值的话则能得到式（4.40）。如果梯度在时间上是不变的，则第 2 行的近似等式会严格成立。

$$\begin{aligned}\mathrm{E}\left[v_{i,t}\right]&=(1-\rho_2)\sum_{s=1}^{t}(\rho_2)^{t-s}\mathrm{E}\left[\left(\nabla E(\boldsymbol{w}^{(s)})_i\right)^2\right]\\&\approx\mathrm{E}\left[\left(\nabla E(\boldsymbol{w}^{(t)})_i\right)^2\right](1-\rho_2)\sum_{s=1}^{t}(\rho_2)^{t-s}\\&=\mathrm{E}\left[\left(\nabla E(\boldsymbol{w}^{(t)})_i\right)^2\right]\left(1-(\rho_2)^t\right)\end{aligned} \tag{4.40}$$

即使不是这样，通过适当的衰减率的选取，充分有助于梯度值变化的抑制，使其较大的变化也会很大程度地变小，因此被认为是一个好的近似式。因此，$v_{i,t}$将趋近于真正的梯度的二次微分和因子$1-(\rho_2)^t$。在t较小的时候，该式会产生很大的偏差。因此，用该因子分离的校正后偏差的微分的估计值可以通过式（4.41）来给出。

$$\hat{m}_{i,t}=\frac{m_{i,t}}{1-(\rho_1)^t},\ \hat{v}_{i,t}=\frac{v_{i,t}}{1-(\rho_2)^t} \tag{4.41}$$

Adam 即为使用这些估计值的梯度下降法（如图 4.9 所示）。

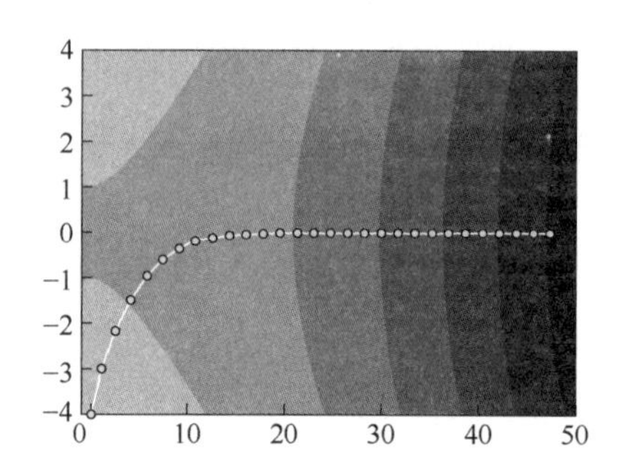

图 4.9　Adam 方法的使用，30 次更新就达到了良好的效果

（Adam）

$$\Delta\boldsymbol{w}_i^{(t)}=-\eta\frac{\hat{m}_{i,t}}{\sqrt{\hat{v}_{i,t}+\epsilon}} \tag{4.42}$$

在原论文中，参数的推荐值为

$$\eta = 0.001,\ \rho_1 = 0.9,\ \rho_2 = 0.999,\ \epsilon = 10^{-8}$$

在各种不同的深度学习架构中，所使用的参数值基本也是该推荐值。

4.2.8 自然梯度下降法

自然梯度（natural gradient）下降法是与此前介绍的梯度下降改进方法风格迥异的一种方法。到目前为止，我们所介绍的方法都是假定梯度∇E是在急剧下降的方向上的。如果权重参数空间是带有正交直角坐标系的普通欧几里得空间的话，情况确实如此。但是，如果参数空间弯曲了会怎么样呢？

一般来说，弯曲了的黎曼流形（Riemannian manifold）的微小距离是通过计量张量$\boldsymbol{G} = (g_{ij})$来测量的，因此，微向量$\Delta\boldsymbol{w}$的长度为$\Delta\boldsymbol{w}^2 = \sum_{ij} g_{ij}\Delta w_i \Delta w_j$。此时，$E(\boldsymbol{w} + \Delta\boldsymbol{w}) - E(\boldsymbol{w}) \approx \nabla E^\top \Delta\boldsymbol{w}$，在最急剧变化的方上可以有[24]㊀

$$\Delta\boldsymbol{w} \propto \boldsymbol{G}^{-1}\nabla E(\boldsymbol{w}) \tag{4.43}$$

以此作为梯度使用的梯度下降法即为自然梯度下降法[25]。那么权重空间的自然距离应该怎样导入呢？实际上，我们知道计量时使用费舍尔信息量矩阵即可。在学习过程中，自然梯度下降法不会出现学习高原等问题，学习更加快速，是性能极高的一种方法。但是，由于必须进行计量逆矩阵的评价，因此计算量也显著增加。为此，出现了各种近似自然梯度下降法的方法。

4.3 权重参数初始值的选取方法

权重参数的初始值选取方法在很大程度上决定着梯度下降法的学习是否顺利。实际上，初始值设定得好，其收敛性也会变好，这是众所周知的。

初始值的设定不能盲目地随意进行。例如，如果全部设置为 0，则输出值通常也均为 0，与权重不具有相关性，学习无法进行。在实际研究中，通常初始值从平均值为 0 的高斯分布或均匀分布中进行采样。但是在这种情况下，根据分布的方差大小的不同，学习的成败也是有所不同的。因此，本节将介绍常用的依据方差大小的选择方法。

4.3.1 LeCun 初始化

在 LeCun 初始化（LeCun's initialization）[13]中，权重的初始值从如下所示的方差为$1/d_{\ell-1}$的均匀分布或高斯分布中采样。

$$w_{ji}^{(\ell)} \sim \mathcal{U}\left(\mathrm{w}\,; -\sqrt{\frac{3}{d_{\ell-1}}}, \sqrt{\frac{3}{d_{\ell-1}}}\right) \text{或} \mathcal{N}\left(\mathrm{w}\,; 0, \frac{1}{\sqrt{d_{\ell-1}}}\right) \tag{4.44}$$

㊀ 拉格朗日函数$L = \nabla E^\top \Delta\boldsymbol{w} + \lambda(\sum_{ij} g_{ij}\Delta w_i \Delta w_j - c)$取最大值时，其对$\Delta w_i$的微分为 0，因此$\nabla E_i + 2\lambda \sum_j g_{ij}\Delta w_j = 0$。

对于与前层有较多结合的神经元，由于采样分布的方差$1/d_{\ell-1}$较小，因此可以减少初始权重值之间的差异，使得网络整体的活性大小较为统一。但是，在诸如卷积式神经网络那样结合稀疏的模型中，并不是所有的前层神经元都具有结合性，因此将与第ℓ层神经元结合的前层神经元的总数定义为 fan-in，并且用 fan-in 替换$d_{\ell-1}$制作初始化的分布。

4.3.2 Glorot

Glorot 初始化（Glorot's initialization）[26] 是由 Xavier Glorot 等从只具有线性神经元的神经网络的分析中提出的。在该方法中，神经元数为d_ℓ的中间层ℓ的权重$w_{ji}^{(\ell)}$从如下所示的均值为 0、方差为$2/(d_{\ell-1}+d_\ell)$的均匀分布或高斯分布采样。

$$w_{ji}^{(\ell)} \sim \mathcal{U}\left(\mathrm{w}\,;-\sqrt{\frac{6}{d_{\ell-1}+d_\ell}},\sqrt{\frac{6}{d_{\ell-1}+d_\ell}}\right) \text{或} \mathcal{N}\left(\mathrm{w}\,;0,\sqrt{\frac{2}{d_{\ell-1}+d_\ell}}\right) \tag{4.45}$$

对形状左右对称的激活函数，该初始化是一种有效的初始化方法。在一般的网络中，通常用 fan-in 来替换$d_{\ell-1}$。同时，定义与第ℓ层神经元结合的$\ell+1$层神经元的总数为 fan-out，并用 fan-out 来替换d_ℓ。

4.3.3 He 初始化

另一方面，由 Kaiming He 等人提出的 He 初始化（He's initialization）[27] 来源于使用 ReLU 神经网络的解析。他们的初始值从方差为$2/d_{\ell-1}$的分布中进行采样，且通常采用 fan-in 来替换$d_{\ell-1}$。

$$w_{ji}^{(\ell)} \sim \mathcal{U}\left(\mathrm{w}\,;-\sqrt{\frac{6}{d_{\ell-1}}},\sqrt{\frac{6}{d_{\ell-1}}}\right) \text{或} \mathcal{N}\left(\mathrm{w}\,;0,\sqrt{\frac{2}{d_{\ell-1}}}\right) \tag{4.46}$$

在此，对文献［27］的推导过程做一个简单介绍。首先假定在各个层中，权重为 i. i. d. 随机采样的，神经元的活性$u_i^{(\ell-1)}$也同样取各种不同的相互独立值；再将权重$u_i^{(\ell-1)}$作为独立的随机变量对待。此时，在权重的采样分布下，设$\mathrm{E}[w_{ji}^{(\ell)}]=0$的话，则$\ell$层的活性方差为

$$\begin{aligned} Var\left[u_j^{(\ell)}\right] &= \sum_i Var\left[w_{ji}^{(\ell)} z_i^{(\ell-1)}\right] = d_{\ell-1} Var\left[w^{(\ell)} z^{(\ell-1)}\right] \\ &= d_{\ell-1} Var\left[w^{(\ell)}\right] \mathrm{E}\left[\left(z^{(\ell-1)}\right)^2\right] \end{aligned} \tag{4.47}$$

在此取给权重的概率分布是对称的$P(w^{(\ell-1)})=P(-w^{(\ell)})$。这样，同层的活性$u^{(\ell-1)}$也遵从均值为 0 的对称概率分布。如果激活函数为 ReLU，则有

$$\begin{aligned} \mathrm{E}\left[\left(z^{(\ell-1)}\right)^2\right] &= \sum_{u^{(\ell-1)}} P(u^{(\ell-1)})\left(\max\left(0,u^{(\ell-1)}\right)\right)^2 \\ &= \sum_{u^{(\ell-1)}\geqslant 0} P(u^{(\ell-1)})\left(u^{(\ell-1)}\right)^2 = \frac{1}{2} Var\left[u^{(\ell-1)}\right] \end{aligned} \tag{4.48}$$

因此，如果综合上述两式，就能得到

$$Var\left[u^{(\ell)}\right]=\frac{d_{\ell-1}}{2}Var\left[w^{(\ell)}\right]Var\left[u^{(\ell-1)}\right] \tag{4.49}$$

也就是说，神经网络的最终输出方差为

$$Var\left[u^{(L)}\right]=Var\left[u^{(1)}\right]\prod_{\ell=2}^{L}\frac{d_{\ell-1}}{2}Var\left[w^{(\ell)}\right] \tag{4.50}$$

在深度网络上，由于$d_{\ell-1}/2\,Var\left[w^{(\ell)}\right]$的因子带有很多的方差，因此为了防止输出的爆炸或消失，我们希望其满足式（4.51）

$$\frac{d_{\ell-1}}{2}Var\left[w^{(\ell)}\right]\approx 1 \tag{4.51}$$

因此，推荐权重所遵从的概率分布的方差与$2/d_{\ell-1}$相当，该初始化能够同时避免梯度的消失和爆炸[27]。

4.4　训练预处理

为了实现学习的加速和良好的泛化性能，在此我们对训练数据的预处理进行介绍。一般来说，训练数据可能包含与我们要进行的任务无关的信息和数据统计上的偏差。如果能事先确定那个偏差，并最好在学习之前能将其去除，就能够降低因为训练样本中包含的不必要的偏差给学习过程造成的不必要的负荷，从而保证学习的顺利进行。

4.4.1　数据的规格化

数据的规格化（normalization of data）或标准化（standardization）是对训练样本的成分进行的预处理。具体来说，就是针对每个成分i，先将训练样本的成分$\{x_{ni}\}_{n=1}^{N}$的均值和方差重新规格化为一定的值。首先，为了使成分的均值为 0，在成分的样本值上减去样本的均值，从而使得样本的均值变为 0。

$$\bar{x}_i=\frac{1}{N}\sum_{n=1}^{N}x_{ni}\implies x_{ni}-\bar{x}_i \tag{4.52}$$

其次，还要将方差规格化为 1。因此首先对样本的标准偏差进行评估，再用此值去除样本的各个成分。

$$\sigma_i^2=\frac{1}{N}\sum_{n=1}^{N}(x_{ni}-\bar{x}_i)^2\implies x_{ni}^{new}=\frac{x_{ni}-\bar{x}_i}{\sigma_i} \tag{4.53}$$

但是，需要注意标准偏差极小的情况。此时，引入一个较小的数ϵ，并将该分母替换为$\sqrt{\sigma_i^2+\epsilon}$或$\max(\sigma_i,\epsilon)$。规格化操作如图 4.10 所示。

4.4.2　数据的白化

在上述规格化中，没有考虑数据分量之间的相关性。因为规格化只是关于各成分i，将均值和方差进行了标准化，但实际上在样本不同方向的成分之间的关联也会变得偏颇。例如，图 4.10c 的数据分布图是规格化后的数据，在x_1轴和x_2轴之间存在较强的关联，数据偏向直线$x_1 = x_2$周围进行分布。

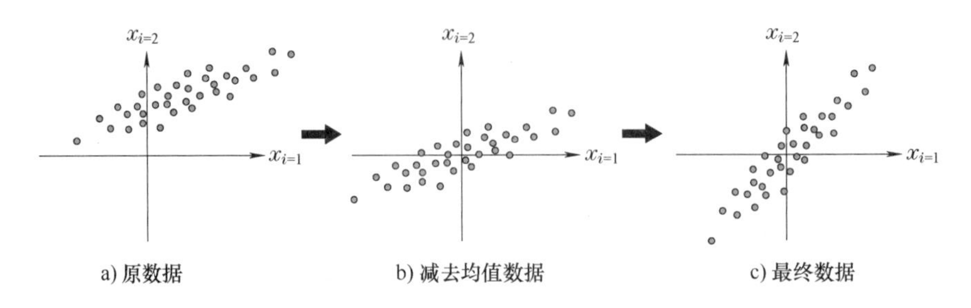

图 4.10 二维数据的规格化

通过各成分方向间的协方差能够捕捉到这样的相关性。让我们来考虑以下已经对均值进行了规格化并将均值作为 0 的数据，此时成分i与j的协方差为

$$(\boldsymbol{\Phi})_{ij} = \frac{1}{N}\sum_{n=1}^{N} x_{ni}x_{nj} \tag{4.54}$$

将其表示为矩阵的形式则有

$$\boldsymbol{\Phi} = \frac{1}{N}\sum_{n=1}^{N} \boldsymbol{x}_n\boldsymbol{x}_n^{\top} = \frac{1}{N}\boldsymbol{X}\boldsymbol{X}^{\top} \tag{4.55}$$

式（4.55）的右侧即为一个矩阵表示。规格化没有将此矩阵对角线以外的元素进行规格化，而要消除方向之间的相关性，还必须使协方差矩阵的非对角元素为 0。

协方差矩阵被定义为一个对称矩阵$\boldsymbol{\Phi}=\boldsymbol{\Phi}^{\top}$。因此，回顾线性代数的学习内容，可以使用直线矩阵对角化来进行。为此，首先寻求$\boldsymbol{\Phi}$的本征向量$\boldsymbol{e}_i$，以实现其正交化。

$$\boldsymbol{\Phi}\boldsymbol{e}_i = \lambda_i\boldsymbol{e}_i, \quad (\boldsymbol{e}_i)^2 = 1, \quad \boldsymbol{e}_i^{\top}\boldsymbol{e}_j = 0\ (i \neq j) \tag{4.56}$$

如果将其表示为矩阵$\boldsymbol{E} = (\boldsymbol{e}_1 \ \cdots \ \boldsymbol{e}_d)^{\top}$，则可以使用这个正交矩阵与$\boldsymbol{E}^{\top}\boldsymbol{\Phi}\boldsymbol{E} = \mathrm{diag}(\lambda_1, \cdots, \lambda_d)$实现对角化。在此，可以定义$\boldsymbol{\Lambda}^{-1/2} = \mathrm{diag}(1/\sqrt{\lambda_1}, \cdots, 1/\sqrt{\lambda_d})$这个对角矩阵，将其进行转置变换的话，则可得到$(\boldsymbol{\Lambda}^{-1/2})^{\top}\boldsymbol{E}^{\top}\boldsymbol{\Phi}\boldsymbol{E}\boldsymbol{\Lambda}^{-1/2} = \boldsymbol{I}$的单位矩阵。由于单位矩阵用任何正交矩阵$\boldsymbol{Q} = \boldsymbol{Q}^{\top}$进行转换结果都不变，结果使得在消去协方差的同时，也将各方向的方差规格化为 1。

$$\boldsymbol{P}^{\top}\boldsymbol{\Phi}\boldsymbol{P} = \boldsymbol{I}, \boldsymbol{P} = \boldsymbol{E}\boldsymbol{\Lambda}^{-1/2}\boldsymbol{Q} \tag{4.57}$$

这样，将协方差矩阵$\boldsymbol{\Phi} = \sum_{n=1}^{N} \boldsymbol{x}_n\boldsymbol{x}_n^{\top}/N$转换成对角化的过程与以下的数据向量进行的转换相同。这个处理过程被称为白化（whitening）和球状化（sphering）。

$$\boldsymbol{x}_n^{\text{white}} = \boldsymbol{P}^{\top}\boldsymbol{x}_n \tag{4.58}$$

图 4.11 示出了白化处理的效果。因为在协方差矩阵中可能存在着$\lambda_i = 0$和数值极小的特征值，所以在实际应用中使用一个较小数ϵ，并将$\boldsymbol{\Lambda}^{-1/2}$替换为$(\boldsymbol{\Lambda}+\epsilon\boldsymbol{I})^{-1/2} = \text{diag}\left(1/\sqrt{\lambda_1+\epsilon},\cdots,1/\sqrt{\lambda_d+\epsilon}\right)$。如果$x_{ni}$的值在$-1\sim1$，则$\epsilon$使用大约$10^{-6}$的量级。如果数据的协方差矩阵是可以计算的，其特征值在数值上也可以求解的话，则这个白化处理是有效的。在多数图像数据的学习中，通过预先将训练数据白化来提高学习的泛化性能。

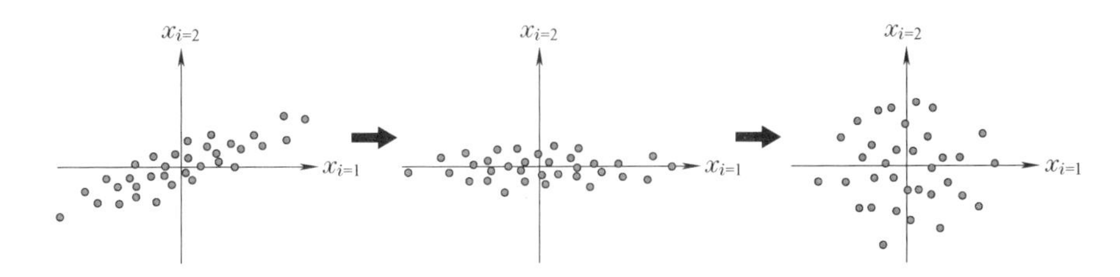

图 4.11　二维数据的 PCA 白化处理（各点与数据点相对应，从左至右依次为原始数据、正交矩阵中的旋转和按$\boldsymbol{\Lambda}^{-1/2}$顺序排列的数据）

根据$\boldsymbol{Q}$的选择方法不同，白化也有几个不同的类型。$\boldsymbol{Q} = \boldsymbol{I}$的简单选择是与主成分分析相同的操作。关于主成分分析将在第 7 章中进行介绍。

另一方面，为了使$\boldsymbol{P}$成为对角矩阵，选择$\boldsymbol{Q} = \boldsymbol{E}^{\top}$的方法被称为零相位白化（zero-phase whitening）。在图 4.11 的第一次操作中，坐标轴由矩阵$\boldsymbol{E}$的作用进行旋转。在零相位白化中，在操作的最后通过$\boldsymbol{Q} = \boldsymbol{E}^{\top}$的反转，以将各坐标方向所具有的意义与原始数据进行对齐。因此在图像数据的情况下，白化后的数据可以看作具有与原始图像相同意义的像素集合（见图 4.12）。

图 4.12　图像的 PCA 白化（第 2 段）和零相位白化（第 3 段）的一个例子（第 1 段给出的是一部分。由于像素较低，白化的 16 分割图像看上去不够均匀，但是通过零相位白化之后，再次给出了图像的原形，这得益于$\boldsymbol{Q} = \boldsymbol{E}^{\top}$的反转操作）

4.4.3 图像数据的局部对比度规格化*

在此，我们来看一下训练样本为图像时的数据预处理。由于将图像均作为二维平面对象来看待，因此考虑的是灰色级黑白图像，并将像素点$(i.j)$的像素值记作x_{ij}。

在模式识别中，由于图像中固有的各亮度强弱和对比度大小是学习中不需要的信息，因此需要对其进行一些规格化操作。在一般的规格化中，仅给出各个像素的均方差。但是，规格化和白化必须使用整个数据集才能进行。因此在这里，仅介绍适用于单张图像的局部对比度规格化（local contrast normalization）。

首先，考虑图像中以像素点(i,j)为中心，大小为$H \times H$的区域$\mathcal{R}_{ij}$。在图像的边缘处，此时该区域可能会超出图像范围地采用 0 像素值进行填充和扩展。所谓减法规格化（subtractive normalization），是从像素值x_{ij}中减去其周边区域$\mathcal{R}_{ij}$的平均像素值的操作。

$$\bar{x}_{ij} = \sum_{(p,q)\in\mathcal{R}_{ij}} w_{pq} x_{i+p,j+q}, \quad z_{ij} = x_{ij} - \bar{x}_{ij} \tag{4.59}$$

其中，$(p,q) \in \mathcal{R}_{ij}$，并将区域的中心设定为$(p,q)=(0,0)$的坐标。此外，$w_{p,q}$为满足$\sum_{(p,q)\in\mathcal{R}_{ij}} w_{pq} = 1$的权重。可以取$w_{p,q}= 1/H^2$，也可以赋予区域中心较大的权重。

除了上述的均值的规格化以外，还需要采用除法规格化（divisive normalization）进行方差的调整。

$$\sigma_{ij}^2 = \sum_{(p,q)\in\mathcal{R}_{ij}} w_{pq}\left(x_{i+p,j+q} - \bar{x}_{ij}\right)^2 \tag{4.60}$$

$$z_{ij} = \frac{x_{ij} - \bar{x}_{ij}}{\sigma_{ij}} \tag{4.61}$$

但在式（4.60）和式（4.61）的计算中，对于像素值的变化较小的区域，其像素点的σ_{ij}的值就很小。为此，我们为式（4.61）右侧除法算式的分母设定一个下限c，亦即采用$\max(\sigma_{ij},c)$来替换σ_{ij}。作为c的取值，目前可以采用σ_{ij}^2的平均值。为了使得上述的变换操作能对各个图像独立地进行，可以采用一个中间层来实现上述的这个操作，这样的中间层被称作局部对比度规格化层。

第 5 章　深度学习的正则化

用于深度学习的多层神经网络，与其他人工智能的模型相比含有非常多的重复参数。如果只是简单地学习这些数量庞大的参数的话，不难想象马上会引起过度学习。但是实际上，现在已经发现了各种为了防止神经网络过度学习的方法，这些方法也就是将在本章介绍的正则化。为了有效防止由于参数过多而产生的高自由度，正则化方法的组合使用能够使得深度学习更加高效，成功的可能性也会提高。

5.1　泛化性能与正则化

5.1.1　泛化误差与过度学习

机器学习的目标是使得通过学习得到的模型的预测尽可能地接近数据生成的分布。也就是说学习是为了使得从数据生成分布上得到的误差函数的期望值，亦即泛化误差（generalization error）最小化，例如如果采用均方误差的话，则泛化误差如下所示。

（泛化误差）

$$E_{\text{gen}}(\boldsymbol{w}) = \mathrm{E}_{P_{\text{data}}(\mathbf{x},\mathrm{y})}\left[\frac{1}{2}\left(\hat{y}(\mathbf{x};\boldsymbol{w}) - \mathrm{y}\right)^2\right] \tag{5.1}$$

如果该泛化误差函数能够通过计算得到的话，后面就只是一个求最优解的问题了。但是，实际上并不会这样简单，机器学习通常都需要面对复杂的现象，准确的数据生成分布的了解和泛化误差的计算都是不可能的。

因此，在机器学习中无法直接使用数据生成分布的信息，只能通过现有的训练数据来了解其固有的统计规律。我们将训练数据集$\mathcal{D} = \{(\boldsymbol{x}_n, y_n)\}_{n=1,\cdots,N}$上各个数据点出现频率的概率分布称作经验分布（empirical distribution）。

定义 5.1 （经验分布）

$$q(\boldsymbol{x}, y) = \frac{1}{N}\sum_{n=1}^{N}\delta_{\boldsymbol{x},\boldsymbol{x}_n}\delta_{y,y_n} \tag{5.2}$$

这可以被认为是数据生成分布的近似样本，并且使用已有的经验分布来代替数据的生成分布。泛化误差的近似估计是实际学习中使用的训练误差（training error）。

（训练误差）

$$E(\boldsymbol{w}) = \mathrm{E}_{q(\mathbf{x},\mathrm{y})}\left[\frac{1}{2}\left(\hat{y}(\mathbf{x};\boldsymbol{w}) - \mathrm{y}\right)^2\right] = \frac{1}{N}\sum_{n=1}^{N}\frac{1}{2}\left(\hat{y}(\boldsymbol{x}_n;\boldsymbol{w}) - y_n\right)^2 \tag{5.3}$$

实际的机器学习应该使用这个训练误差，但原本要最小化的却是泛化误差。真正想要使其最小化的误差函数和实际上作为替代来使用的误差函数的失配会引起机器学习上普遍存在的问题，这就是过度学习。

要想观察到过度学习的发生，需要在学习的过程中进行泛化误差的有效追踪。如果训练误差降低的同时，而泛化误差却在升高的话，这便是过度学习的预兆。但是，由于我们无法了解真正的数据生成分布，所以严格来说也并不能知道准确的泛化误差。这样的话，究竟以什么为基准来判断学习是否在顺利地进行呢？实际上，可以以测试误差（test error）作为泛化性能的衡量基准：首先将现有的数据分为训练数据集 $\mathcal{D}$ 和测试数据集 $\mathcal{D}_{\text{test}} = \{(\boldsymbol{x}_m, y_m)\}_{m=1}^{N_{\text{test}}}$；然后在学习的各个阶段，通过从测试数据的测量计算得到的测试误差可以在实际中代替泛化误差。

（测试误差）

$$E_{\text{test}}(\boldsymbol{w}) = \frac{1}{N_{\text{test}}}\sum_{m=1}^{N_{\text{test}}}\frac{1}{2}\left(\hat{y}(\boldsymbol{x}_m;\boldsymbol{w}) - y_m\right)^2 \tag{5.4}$$

学习过程中，在每个训练 epoch 结束时，都会进行训练误差和测试误差的计算，并将计算结果绘制成学习曲线（learning curve），从而可以观察是否出现了过度学习。图 5.1 是一个典型的学习曲线。通过不断学习，训练误差渐渐接近于 0，可以认为这是非常好的现象。但是在这里必须要注意，在同时将测试误差也呈现出来时，测试误差就会以某一时间段为分

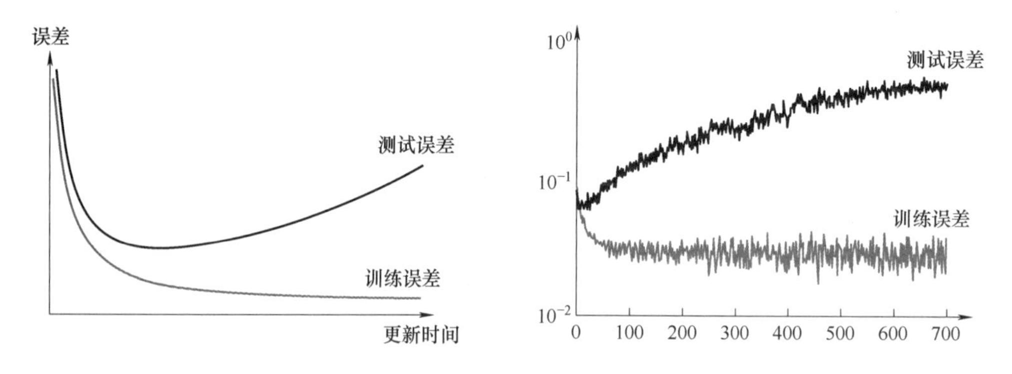

图 5.1　学习曲线给出的训练误差和泛化（测试）误差

（测试误差的反升与过度学习相对应，右图为一个神经网络过度学习的实际例子）

界开始不再降低，并最终开始增加。尽管训练误差在持续降低，但模型还是会出现持续背离数据生成分布规律的现象，这也正是过度学习的表现。

我们的目的是尽可能地减小泛化误差或者测试误差。因此，从迄今为止的观察中得到的教训就是，机器学习并不是什么都不用考虑，也不只是简单地将训练误差最小化就万事大吉了。机器学习或者深度学习真正困难的地方也正是这个部分，因此机器学习并不是简单地寻求问题的最优解而已。

为了防止过度学习，迄今为止进行了大量的研究和努力，积累了大量的知识。从下节开始，将详细介绍适用于深度学习的与正则化相关的各项内容。

5.1.2　正则化

引起的过度学习根本原因是通过有限的训练数据所包含的统计规律，不断地将训练误差最小化，来进行高自由度模型的学习。因此，我们需要对学习算法进行改进，使得学习模型的结构仅保留训练数据的本质特征。正则化正是对这类手段的总称，首先让我们重新总结一下这个定义吧。

（正则化）

正则化是指通过学习算法的改进，使得泛化误差（不是训练误差）尽可能地最小化。

为了防止过度学习的发生，可能有人会简单地认为，只要从一开始就准备好一个适当自由度的模型就可以了，正则化还有那么必要吗？问题是，对于复杂的任务来说，我们目前还没有办法对模型的自由度以及最适合的神经网络复杂度进行估计的方法。因此，对于真正的任务来说，最有效的模型就是从一开始就为其准备充分大的自由度空间，并加上正则化方法。这么做的原因就是，通过正则化，能够将模型的自由度调整到正好适合任务的要求。深度学习，正是这种方案在机器学习中成功应用的代表例子。

达到这个目标有各种不同的方法，其中最著名的方法就是在误差函数上加上惩罚函数 $R(\boldsymbol{w})$[㊀]。

$$E_{\text{reg}}(\boldsymbol{w}) = E(\boldsymbol{w}) + \alpha\, R(\boldsymbol{w}) \tag{5.5}$$

α 为决定正则化大小的超参数，从 0 以上的实数中选取。该数值越大，则正则化的效果就越明显。该给定参数能够控制惩罚项的作用效果，通过该参数的精心挑选能够实现模型自由度的控制。在学习过程中，通过任务不需要的自由度的适当减少，可以期待防止过度学习取得的良好效果。

㊀　因为对斜率参数的调适并不是那么复杂的工作，因此在正则化项中不包括斜率参数的调适。

5.2 权重衰减

5.2.1 权重衰减的效果

最简单的正则化就是权重衰减（见式（2.49）），从直觉上来说，权重衰减会尽可能地使得小权重参数发挥作用，以下让我们来详细分析一下吧。

权重衰减实际上会发挥怎样的效果呢？让我们看一下误差函数极小值$\boldsymbol{w}^0$附近的情况吧。为简单起见，误差函数采用二次函数来近似，在权重函数的底部，假定其海森矩阵也为$\boldsymbol{H} = \mathrm{diag}(h_i)$那样是对角线的。

$$E(\boldsymbol{w}) \approx E^0 + \frac{1}{2}\sum_i h_i(w_i - w_i^0)^2 \tag{5.6}$$

当然，这个函数的最小值在$w_i = w_i^0$上，让我们在此处加上权重衰减吧。因为$E_{reg.}(\boldsymbol{w}) = E(\boldsymbol{w}) + \alpha\boldsymbol{w}^2/2$的微分消失点为新的最小值，所以只要求解$0 = \nabla E_{reg.}(\boldsymbol{w})_i = h_i(w_i - w_i^0) + \alpha w_i$就行了。因此，这个解也就是正则化后的最小值的坐标，如式（5.7）所示。

$$w_i^* = \frac{h_i}{h_i + \alpha}w_i^0 = \frac{1}{1 + \frac{\alpha}{h_i}}w_i^0 \tag{5.7}$$

如此以来，相对于α来说，在海森矩阵中取值极小的分量相对应的方向上，由于$h_j \ll \alpha$，如式（5.8）所示，其权重参数值会无限接近于0。这也是我们之前讨论中所期待的结果。

$$w_j^* = \frac{1}{1 + \frac{\alpha}{h_j}}w_i^0 \approx 0 \tag{5.8}$$

除了权重的二次范式衰减之外，还有多种不同的衰减范式被使用。例如，如式（5.9）所示的L_1范式的正则化也经常被机器学习所使用。这也是稀疏正则化的一种，而在使用回归系数的情况下则被称作 LASSO 回归。

$$R(\boldsymbol{w}) = \sum_i |w_i| \tag{5.9}$$

5.2.2 稀疏正则化和不良条件问题

相对于数据来说，机器学习模型参数的自由度的设定一般会更高，否则会陷入过度学习。在这样的情况下，由于反映问题真实状况的信息不足，即使从数学上也无法从数据中找到想要参数的答案，这就是我们通常所说的不良条件问题。例如，对于一个线性模型$w_1x_1 + w_2x_2 = y$，我们能够仅仅根据一个给定数据$(x_1, x_2, y) = (3, 2, 5)$就能确定参数$w_{1,2} = 1$吗？想要求解真正的参数值，就必须找到下述方程的解

$$3w_1 + 2w_2 = 5 \tag{5.10}$$

而这个方程明显是拥有无数个实数解的。因此，在机器学习中还必须根据某种期待的性质来得出我们想要的解，而稀疏化就会在这样的情况下起作用。为了进行稀疏化，我们首先为其加上L_1正则化误差函数

$$E(\boldsymbol{w})=\frac{1}{2}(3w_1+2w_2-5)^2+|w_1|+|w_2| \tag{5.11}$$

原来的问题就转化为误差函数的最小化了。因为在w_1-w_2平面的纵轴和横轴之外，误差函数是平滑的，所以可以计算误差函数的梯度。

$$\frac{\partial E(\boldsymbol{w})}{\partial w_1}=3(3w_1+2w_2-5)+\mathrm{sgn}(w_1) \tag{5.12}$$

$$\frac{\partial E(\boldsymbol{w})}{\partial w_2}=2(3w_1+2w_2-5)+\mathrm{sgn}(w_2) \tag{5.13}$$

其中，$\mathrm{sgn}(w)$为w的符号。如果要通过这两个公式来求得误差函数极值的话，由于这两个方向上的梯度不可能同时为0，所以可以知道其极值只能位于2个轴上。所以让我们来求一下这两个轴上的最小值吧，稍微计算一下就会明白，将误差缩到最小的点仅限于$(w_1,w_2)=(14/9,0)$这个点上。也就是说，只要加上L_1正则化，就会从无数个实数解中产生一个解，这就是L_1正则化的典型作用。顺便还要提一下的是，加了正则化之后求到的解，并不是原本的问题（式（5.10））的真正的解，这一点需要加以注意。

5.3 早期终止

5.3.1 什么是早期终止

接下来，介绍一下稍微有点不同的正则化。过度学习的预兆是指像图5.1所示的测试误差增大的现象。因此在学习的过程中，计算机需要将历史epoch中更新的权重参数进行记忆和保存。在后续的继续学习过程中，当观察到测试误差有些许的持续增加倾向时，就马上停止学习的继续进行。然后寻找到测试误差从减少到增加的那一个时间点，并采用那个时间点的权重参数，这样就能得到能使测试误差最小化的参数。这个方法即被称作叫早期终止(early stopping)，因其实际操作简单且性能又很强大，所以成为一种被广泛使用的正则化方法[28]。虽然用于这个方法的参数保持被认为会浪费计算装置的存储空间，但是因为在学习过程中不需要进行历史权重参数的读取，所以也没必要将其保留在GPU等计算装置的存储器中，只需要将其保存在计算装置的外存储器上就可以了。因此，即使是比较庞大的学习结构也应该没有问题，不用在意这个瓶颈。

在早期终止的算法中，首先要确定“权重参数更新几次则需要进行一次测试误差的评价”这一周期。同时还需要确定“测试误差持续增加几次才会终止当前的学习”这一时间跨度（patience）。这些都是超参数。在此基础上开始学习，只要测试误差持续增加的时间达到了上述时间跨度，则学习立刻停止，并采用测试误差从减少转换到增加的那个时间点的最佳

权重参数值就可以了。

早期终止算法中，由于数据的一部分被用于误差测试，所以并不是所有的数据都被用于学习。因此，早期终止发生时我们可以记住该时间点之前学习更新所进行的 epoch 数T，并将参数重新初始化，使用全部的数据进行再学习。再学习时，也只进行T个 epoch 学习更新，这样的话，即使使用了全部的数据也会有和早期终止一样的效果。

5.3.2 早期终止与权重衰减的关系

虽然早期终止乍看之下和平常常见的正则化有着很大的区别，但是实际上与惩罚函数所导致的正则化有很大的关系。在此详细说明一下它和权重衰减的关系。

就像在权重衰减那一段描述的那样，采用误差函数极小值附近的泰勒展开 2 次项对误差函数进行近似，则得到如下所示的梯度下降法公式。

$$\boldsymbol{w}^{(t+1)} \approx \boldsymbol{w}^{(t)} - \eta \boldsymbol{H}(\boldsymbol{w}^{(t)} - \boldsymbol{w}^0) \tag{5.14}$$

将其展开并采用方向分量来表示的话，则有

$$w_i^{(t+1)} - w_i^0 \approx (1-\eta\, h_i)\left(w_i^{(t)} - w_i^0\right) = -(1-\eta\, h_i)^{t+1} w_i^{(0)} \tag{5.15}$$

为了简单起见，在此用$w_i^{(0)}$来代替了 0 时刻参数的初始值。因此，在时刻T的早期终止就会将式（5.16）所示的权重参数作为问题的解来使用。

$$w_i^{(T)} \approx \left(1-(1-\eta\, h_i)^T\right) w_i^{(0)} \tag{5.16}$$

在此，可以将它和权重衰减做一下比对。因为式（5.7）是权重衰减某一时期的最优参数值，所以可以写成

$$w_i^{(T)} \approx \left(1-\frac{\alpha}{h_i+\alpha}\right) w_i^{(0)} \tag{5.17}$$

假使两者相等，则有

$$(1-\eta\, h_i)^T \approx \frac{1}{\frac{h_i}{\alpha}+1} \tag{5.18}$$

实际上，如果$\eta\, h_i,\ \frac{h_i}{\alpha} \ll 1$，则可将上式两边分别进行一次项泰勒展开，则有

$$1 - T\,\eta\, h_i + \mathcal{O}\left((\eta\, h_i)^2\right) \approx 1 - \frac{h_i}{\alpha} + \mathcal{O}\left(\left(\frac{h_i}{\alpha}\right)^2\right) \tag{5.19}$$

进而可得

$$\alpha = \frac{1}{T\,\eta} \tag{5.20}$$

因此，可以将早期终止与权重衰减等同来看待。也就是说，早期终止可以被认为是使用了式（5.20）所示的正则化参数的权重衰减。反之，也可以将早期终止看成是和测试误差最小化一样的权重衰减的参数的最优值的决定手段。

5.4 权重共享

如果在想要处理任务的性质或者模型结构的构造的特性里，对关于权重参数应该取得的值拥有某种程度的先验知识的话，则在某些情况下有几个可用的正则化方法，权重共享（weight sharing）即为其中的一个典型例子。权重共享是指不让所有神经网络的权重都相互独立，而且在它们之间要取得某些约束关系。例如在某两个不同的地方加上$w_{ji}^{(\ell)} = w_{pq}^{(m)}$这个条件，就是上述概念的一个实例。

因为权重共享会使得可自由调节的参数的数量减少，所以模型的自由度也会降低，从而实现模型的正则化。在第8章将要介绍的卷积神经网络就是生动表现权重共享的典型例子。

5.5 数据扩增与噪声注入

5.5.1 数据扩增与泛化

在有监督学习中，必须要准备附加注解的训练样本，但是要准备那么多的样本会非常的耗费成本。因此，在实践中，大多可以使用在学习上的训练数据的规模均拥有实际的界限。

然而，如果想要避免过度学习的发生，则自然要求准备的数据越多越好。因此，需要以现有的样本为样例，来动手做出模拟的训练数据。

对于图像识别，即使在图像上加上旋转、平行移动和弯曲等操作，应该也不会损坏拍摄对象的本质特征。但是，常常有因为图像稍微有一点弯曲，使得机器学习无法识别的情况发生，这点让人很困扰。因此，也特意将加工过的图像加入到训练用数据中，使得变形的图像更加容易识别，并期待泛化性能具有鲁棒性。这样的操作即为典型的数据扩增（data augmentation）。

但是进行数据扩增的时候，必须要仔细考虑学习的特性才能进行。比如对于手写的平假名的识别，如果文字旋转的幅度过大，则它们就没有作为平假名特有的意义了。因此不能对其进行翻转操作，再拿手写数字的识别为例，如果将数字9翻转180°就变成了数字6。因此用大幅度的旋转操作来进行数据扩增的话，反而会引起识别性能的降低。

除此之外，还有噪声注入（noise injection）这一方法也是实现数据扩增的手段。对于已实现了泛化的机器学习，假如在输入的时候稍微加入一点噪声来扰乱它，这并不会对推论结果产生影响，这样的现象是理想的。对于深度学习，当然也需要自动获得对于这样的噪声的鲁棒性㊀。因此，为了实现这种鲁棒性会特意在学习中使用加入了噪声的训练样本。这是

㊀ 极端的情况，只是在图像里稍微加上特别的噪声，也完全能够使得已学习完毕的模型的误判[29][30]。这样的样本也被称为 adversarial examples。

进行噪声注入的方法，也实现了一种正则化的效果。

噪声注入也同样可以应用于权重，权重的噪声注入是在学习过程中的训练用数据（小批量）加入时实施的。在每一个小批量的参数更新完成时，用随机生成的微小的噪声来扰乱刚刚得到的参数，通过这个噪声环境的学习，我们可以期待权重参数对于扰动的输入具有稳定的表现。

5.5.2 噪声注入与惩罚项

实际上，对于在训练用数据上进行的噪声注入也可以被看成是惩罚函数的引入。为了观察这一点，我们首先将服从高斯分布$\mathcal{N}(0,\epsilon^2)$的 i. i. d. 噪声$\boldsymbol{\epsilon}$加入到样本中。对于加入噪声的数据$\boldsymbol{x}+\boldsymbol{\epsilon}$，模型的输出为$\hat{y}(\boldsymbol{x}+\boldsymbol{\epsilon})=\hat{y}(\boldsymbol{x})+\boldsymbol{\epsilon}^\top\nabla\hat{y}+1/2\,\boldsymbol{\epsilon}^\top\nabla^2\hat{y}\,\boldsymbol{\epsilon}+\cdots$。因此，误差的平方即为

$$\begin{aligned}\left(\hat{y}(\boldsymbol{x}+\boldsymbol{\epsilon})-y\right)^2 &= \left(\hat{y}(\boldsymbol{x})-y\right)^2+\\ &2(\hat{y}(\boldsymbol{x})-y)\left(\boldsymbol{\epsilon}^\top\nabla\hat{y}+\frac{1}{2}\boldsymbol{\epsilon}^\top\nabla^2\hat{y}\,\boldsymbol{\epsilon}\right)+\left(\boldsymbol{\epsilon}^\top\nabla\hat{y}\right)^2+\mathcal{O}(\epsilon^3)\end{aligned} \tag{5.21}$$

通过概率分布$P(\mathbf{x},\mathrm{y})\mathcal{N}(\boldsymbol{\epsilon})$得到的期望值，即为噪声注入后的误差函数。

$$E_\epsilon = E+\frac{1}{2}\sum_{\boldsymbol{x}}\int d\boldsymbol{\epsilon}\,P(\boldsymbol{x})\mathcal{N}(\boldsymbol{\epsilon})\left(\left(\hat{y}(\boldsymbol{x})-\mathrm{E}[\mathrm{y}|\boldsymbol{x}]\right)\boldsymbol{\epsilon}^\top\nabla^2\hat{y}\,\boldsymbol{\epsilon}+\left(\boldsymbol{\epsilon}^\top\nabla\hat{y}\right)^2\right)+\cdots \tag{5.22}$$

根据式（2.43）可知，将E_ϵ最小化的最优解的函数主项为$\hat{y}(\boldsymbol{x})=\mathrm{E}[\mathrm{y}|\boldsymbol{x}]+\mathcal{O}(\epsilon^2)$。又因为式（5.22）中$\boldsymbol{\epsilon}^\top\nabla^2\hat{y}\,\boldsymbol{\epsilon}$对应的是$\epsilon$函数的高次幂，所以可以在公式中进行忽略。再则噪声的协方差矩阵和$\int d\boldsymbol{\epsilon}\mathcal{N}(\boldsymbol{\epsilon})\epsilon_i\epsilon_j=\epsilon^2\delta_{i,j}$成对角线，所以可以最终得到式（5.23）。

$$E_\epsilon = E+\frac{\epsilon^2}{2}\sum_{\boldsymbol{x}}P(\boldsymbol{x})\nabla\hat{y}^\top\nabla\hat{y}+\mathcal{O}(\epsilon^3) \tag{5.23}$$

也就是说，噪声注入和惩罚函数$\nabla\hat{y}^\top\nabla\hat{y}$有些近似相同的效果。这个正则化也被称作泛化的蒂诺夫正则化（generalized Tikhonov regulariation）。在$\hat{\boldsymbol{y}}$为向量的情况下，通过类似的计算，可以马上得得到被称为弗洛班尼诺姆$\|\nabla\hat{\boldsymbol{y}}\|_F^2$的正则化。

5.6 bagging 算法

在机器学习中，有一种学习后用来提高运行稳定性和预测性能的方法，这就是集成算法（ensemble method）。

其中的一个例子即为 bagging 算法。训练集的随机子集上构建一类黑盒估计器的多个实例，然后把这些估计器的预测结果结合起来形成最终的预测结果。

该方法在原始训练样本集中，对各不同要素样本进行随机取样（抽取），并制作成多个 bootstrap 样本子集。再采用各 bootstrap 样本子集分别对模型进行学习，进而得到多个独立

的预测模型。学习完成后，以全部模型的预测值为基础来决定最终的预测值。在类别分类的情况下，最终的预测结果通过各模型的多数表决来确定，如果是回归问题，就采用各模型的输出平均值作为最终的预测值（模型平均）。

采用大量预测值的平均性能之所以会稳定，这完全与金融学的组合投资的结构原理相同。也就是说，来自大量不同模型的预测结果的叠加，会使得固有的预测误差（非系统误差）相互抵消，所以使得预测操作趋于稳定。例如，$m=1,\cdots,M$，为M个不同预测模型的标号，每个模型的输出$y_{(m)}+\epsilon_m$是有误差存在的，该误差由随机变量ϵ_m来表示。这个随机变量的期望值和（协）方差为

$$\mathrm{E}[\epsilon_m]=0,\quad \mathrm{E}[\epsilon_m^2]=\sigma^2,\quad \mathrm{E}[\epsilon_l\epsilon_m]=\sigma_{lm} \tag{5.24}$$

那么输出模型的平均结果表示的即为$y_{(m)}$的平均值，它的误差为

$$\frac{1}{M}\sum_{m=1}^{M}\epsilon_m \tag{5.25}$$

预测值的偏移程度（方差）可表示为

$$\mathrm{E}\left[\left(\frac{1}{M}\sum_{m=1}^{M}\epsilon_m\right)^2\right]=\frac{1}{M}\sigma^2+\frac{2}{M^2}\sum_{l\neq m}\sigma_{lm} \tag{5.26}$$

在协方差较小时，方差主要来自于式（5.26）右边的第 1 项。随着模型数M的增大，该项就会越小。因此，单个模型的预测运行的不稳定性的综合结果会得到减少，最终的预测性能稳定。另一方面，当$M\to\infty$时，式（5.26）的第二项也不一定减少到 0，比如假定所有σ_{lm}均为相同的值，则马上就能明白。从协方差中得到的无法平均消除的模型误差对应的是系统误差，因此模型平均只能消除非系统误差。

5.7 dropout

在前一节，我们了解到，为了提高模型的稳定性能，模型平均是一个有效的方法。这个方法在原理上也适用于神经网络，但由于它十分花费计算成本，因此也并不现实。在现代深度学习中，即使只有一个学习模型，其训练过程也会耗费大量的计算资源。尽管在 GoogLeNet[32] 上有 7 个卷积神经网络在集成运行，但这也只是像具有谷歌这样资金和技术能力的企业才能采用的技术，绝不是“家庭中轻松尝试”的常规实验。

既然模型平均不能在深度学习中直接使用，那能否想办法进行近似的实现呢？因此产生的方法就是 dropout[33]。dropout 是当前引领深度学习发展的主角，也是最重要的技术之一。

5.7.1 dropout 学习

在 dropout 处理中，首先考虑的是子网络的组合。首先从欲学习的神经网络输入层和中

间层开始，可以随机地清除一个或多个网络神经元，所得到的部分网络我们称之为子网络。从神经网络中消除一个神经元，与将该神经元向外部的输出 $z_j^{(\ell)}$ 置为 0 的操作相同。在这里，将考虑所有可能的子网络的集合，这被称作子网络组合。图 5.2 是子网络的一个例子。恰当进行子网络构造的一个方法是，从一个具有众多 2 值数的集合 $\boldsymbol{\mu} = \{\mu_j^{(\ell)}\} \in \{0,1\}^d$ 中㊀，使其 2 值按伯努利分布进行随机取值，并将该值与其对应的神经元输出 $\boldsymbol{Z} = \{z_j^{(\ell)}\}$ 相乘。这样，在 μ 中取 0 值的 2 值数即屏蔽了与其对应的神经元的输出，因此也将 2 值数的集合 μ 称作神经元掩膜。这里的运算 $\odot$ 为向量的 Hadamard 积（Hadamard product）或 Schur 积（Schur product）（矩阵的积）。

$$\boldsymbol{Z} \quad \longrightarrow \quad \boldsymbol{\mu} \odot \boldsymbol{Z} \tag{5.27}$$

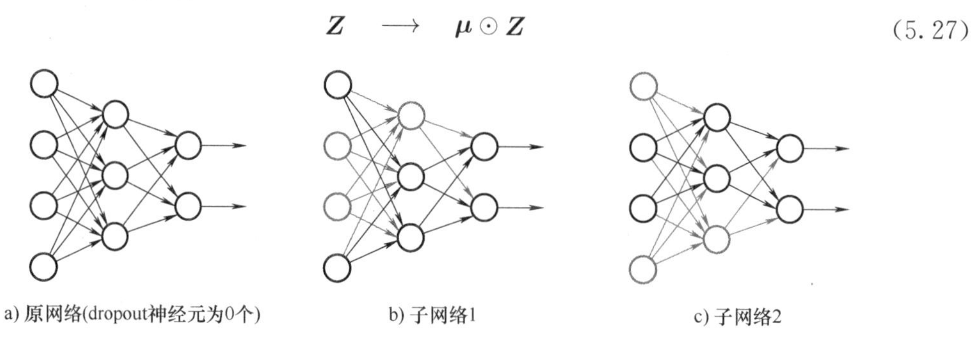

图 5.2　子网络示例（b，c 分图均为输入层 2 个、中间层 1 个 dropout）

定义 5.2 （Hadamard 积）

$$2\text{ 个任意 } d \text{ 维向量 } \boldsymbol{v} = (v_i), \boldsymbol{w} = (w_i)$$

其 Hadamard 积被定义为

$$\boldsymbol{v} \odot \boldsymbol{w} \equiv (v_1 w_1 \quad v_2 w_2 \quad \cdots \quad v_d w_d)^\top \tag{5.28}$$

练习 5.1

在图 5.2 的例子中，请给出所有的子网络组合。不过，需要注意的是，如果移除的神经元越来越多，网络可能会出现孤立的神经元。

dropout 是对所有子网络的模型进行平等计算的组合法。但是，如果真的要对所有的子网络模型都要进行学习的话，学习计算的成本则是非常可怕的，因此还要考虑更好的 dropout 近似方法。

㊀　d 为除输出层以外的层中所有神经元单位的总数。

（dropout）

首先在制作小批量$\mathcal{B}_{t=1,2,\ldots}$的同时，掩膜$\boldsymbol{\mu}_{t=1,2,\ldots}$也进行了随机抽取，然后在学习时用该掩膜来对网络进行缩小。也就是说，在各时刻t的学习中，首先用掩膜$\boldsymbol{\mu}_t$将原网络变换成子网络，再采用小批量$\mathcal{B}_t$对这个子网络进行更新。然后恢复被屏蔽去除的神经元，并在下一个时刻$t+1$也重复同样的操作。但是，在从t转向$t+1$时，在恢复 dropout 神经元的权重参数时，被去除的神经元的权重参数使用前一时刻$t-1$时的值。

对于一个通常的模型来说，一个小批量的学习一次就能完成。但是，当对各个时刻随机抽样形成的子网络进行学习时，就与同时训练了多个学习模型的效果相同。在一个模型的学习中，所有子网络的学习都会近似地植入其中。

dropout 与 bagging 相似，但也有很大差异。因为在 dropout 方面，所有的模型共享同样的权重参数，同时也不减少对各模型的训练。因此，要注意的是，准确来说 dropout 和 bagging 是不同的方法。

在进行 dropout 学习时，决定$\mu_{tj}^{(\ell)}$的伯努利分布的平均值$p^{(\ell)}$又是怎样的呢？这其实是与超参数的选择相对应的，通常输入层和中间层的平均除除率$(1-p^{(\ell)})$将选择不同的值。如当中间层$p^{(\ell)}=1/2$时，输入层则多使用$p^{(1)}=4/5$这样更接近于 1 的值。

5.7.2　dropout 学习的预测

根据组合法的定义，学习后模型的输出是各模型预测结果的少数服从多数或预测值的算术平均。因此，在进行预测时，必须使用大量的模型，因而也会花费巨大的计算成本。事实上，模型的最终输出也并不是各子模型输出的加法平均（算术平均），而是各子模型输出的协同平均（几何平均）[34]。

$$\tilde{P}_{\text{ens.}}(\mathrm{y}=k|\boldsymbol{x})=\left(\prod_{\boldsymbol{\mu}} P(\mathrm{y}=k|\boldsymbol{x};\boldsymbol{\mu})\right)^{\frac{1}{2^d}} \tag{5.29}$$

式中，$P(\mathrm{y}=k|\boldsymbol{x};\boldsymbol{\mu})$为采用掩膜$\boldsymbol{\mu}$的子神经网络输出的概率，并假设其中的各个概率值是非 0 的。由于各个概率值是未规格化的分布，因此为了满足概率分布的意义，我们还需要将其进行规格化，使其总和为 1。

$$P_{\text{ens.}}(\mathrm{y}=k|\boldsymbol{x})=\frac{\tilde{P}_{\text{ens.}}(\mathrm{y}=k|\boldsymbol{x})}{Z},\ Z=\sum_{k'}\tilde{P}_{\text{ens.}}(\mathrm{y}=k'|\boldsymbol{x}) \tag{5.30}$$

这也被近似地用来作为学习后模型对于分类问题的预测值。由蒙特卡洛计算和严格的模型平均计算的比较可知，对于 dropout 学习，采用几何平均所带来的良好特性已经得到了验证[34]。

此外，这还会使得不必运行多个神经网络模型即可得到$y(\boldsymbol{x};\boldsymbol{\mu})$。实际上，几何平均$P_{\text{ens.}}$只能近似一个神经网络。因此，也将这种方法称为权重缩放预测定理（weight scaling inference rule)[2]。

（dropout 学习的预测）

学习完成后，神经网络模型又被还原为没有 1 个神经元被删除的情形。在学习过程中，按概率$1-p$来进行神经元删除的模型，它的预测输出值也将被乘以p。像这样，所有的神经元输出被p倍后的神经网络模型被称作权重缩小的神经网络。因此，按式（5.30）来计算的话，可以使用权重缩小后的神经网络的单个输出来近似替代$P_{\text{ens.}}(\mathrm{y}=k|\boldsymbol{x})$。

前面已经说过，几何平均具有良好的性质，并且蒙特卡洛计算等也已经证实其给出了精确的模型平均值的良好近似[34]，这就是所谓的权重缩放。因为将神经元的输出$z_j^{(\ell)}$放大p倍的情况，与将该神经元输出的权重组合$w_{kj}^{(\ell+1)}$放大p倍所得到对的结果差不多是相同的值。

在预测过程中，通过权重缩放预测定理的应用，可以仅通过一个神经网络就能实现平均模型的效果。这也是一个被广泛使用的相当方便的方法，但到目前为止还没有明确的理论依据。尽管如此，在没有中间层的情况下，可以对权重缩放预测进行严密的证明，下面就此进行介绍。

5.7.3 dropout 理论的证明

以下为一个没有中间层的 softmax 回归，神经网络对于输入$\boldsymbol{x}$的输出为

$$P(\mathrm{y}=k|\boldsymbol{x})=\text{softmax}_k(\boldsymbol{u}=\boldsymbol{W}\boldsymbol{x}) \tag{5.31}$$

假设我们对其输入层按$p=1/2$的概率来进行 dropout，即各掩膜μ_i的期望值为$\mathrm{E}_{P(\mu)}[\mu_i]=1/2$。此时，根据定义，按式（5.29）计算得到的未经规格化的几何平均预测值为

$$\begin{aligned}\tilde{P}_{\text{ens.}}(\mathrm{y}=k|\boldsymbol{x})&=\left(\prod_{\boldsymbol{\mu}}P(\mathrm{y}=k|\boldsymbol{\mu}\odot\boldsymbol{x})\right)^{\frac{1}{2^d}}\\&=\left(\prod_{\boldsymbol{\mu}}\text{softmax}_k(\boldsymbol{u}=\boldsymbol{W}(\boldsymbol{\mu}\odot\boldsymbol{x}))\right)^{\frac{1}{2^d}}\\&\propto\left(e^{\sum_{\boldsymbol{\mu}}(\boldsymbol{W}(\boldsymbol{\mu}\odot\boldsymbol{x}))_k}\right)^{\frac{1}{2^d}}\end{aligned} \tag{5.32}$$

在最后一行中省略了不依赖于$\mathrm{y}=k$的比例系数，因为这个系数在规格化时将被消去，所以不会对$P_{\text{ens.}}(\mathrm{y}=k|\boldsymbol{x})$的最终结果产生影响。最后一行的指数部分可以变换为

$$\begin{aligned}\sum_{\boldsymbol{\mu}}(\boldsymbol{W}(\boldsymbol{\mu}\odot\boldsymbol{x}))_k&=\sum_i\sum_{\mu_i=0}^{1}w_{ki}\mu_i x_i\sum_{\mu_1=0}^{1}\cdots\sum_{\mu_{i-1}=0}^{1}\sum_{\mu_{i+1}=0}^{1}\cdots\sum_{\mu_d=0}^{1}\\&=2^{d-1}\sum_i w_{ki}x_i=2^{d-1}(\boldsymbol{W}\boldsymbol{x})_k\end{aligned} \tag{5.33}$$

从而得到

$$P_{\text{ens.}}(\mathrm{y}=k|\boldsymbol{x})=\frac{e^{\frac{1}{2}(\boldsymbol{W}\boldsymbol{x})_k}}{\sum\limits_k e^{\frac{1}{2}(\boldsymbol{W}\boldsymbol{x})_k}}=\text{softmax}_k\left(\boldsymbol{u}=\frac{1}{2}\boldsymbol{W}\boldsymbol{x}\right) \tag{5.34}$$

由于这是将权重放大到$p=1/2$倍的 softmax 回归，所以可以说它是遵从于权重缩放预测定理的。

练习 5.2

在$p\neq\frac{1}{2}$的情况下，也让我们来看一下是否通用于上述理论。

对于 softmax 回归以外的情况，我们也可以采用其他的方法来对 dropout 理论进行证明。假设一个没有中间层的线性回归，其神经网络输出层由线性神经元$y=\boldsymbol{w}^\top\boldsymbol{x}$组成。如果回归采用如式（2.37）所示的$d\times N$大小的设计矩阵的话，则其均方误差为

$$\left(\boldsymbol{y}^\top-\boldsymbol{w}^\top\boldsymbol{X}\right)^2 \tag{5.35}$$

那么学习将使得该均方误差最小化来进行。在按照$\boldsymbol{X}\to\boldsymbol{\mu}\odot\boldsymbol{X}$对神经网络进行 dropout 的情况下，将掩膜和设计矩阵之间的 Schur 积被定义为$(\boldsymbol{\mu}\odot\boldsymbol{X})_{in}=\mu_i x_{in}$。为了知道这个操作所产生的平均效果是怎样的，我们在$\boldsymbol{\mu}$服从伯努利分布$P(\boldsymbol{\mu})$的基础上做一下求解。

$$\begin{aligned}\mathrm{E}\left[\left(\boldsymbol{y}^\top-\boldsymbol{w}^\top(\boldsymbol{\mu}\odot\boldsymbol{X})\right)^2\right]&=(\boldsymbol{y})^2\sum_{\boldsymbol{\mu}}P(\boldsymbol{\mu})-2\sum_{ni}y_n w_i x_{in}\sum_{\boldsymbol{\mu}}P(\boldsymbol{\mu})\mu_i\\&+\sum_{ii'n}w_i w_{i'}x_{ni}x_{ni'}\sum_{\boldsymbol{\mu}}P(\boldsymbol{\mu})\mu_i\mu_{i'}\end{aligned} \tag{5.36}$$

其中，$P(\boldsymbol{\mu})=\prod_i P(\mu_i)$为伯努利分布的积。由于$P(1)=p$，所以有

$$\sum_{\boldsymbol{\mu}}P(\boldsymbol{\mu})=1,\quad \sum_{\boldsymbol{\mu}}P(\boldsymbol{\mu})\mu_i=\sum_{\mu_i}P(\mu_i)\mu_i=p \tag{5.37}$$

$$\begin{aligned}\sum_{\boldsymbol{\mu}}P(\boldsymbol{\mu})\mu_i\mu_{i'}&=\delta_{i,i'}\sum_{\mu_i}P(\mu_i)(\mu_i)^2+(1-\delta_{i,i'})\sum_{\mu_i}P(\mu_i)\mu_i\sum_{\mu_{i'}}P(\mu_{i'})\mu_{i'}\\&=\delta_{i,i'}\left(p-p^2\right)+p^2\end{aligned} \tag{5.38}$$

掩蔽下误差函数的预期值为

$$\mathrm{E}\left[\left(\boldsymbol{y}^\top-\boldsymbol{w}^\top(\boldsymbol{\mu}\odot\boldsymbol{X})\right)^2\right]=(\boldsymbol{y})^2-2p\boldsymbol{y}\boldsymbol{w}^\top\boldsymbol{X}+p(1-p)\sum_i(w_i x_{in})^2+p^2(\boldsymbol{w}^\top\boldsymbol{X})^2 \tag{5.39}$$

通过引入$\boldsymbol{\Gamma}_{ii}=\sqrt{\sum\limits_n x_{in}^2}$，可以将对角线部分的$\sum\limits_{i,n}(w_i x_{in})^2=\sum\limits_i\left(\sqrt{\sum_n x_{in}^2}w_i\right)^2$写得更加规整，从而变为

$$\mathrm{E}\left[\left(\boldsymbol{y}^\top-\boldsymbol{w}^\top(\boldsymbol{\mu}\odot\boldsymbol{X})\right)^2\right]=\left(\boldsymbol{y}^\top-p\boldsymbol{w}^\top\boldsymbol{X}\right)^2+p(1-p)\left(\boldsymbol{\Gamma}\boldsymbol{w}\right)^2 \tag{5.40}$$

由此可以看出，线性回归的 dropout，与样本成分x_i的标准偏差$\boldsymbol{\Gamma}_{ii}$的大小所决定的规格化项$(\boldsymbol{\Gamma}\boldsymbol{w})^2$在期望值意义上是相等的。这一函数对于在数据上表现出大方差的成分i，有着进

行更大的权重衰减的w_i^2函数的作用。在这个误差函数的均方误差中加入p因子后，如果对这种形式感觉不习惯，可以将权重再定义为$\tilde{\boldsymbol{w}}=p\boldsymbol{w}$，从而变换为$(\boldsymbol{y}^\top-\tilde{\boldsymbol{w}}^\top\mathbf{X})^2+(\boldsymbol{\Gamma}\tilde{\boldsymbol{w}})^2 p/(1-p)$就更直观了。

5.8 深度表示的稀疏化

在这里我们思考的不是像过去那样讨论的权重正则化，而是由正则化引起的神经网络深度表示的稀疏化。

深度学习希望输入数据具有“好”的表现形式，以便通过学习来获得数据背后隐藏的信息，并且可以对其进行统计分析。基于这个目的，“好”的数据表现形式能够根据所进行的任务来去除不必要的信息和有妨碍的噪声，只将数据中包含的重要信息表现出来。有着可以实现这样的好处的性质之一即为稀疏性（sparsity）或稀疏表示（sparse representation）。它指的是，在表示向量的成分中，具有非 0 的成分较少，信息仅用少量信号来表现。例如式（5.41）所示。

$$\boldsymbol{h}=(0\quad 0\quad 0\quad 0\quad 0.03\quad 0\quad 0\quad 0.19\quad 0.76\quad 0\quad 0\quad 0.02\quad 0\quad 0)^\top \tag{5.41}$$

此式即为无论原始输入的数据是怎样的，所给出的数据表示的大半成分都会变成 0 的情况。在高维空间，尽管这种数据表示的稀疏性采用了高压缩的紧凑形式，仍然能捕捉数据的本质。

为了实现稀疏性，必须对中间层输出的表示$\boldsymbol{h}$施加约束条件。因此一般来说，稀疏正则化是通过添加针对误差函数的正则化项来实现的。

$$E_{\text{reg.}}(\boldsymbol{w})=E(\boldsymbol{w})+\alpha R(\boldsymbol{h}) \tag{5.42}$$

详细内容将在第 7 章中，以稀疏编码器为例进行详细介绍。

5.9 批量规格化

在本章的最后，介绍一种最近可以取代 dropout 且性能强大的规格化方法[35]。

5.9.1 内部协变量移位

在机器学习中被熟知的协变量移位（covariate shift）是指，训练数据取样时的生成分布和预测时所用数据的分布出现了偏差的情况。在这种情况下，学习需要采取必要的对策。但是，在深度学习中，由于其多层结构的原因，自身也会产生协变量移位。

在学习过程中，符合数据生成分布的训练样本依次被输入到网络。在接收到各个输入时，相应的各层才会产生响应输出。ℓ层的输出$\boldsymbol{z}^{(\ell)}$也可以看成是服从某个分布$P_\ell(\boldsymbol{z}^{(\ell)})$的取样。

因此，学习也就是为了实现拟合，各层通过权重参数的调整，以实现由数据生成分布决定的中间层生成分布 $P_\ell(\boldsymbol{z}^{(\ell)})$ 的过程。由于各层都想同时实现这个生成分布 $P_\ell(\boldsymbol{z}^{(\ell)})$，当某一学习层能够接近生成分布时，由于其之前层的权重参数也被更新，因此 ℓ 层的输出 $\boldsymbol{z}^{(\ell)}$ 的模式也已经发生了变化。也就是说学习过程中的生成分布 $P_\ell(\boldsymbol{z}^{(\ell)})$ 已经变成了不同的形状。这个恶性循环在深度学习训练中会一直持续着，也是使得深度学习变得困难的本质原因之一，这被称为内部协变量移位现象（internal covariate shift）。

5.9.2 批量规格化

为了防止内部协变量位移的产生，在学过程中有必要对各层的输出值进行调整，以改变其与分布原有的对应关系。于是通过中间层的规格化，使得其输出通常能遵循均值为 0、方差为 1 的分布。这种分布强制的规格化被称作批量规格化（batch normalization）。

批量规格化会在小批量学习中使用。为了调整中间层的输出分布，需要对预测值的均值和方差进行规格化。现在的设定是，批量学习会在同一顺序传播计算中同时进行，所以其推定量可以作为小批量的平均值。

$$\mu_{\mathcal{B}j}^{(\ell)} = \frac{1}{|\mathcal{B}|}\sum_{n\in\mathcal{B}} z_{nj}^{(\ell)}, \quad \left(\sigma_{\mathcal{B}j}^{(\ell)}\right)^2 = \frac{1}{|\mathcal{B}|}\sum_{n\in\mathcal{B}}\left(z_{nj}^{(\ell)} - \mu_{\mathcal{B}j}^{(\ell)}\right)^2 \tag{5.43}$$

这种采用均值和方差来对输出进行的规格化称为批量规格化。

$$\hat{z}_j^{(\ell)} = \frac{z_j^{(\ell)} - \mu_{\mathcal{B}j}^{(\ell)}}{\sqrt{\left(\sigma_{\mathcal{B}j}^{(\ell)}\right)^2 + \epsilon}} \tag{5.44}$$

最终，这个被规格化的输出在可以学习的参数 γ 和 β 上进行线性变化，并将其称为批量规格化的最终结果。

$$z_{\mathcal{B}j}^{(\ell)} = \gamma\hat{z}_j^{(\ell)} + \beta \tag{5.45}$$

之所以采用这种自由度，是为了在对分布进行完全限制的同时，防止中间层可表现的自由度的减少。

在文献［35］的实验中表明，如果使用批量规格化，即使不进行 dropout 也能成功进行多层网络的学习。但是，在最近的系统实验中，表明批量规格化在学习加速方面的规格化效果较弱，其明确的实际效果是可以使得学习的过程稳定收敛[36]。无论如何，在最近被提倡的 Resnet（residual network）和 GAN（generative adversarial network）等体系结构中，批量规格化也成为了学习成功的关键。

第 6 章　误差反向传播法

在神经网络的学习中，使用了梯度下降法。在误差函数图像中，参数沿着函数梯度下降的方向移动。但是，在神经网络中，学习所需的梯度计算并不是简单明了的。因此，本章介绍了误差反向传播方法，这是一种基于微分链规则高速计算梯度的算法。

6.1　Perceptron（感知器）和 delta 学习规则*

在正式介绍之前，首先讲一下产生误差反向传播法的背景。想要立即进入正题的读者，可以跳过本节。

神经网络的起源是麦卡洛克和皮茨的人工神经元，人工的神经元是将实际的神经细胞进行了模型化的，是极其简单化的神经元。其激活函数是阶跃函数（见式（3.2））。该神经元通过权重实现的电路是罗森波拉特（Rozenburatto）的古老感知器（perceptron）。从现代的观点来看，这是一个神经元的输入、输出值为 0 或 1 的 2 值神经网络的一个例子。

那么，怎么做才能让感知器学习并产生期望的输出呢？在基于离散二值信号$\{0,1\}$的感知器中，梯度的概念是无效的。实际上这种情况从很早以前就被研究，所以提出了一些方法，这里介绍一个关于感知器学习的代表性规则。

让我们来看一下一个无中间阶层的古典感知器的学习情况。为了简单起见，首先先假定感知器只有一个输出神经元，采用 1 个训练样本$\{\boldsymbol{x},y\}$对感知器进行训练。学习开始之前，感知器的权重是随机选择的。当感知器上输入训练样本$\boldsymbol{x}$时，需要对感知器的参数进行调整，使其输出$\hat{y}(\boldsymbol{x})$尽可能接近目标信号y，因此要估算偏差产生的原因并修正它。首先，目标输出为$y=1$，而实际输出为$\hat{y}(\boldsymbol{x})=0$，则表示输出太弱。也就是说，由于输出层所接收的信号不足，为了使其能够接收更多的信号，只要触发与第一层神经元$x_i=1$相关联的参数的增强就可以了。此时，我们进行如下所示的参数更新。

$$w_i \longleftarrow w_i+\eta x_i \tag{6.1}$$

式中，η为学习率。

式（6.1）并没有触发与神经元$x_{i'}$相关联的参数更新。相反，如果目标输出$y=0$，实际输出$\hat{y}(\boldsymbol{x})=1$，则表明输出过强，所以需要触发与第一层神经元$x_i=1$相关联的参数的衰减。

$$w_i \longleftarrow w_i - \eta x_i \tag{6.2}$$

这两个更新规则可以总结为一个公式：

$$w_i \longleftarrow w_i - \eta(\hat{y}(\boldsymbol{x};\boldsymbol{w}) - y)x_i \tag{6.3}$$

如果每一次输入训练样本时都能进行这样的参数修正，不久感知器即可学习到训练数据的规则，并可以期待通过参数的迭代给出推论的结果。这是罗森波拉特于 1958 年所提出的感知器学习规则（perceptron learning rule）。此后还进一步表明，对于离散的问题，只要训练数据充分，感知器的参数可以在有限个训练周期内结束，并使参数达到最佳值。对于非离散的问题，在有限的时间内不一定能结束训练，这其中的原因之一是由于神经元的输入、输出处于一种特殊的情况，不能取 0 和 1 以外的值。为此，我们需要将其学习能力扩展到具有连续输入、输出值的现代感知器（神经网络）上。

对于输入、输出值连续的神经网络，其学习方法与古典感知器相同。其参数更新的形式也与感知器的情况完全一样。

$$w_i \longleftarrow w_i - \eta(\hat{y}(\boldsymbol{x};\boldsymbol{w}) - y)x_i \tag{6.4}$$

在此，$\hat{y}(\boldsymbol{x};\boldsymbol{w})$和$y$均取实数值，具体数值由各个训练样本给出，并通过上述学习规则来进行参数的调整，以便使得神经网络的输出接近正确的预测值。其中，训练信号和实际输出的差值表示为$\delta \equiv \hat{y}(\boldsymbol{x}) - y$，所以也将其称之为 delta 学习规则（delta rule）。除此之外，还有取最小均方（least mean square）的大写首字母 LMS 命名的学习规则也已被熟知。

Delta 学习规则是否也能应用于多层神经网络呢？如式（6.4）的所示的那样，我们将不清楚输出层之前的层的参数调整将如何进行。对全部层的节点的参数调整需要对 delta 的概念进行一下扩展。对于中间层参数的调整，需要明确究竟哪一项是输出误差的贡献者。如果能确定各中间层局部误差（delta）的贡献者，就能够采用与前述类似的方法进行参数更新了。因此，我们需要对各个权重参数分别应用 delta 学习规则。实际上，之前所述的$(\hat{y}(\boldsymbol{x}) - y)x_i$也是有数理意义的，如果假设输出层的激活函数为恒等函数的话，则可将其省略。神经网络的输出可以表示为$\hat{y}(\boldsymbol{x}) = \sum_i w_i x_i$，其与目标输出之间的平方误差为$E = (\hat{y}(\boldsymbol{x}) - y)^2/2$。因为$(\hat{y}(\boldsymbol{x}) - y)x_i$可以看作平方误差相对于参数$w_i$的微分，所以 delta 学习规则即变成对输出的平方误差进行最小化的梯度下降法。因此，通用感知器的学习采用的梯度下降法的思想就变得自然和容易理解了。多层神经网络参数更新的详细介绍将在下一节进行，在此我们只要了解通用 delta 学习规则和误差反向传播法的名词就可以了，这与最终的实施还有一段距离。20 世纪 60 年代，一些研究人员已经发现了误差反向传播法的结构，并对此有了一定的理解。

参考 6.1

感知器的学习规则扩展到神经网络（于 1960 年）的工作归功于电子学者伯纳德和马夏·泰德。泰德在斯坦福大学的研究生时代，和其时任教师伯纳德一起成功开发了用于神经网络学习的 LMS 算法。在其毕业后，加入了最初的英特尔公司，并成为了微型处理器的发明者之一㊀。此后，他担任了英特尔公司的重要职务，不久之后即作为管理人员转会到广播游戏公司，与青年时期的史蒂夫·乔布斯一起工作。因此，泰德是介绍 20 世纪数字技术史上不可或缺的人物，在 21 世纪，他早期研究领域的神经网络终于成了实用的技术。

6.2 误差反向传播法

将 delta 学习规则扩展到多层线性神经网络的做法，就是将要介绍的误差反向传播法（backpropagation method，backprop）。该方法是由大卫·鲁梅尔哈特等人于 1986 年提出的，并因此掀起了神经网络的第二次热潮，误差反向传播法（backpropagation）这样酷的名字也是他们的命名。实际上，在此之前多层人工神经网络的误差反向传播法已经有较长的历史了：例如多层人工神经网络的梯度下降法已经在 1967 年被甘利俊一进行了定式化[37]；还有，在 1960 年亨利·凯利在优化控制理论的基础上对实现链规则的计算算法进行了定型化；之后也有很多人分别发现了与误差反向传播法相当的算法，但是他们的知识没有得到广泛的共享㊁。从这个意义上说，大卫·鲁梅尔哈特等人的发现是一个正确的“再发现”，但这个发现也不仅是一个“再发现”，其重要功绩在于总结了作为人工神经网络算法的一般方法，确立了目前所熟知的误差反向传播法的形式。这种方法在之前被多次发现，为什么直到 20 世纪 80 年代才备受关注呢？笔者认为其中的原因在于，在于本章所介绍的误差反向传播法的权重计算中，几乎没有研究者认为实际工作能够很好地收敛下来；另外，在 20 世纪 80 年代前后，计算机可以普遍利用了。实际上，误差反向传播的创意所表现出的惊人结果也是其成为热潮的原因之一。从近期的情况来看，当前所掀起的深度学习浪潮的背景与当年也有很多相似之处。总之，因为研究人员的自以为是和时代的技术限制，科学的发展总是会有意想不到的枷锁的。

6.2.1 参数微分的复杂度和模型

现在我们要考虑的是如何根据梯度下降法进行学习，这里所处理的梯度是误差函数的微分。

㊀ 马夏赶上了开发微处理机的契机。来自日本计算机销售的要求，计算机制造厂商希望通过几个芯片来集成计算机所需的电路。还与日本计算机销售技术人员岛正利共同开发「Intel 4004」芯片。

㊁ 这期间的历史动向比较复杂，有兴趣的读者可以通过检索 Deep Learning 或 Backpropagation 等，了解更多的信息。

$$\nabla_{\boldsymbol{w}} E(\boldsymbol{w}) = \frac{\partial E(\boldsymbol{w})}{\partial \boldsymbol{w}} \tag{6.5}$$

误差函数E是测量训练信号与输出信号之间的偏差的量，依赖于通过输出$\hat{\boldsymbol{y}}(\boldsymbol{x};\boldsymbol{w})$的神经网络的参数。例如，一个二次误差函数的情况，即为$E(\boldsymbol{w}) = (\hat{\boldsymbol{y}}(\boldsymbol{x};\boldsymbol{w}) - \boldsymbol{y})^2/2$。根据微分运算的定理，则有

$$\frac{\partial E(\boldsymbol{w})}{\partial w_{ji}^{(\ell)}} = \sum_{k=1}^{D_\ell} \frac{\partial E(\boldsymbol{w})}{\partial \hat{y}_k} \frac{\partial \hat{y}_k}{\partial w_{ji}^{(\ell)}} \tag{6.6}$$

亦即，通过误差函数$\hat{\boldsymbol{y}}(\boldsymbol{x};\boldsymbol{w})$对参数$w_{ji}^{(\ell)}$的偏微分来进行误差函数梯度的计算。这个计算是意想不到的不便，即使如此，在深度网络内部的第ℓ层的参数给输出$\hat{\boldsymbol{y}}$带来的贡献隐藏在深层网络层结构的深处。

例如像图 6.1 那样，考虑每个层只由一个神经元组成的情况。在此情况下，如果要进行对于参数$w^{(\ell)}$的微分计算，首先需要考虑对应于参数的微小变化$w^{(\ell)} + \Delta w^{(\ell)}$时，$\ell$层的输出$z^{(\ell)}$的变化。这一变化也会影响到$\ell + 1$层节点的输出，进而还会向下一层继续产生影响。这种情况会重复出现，将参数微小变化产生的影响逐层向前传导，最终到达网络的输出层。

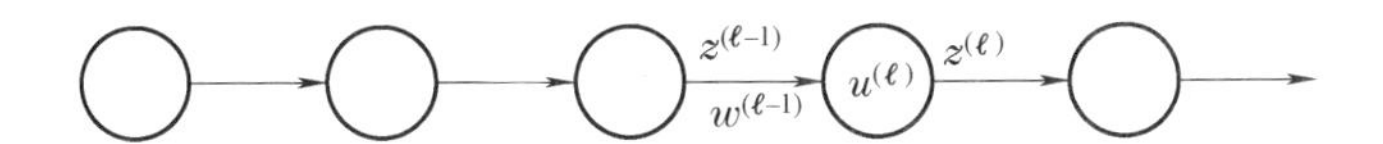

图 6.1　每层仅有 1 个神经元所构成的单列神经网络

如果写成数学表达式的话，各层的活性值为$u^{(\ell)} = w^{(\ell)} z^{(\ell-1)} = w^{(\ell)} f\big(u^{(\ell-1)}\big)$，而输出为$\hat{y} = z^{(L)} = f(u^{(L)})$。对于神经网路，从而有

$$\hat{y} = f\left(w^{(L)} f\left(w^{(L-1)} f\left(\cdots w^{(\ell+1)} f\left(w^{(\ell)} f\big(\cdots f(x)\big)\right)\cdots\right)\right) \tag{6.7}$$

其输出为多个函数映射的合成。因此，如果想计算对于式（6.7）中参数$w^{(\ell)}$的微分，就必须进行复合函数的微分运算，且分层越深，复合函数的计算也越复杂。即使不考虑计算量的大小，单从多重数值微分的精度来看这也不是一个好的方法。那究竟应该怎么办呢？此时，我们可以通过手工对数学计算进行简化，使得计算回归到简单的形式再加以实施和应用。这样得到的结果便是误差反向传播这个巧妙的计算方法。

为了理解误差反向传播方法的原理，首先需要关注的是$u^{(\ell)} = w^{(\ell)} z^{(\ell-1)}$的关系。因为$w^{(\ell)}$的变化直接影响到$u^{(\ell)}$的值，从而通过偏微分运算，则有

$$\frac{\partial E}{\partial w^{(\ell)}} = \frac{\partial E}{\partial u^{(\ell)}} \frac{\partial u^{(\ell)}}{\partial w^{(\ell)}} = \frac{\partial E}{\partial u^{(\ell)}} z^{(\ell-1)} \equiv \delta^{(\ell)} z^{(\ell-1)} \tag{6.8}$$

其中，梯度的大小由$\delta^{(\ell)} \equiv \partial E / \partial u^{(\ell)}$决定。但是，因为$u^{(\ell+1)} = w^{(\ell+1)} f(u^{(\ell)})$，所以可以得到该量与下一层的$\delta^{(\ell+1)}$的关系

$$\delta^{(\ell)} = \frac{\partial E}{\partial u^{(\ell+1)}} \frac{\partial u^{(\ell+1)}}{\partial u^{(\ell)}} = \delta^{(\ell+1)} w^{\ell+1} f'(u^{(\ell)}) \tag{6.9}$$

因此，可以将此看作一个递推表达式，并且从输出端向输入端依次进行求解，即可获得各层的梯度值。这就是误差反向传播法的思想。

在开始进行具体的计算之前，在此对所用到的标记方法进行一下说明。首先是误差函数，不管是小批量学习还是批量学习，误差函数$E_n(\boldsymbol{w})$均表示对一个样本n计算的误差（例如，采用均方误差时，误差函数为$(\hat{\boldsymbol{y}}(\boldsymbol{x}_n;\boldsymbol{w})-\boldsymbol{y}_n)^2/2$）。因此，对当前训练样本$n$给出的输出的误差，我们关注的焦点为

$$\frac{\partial E_n(\boldsymbol{w})}{\partial \boldsymbol{w}} \tag{6.10}$$

并且，偏置$\boldsymbol{b}$也被认为一个权重，与其他权重$\boldsymbol{w}$统一处理。

6.2.2　误差函数的梯度

误差反向传播的首要思想是要避免大量复合函数的导数计算和分割困难。为此，首先关注权重$w_{ji}^{(\ell)}$的变动通过网络的局部结构对其相邻神经元产生影响的大小，并将其写成梯度函数。如图 6.2 所示，权重$w_{ji}^{(\ell)}$的变化，首先使得ℓ层的神经元j的总输入发生改变。该总输入$u_j^{(\ell)}$的变化在网络上依次传播，使得网络的输出发生改变，最终引起误差函数值的改变。这个过程经由微分运算表现为，通过间接依赖于$w_{ji}^{(\ell)}$的总输入$u_j^{(\ell)}$而产生复合影响的誤差函数$E_n(u_j^{(\ell)}(w_{ji}^{(\ell)}))$的微分即为

$$\frac{\partial E_n}{\partial w_{ji}^{(\ell)}}=\frac{\partial E_n}{\partial u_j^{(\ell)}}\frac{\partial u_j^{(\ell)}}{\partial w_{ji}^{(\ell)}} \tag{6.11}$$

右侧第一项被称作 delta。

定义 6.1　(delta)

$$\delta_j^{(\ell)} \equiv \frac{\partial E_n}{\partial u_j^{(\ell)}} \tag{6.12}$$

这是一个相对于神经元j的信号，也是衡量其对神经网络最终误差影响大小的尺度。另一方面，神经元j的总输入与各权重参数之间存在着线性依赖关系$u_j^{(\ell)}=\sum_i w_{ji}^{(\ell)} z_i^{(\ell-1)}$，所以式（6.11）右侧在 delta 后面出现的第二个微分项即为输出值$z_i^{(\ell-1)}$。这个值是将训练样本$\boldsymbol{x}_n$加入到入神经网络中时，通过网络信号的传播可以自动获得的。因此，只要求得 delta 的值即可确定相应的梯度值了。

$$\frac{\partial E_n}{\partial w_{ji}^{(\ell)}}=\delta_j^{(\ell)} z_i^{(\ell-1)} \tag{6.13}$$

像这样，通过神经网络的局部构造，将梯度分为 delta 和神经元的输出是第一步。

第二步则是决定 delta 的算法，它构成了误差反向传播法的核心部分。实际上，要给出这个部分的答案也不是那么难的事情，只要找到 delta 的递推关系式就可以了。为了推导 delta 的递推关系式，我们还是回到它的定义上来进行，delta 是误差函数相对于神经元 j 的总输入 $u_j^{(\ell)}$ 的微分量。于是，为了了解这个总输入的变化是如何影响误差函数时，我们需要再次关注网络的局部结构。如图 6.2 所示，神经元 j 的总输入 $u_j^{(\ell)}$ 的变化通过激活函数转换为该神经元的输出，该输出再作为相邻的 $\ell+1$ 层神经元的输入。亦即，$u_j^{(\ell)}$ 的变化通过下一层神经元总输入 $u_k^{(\ell+1)}$ 的变化来改变神经网络的误差函数值，其微分满足式（6.14）的性质。

$$\delta_j^{(\ell)} = \frac{\partial E_n}{\partial u_j^{(\ell)}} = \sum_{k=0}^{d_{\ell+1}-1} \frac{\partial E_n}{\partial u_k^{(\ell+1)}} \frac{\partial u_k^{(\ell+1)}}{\partial u_j^{(\ell)}} \tag{6.14}$$

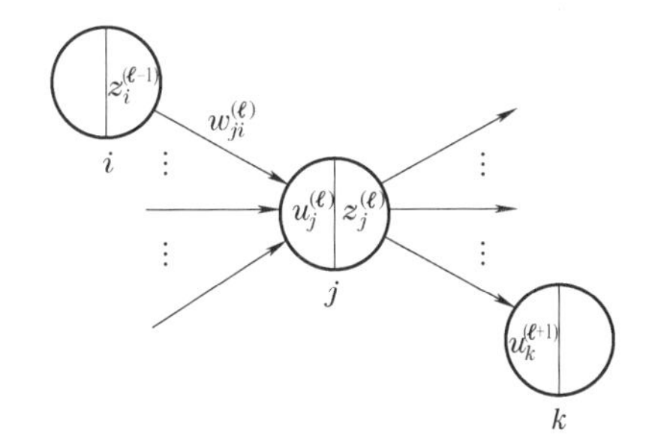

图 6.2　权重 $w_{ji}^{(\ell)}$ 的变化对各层输入输出的影响

其右侧的第一个因子即为 $\ell+1$ 层的 delta $\delta_k^{(\ell+1)}$。这个公式是相邻层的 delta 之间的递推关系式。

$$u_k^{(\ell+1)} = \sum_{j'} w_{kj'}^{(\ell+1)} f(u_{j'}^{(\ell)}) \tag{6.15}$$

考虑到式（6.15），则可以将式（6.15）变换为

公式 6.2 （delta 的反向传播）

$$\delta_j^{(\ell)} = \sum_{k=0}^{d_{\ell+1}-1} \delta_k^{(\ell+1)} w_{kj}^{(\ell+1)} f'(u_j^{(\ell)}) \tag{6.16}$$

这个就是描述 delta 反向传播的公式。之所以被认为是反向传播，是因为神经网络通常采用如下的表示方式：

$$u_j^{(\ell)} = \sum_{i=0}^{d_{\ell-1}-1} w_{ji}^{(\ell)} f(u_i^{(\ell-1)}) \tag{6.17}$$

神经网络的输出一般是通过式（6.17）来表示的。$\ell-1$ 层各神经元的活性值通过输入

权重$w_{ji}^{(\ell)}$正向顺序传播到ℓ层的各个神经元，并经激活函数f输出。而从式（6.16）可以看出，delta 的值是在受到$w_{kj}^{(\ell+1)}f'(u_j^{(\ell)})$的倍乘作用下，从$\ell+1$层反向传播到$\ell$层的。实际上，在计算 delta 的算法中，delta 的初始值也是在输出层计算得到的，并将其向输入层的方向依次进行反向传播。因此，实际计算中，首先是神经网络的输入从输入层依次传播到输出层，从而使输出层能够进行误差的计算。然后以此误差计算结果为基础，使得各个 delta 值在网络中得以反向传播。

$$\boldsymbol{x}_n = \boldsymbol{z}^{(1)} \to \boldsymbol{z}^{(2)} \to \cdots \to \boldsymbol{z}^{(L-1)} \to \boldsymbol{z}^{(L)} = \hat{\boldsymbol{y}}$$
$$\boldsymbol{\delta}^{(1)} \leftarrow \boldsymbol{\delta}^{(2)} \leftarrow \ \cdots \ \leftarrow \boldsymbol{\delta}^{(L-2)} \leftarrow \boldsymbol{\delta}^{(L-1)} \leftarrow \boldsymbol{\delta}^{(L)}$$

$\boldsymbol{\delta}^{(\ell)}$为$\ell$层全部 delta 值排列组成的一个向量。将这些结果应用到式（6.13），就会得到当前层所有的梯度值，如图 6.3 所示[⊖]。

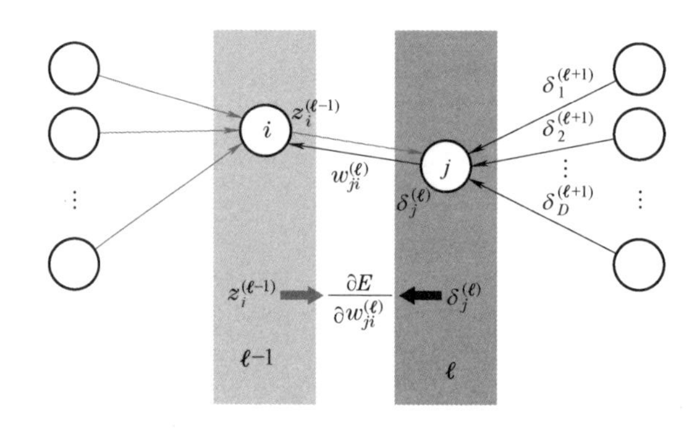

图 6.3　误差反向传播法的梯度计算的结构

一方面，在从输入开始的正向顺序传播过程中，ℓ层的节点i通过输入的正向顺序传播过程来输出$z_i^{(\ell-1)}$；另一方面，在从输出开始的反向传播过程中，在$\ell+1$层通过反向传播 delta 的流入，可以计算层节点j的 delta 值$\delta_i^{(\ell)}$。即通过节点i与节点j的这两个值，则可以计算出误差函数在权重$w_{ji}^{(\ell)}$上的梯度。

公式 6.3　（由 delta 进行的梯度计算）

$$\frac{\partial E_n}{\partial \boldsymbol{w}^{(\ell)}} = \boldsymbol{\delta}^{(\ell)}\left(\boldsymbol{z}^{(\ell-1)}\right)^T \tag{6.18}$$

以上为误差反向传播法。这种梯度的计算方法为被称为自动微分（automatic differenciation）方法的一个具体例子。在各种不同的神经网络程序库中，所采用的算法在本质上都是相同的，即通过自动微分实现的误差反向传播法。

⊖　在此采用的向量积为$(\boldsymbol{v}\boldsymbol{w}^{\top})_{ij} = v_i w_j$。

6.2.3　反向传播计算的初始值

反向传播中递推表达式的计算需要一个初始值，该初始值即为输出层的 delta，这个值可以简单地计算出来。因为输出层的激活函数为f，所以最终输出为$\hat{y}_j = f(u_j^{(L)})$。使得输出层神经元j的 delta 值为误差$E_n(\hat{y}_j(u_j^{(L)}))$相对于输入$u_j^{(L)}$的微分

$$\delta_j^{(L)} = \frac{\partial E_n}{\partial \hat{y}_j} f'(u_j^{(L)}) \tag{6.19}$$

例如，在回归等一类问题中，通常采用$E_n = (\hat{\boldsymbol{y}}(\boldsymbol{x};\boldsymbol{w}) - \boldsymbol{y})^2/2$这样的均方误差函数。在这种情况下，delta 的具体形式为

$$\delta_j^{(L)} = (\hat{y}_j - y_j)\hat{y}_j'(u_j^{(L)}) \tag{6.20}$$

如果输出层激活函数为恒等映射，则$\delta_j^{(L)} = (\hat{y}_j - y_j)$是理所当然的。因此，就再现了 6.2.2 节的 delta 学习规则中的参数更新式（6.4）。另一方面，当误差函数为交叉熵（见式(2.73)）的情况下，则有

$$\delta_j^{(L)} = -\sum_k \frac{t(y_n)_k}{\hat{y}_k} \hat{y}_k'(u_j^{(L)}) \tag{6.21}$$

如果输出层的激活函数为 softmax 函数$y_k = \mathrm{e}^{u_k^{(L)}} / \sum_{k'} \mathrm{e}^{u_{k'}^{(L)}}$，根据 softmax 函数的微分，此时的 delta 值则具有下式的性质（请试着证明一下）

$$\frac{\partial \hat{y}_k}{\partial u_j^{(L)}} = \delta_{kj}\, \hat{y}_k - \hat{y}_j\, \hat{y}_k \tag{6.22}$$

并且，在类问题中，由于每个训练样本均满足$\sum_k t_k = 1$，所以 delta 的值最终还是与$\delta_j^{(L)} = (\hat{y}_j - t_j)$的形式相同。

6.2.4　梯度的计算

误差反向传播并不是我们的最终目的，我们的目的是为了进行梯度的计算，以满足神经网络梯度下降法的学习要求。对于各个训练样本，我们均需要进行梯度$\partial E_n / \partial w_{ji}^{(\ell)}$的计算。在采用小批量（mini）学习中，还必须进行平均的实际参数更新量的计算。

$$\Delta w_{ji}^{(\ell)} = -\eta \frac{\partial E}{\partial w_{ji}^{(\ell)}} = -\eta \frac{1}{|\mathcal{D}|} \sum_{n \in \mathcal{D}} \frac{\partial E_n}{\partial w_{ji}^{(\ell)}} \tag{6.23}$$

并且，在每个时刻t，根据以上$\Delta w_{ji}^{(t,\ell)}$的计算，按下式进行权重参数的更新

$$w_{ji}^{(t+1,\ell)} = w_{ji}^{(t,\ell)} + \Delta w_{ji}^{(t,\ell)} \tag{6.24}$$

然后，在下一时刻重复同样操作，再次进行正向顺序传播和逆反向传播。这就是梯度下降法学习进行的权重参数的更新。

6.2.5　delta 的意义

到此，我们已经对误差反向传播方法的思想和原理进行了介绍，现在我们来分析一下误差反向传播法中出现的 delta 的意义[39]。在输出层，delta 由公式$\delta_j^{(L)} = \hat{y}_j(\boldsymbol{x};\boldsymbol{w}) - y_j$来确定，是以训练样本$\boldsymbol{x}$为输入时的最终输出$\hat{\boldsymbol{y}}$与训练样本的目标信号$\boldsymbol{y}$之间的差值，因此这也正是神经网络导致的预测误差。梯度下降法力图通过输出层和其之前的相邻层权重参数$w_{pq}^{(L)}$的修正，来尽可能地消除该误差。也就是说，这个$\boldsymbol{\delta}^{(L)}$成为了衡量与输出层节点相连的权重对误差贡献程度的量。那么，对于中间层的 delta 来说，其节点对误差函数产生影响的效果又如何来衡量呢?

对于中间层节点，假设其总输入发生如下改变

$$u_j^{(\ell)} \to u_j^{(\ell)} + \Delta u_j^{(\ell)} \tag{6.25}$$

则从 delta 的定义来看，这个改变对误差函数产生的偏差大致为

$$\Delta E \approx \delta_j^{(\ell)} \Delta u_j^{(\ell)} \tag{6.26}$$

如果这个 delta 系数几乎接近于 0，那么这个节点总输入的大小改变的调节也几乎不能改善误差函数的大小。也就是说，决定这个节点总输入的分量几乎没有对误差作出贡献。

另一方面，如果 delta 的绝对值较大，则当节点的输入发生改变时，将引起总误差函数值的急剧变化。也就是说，在参数空间中，只要从当前位置稍微进行一下变化，即能够使得误差函数值发生较大的变化。因此，此时的网络不可能是处在最佳值上。也就是说，如果该节点的总输入不能使得误差函数极小化，则表明其当前的值是不恰当的。因此，为了使得误差减小，就应该修改该节点的输入权重$w_{ji}^{(\ell)}$。特别地，为使误差函数值的改变与式（6.26）的最佳值接近，则当总输入发生改变时，就应该使得参数修正的改变向符号相反方向进行。如此一来，这个 delta $\delta_j^{(\ell)}$，即为ℓ层节点j上进行局部误差衡量的量。

6.3　误差反向传播法的梯度快速计算

误差反向传播法是计算误差函数梯度的一个方法，以下来分析一下这种方法的优势所在。

如果想要进行梯度的计算，那么即使不使用误差传播方法，也可以通过差值来进行梯度的近似计算。也就是说，如果要计算梯度的分量$(\nabla E(\boldsymbol{w}))_{w_i}$，那么利用能够保证近似精度足够小的值$\epsilon$来计算这个差值的话，就能得到该值的数值微分㊀。

㊀ 通过$E(w_1, \cdots, w_i + \epsilon/2, \cdots, w_D) - E(w_1, \cdots, w_i - \epsilon/2, \cdots, w_D)$交叉差分的计算能够提高梯度计算的精度，但也会使得计算量变得更大。

$$\frac{\partial E(\boldsymbol{w})}{\partial w_i} \approx \frac{E(w_1,\cdots,w_i+\epsilon,\cdots,w_D)-E(w_1,\cdots,w_i,\cdots,w_D)}{\epsilon} \tag{6.27}$$

误差反向传播法能够通过一个简单的算法来替代这个复杂的计算过程，也即仅需要误差反向传播法这个简单的算法就足够了。那么，这是可能实现的吗？

实际上，上述基于差分的梯度计算方法，由于深层神经网络的结构，会导致计算量的急剧增大，使得该方法完全不具有实用性。为了理解这一点，我们来大略地估算以下差分计算所需的计算次数。式（6.27）的梯度的差分计算中，参数空间$\boldsymbol{w}=(w_1\ \cdots\ w_i\ \cdots\ w_D)^\top$内的点处梯度的计算需要进行误差函数值$E(w_1,\cdots,w_i,\cdots,w_D)$和$w_i$分量方向上的误差函数值$E(w_1,\cdots,w_i+\epsilon,\cdots,w_D)$的计算。前者为固定点$w_i$上的误差函数值，所有的梯度分量$(\nabla E(\boldsymbol{w}))_{w_i}$的计算均可以使用相同的值。因此，这个值的计算只需要进行一次就可以了。但后者各参数方向i上都有不同的值，所以有必要对参数空间所有的方向进行独立地计算，计算次数为参数空间的方向数。此外，误差函数值的计算也不仅仅是一个简单的计算，它是需要在赋予了权重的基础上进行的误差函数值的计算，因此每一次正向顺序传播完成，即需要进行一次误差函数值的计算[⊖]。假设神经网络仅有一个ℓ层，那么梯度分量的个数为$d_\ell d_{\ell+1}$。由于最终的输出必须进行一次梯度的计算，所以每进行一次正向顺序传播必须进行$1+\sum_\ell d_\ell d_{\ell+1}$次的梯度计算。实际上，由于使用了小批量法，所以每一个批量学习中样本的数量是该批量的样本总数。此时，一轮正向顺序传播的进行，所需要进行的梯度计算的总数为

$$（权重的总数+1）\times 样本数$$

而且，由于梯度下降法参数更新的各个步骤都需要新的梯度值，所以其各阶段都需要大量的计算。像这样次数庞大的计算，直接使用是完全不可行的。例如，每层具有10000个节点的层，由这样的5个层重叠构成的全相连神经网络，每一轮正向顺序传播进行参数更新时，大约需要4亿×样品数的梯度计算次数。

与此不同的是，在误差反向传播方法中，以一次正向顺序传播来确定所有神经元的输出值$z_i^{(\ell-1)}$，一次反向传播则决定所有神经元的delta值$\delta_j^{(\ell)}$，只需要将这些值结合起来就可以求得所有的梯度分量的值。如此，一次传播所需要的总计算次数为

$$2\times 样本数$$

在刚才的例子中，需要花费4亿次的计算在此仅仅需要2次就能完成。计算效率如此提高的理由，就是不需要使用网络复合函数的微分性质，而是在计算开始前利用函数微分的性质，通过人工推理巧妙地完成了梯度的计算，从而省去了庞大的无用计算。误差反向传播法是实现高速梯度计算的实用方法。

但是，梯度的差分近似完全就没有作用了吗？其实，误差反向传播法计算的结果检查可以采用差分近似值来进行。由于误差反向传播法等梯度下降法包含了很多复合的计算，所以

⊖ 通过正向顺序传播所得到的输出结果与目标输出的差值，可以计算出误差函数的值。

有必要经常检查计算所得到的数值结果的有效性。作为比较和参照，最笨拙的差分近似结果的直接计算还是有必要的。为了这个目的，并不需要计算所有方向的数值微分分量，只是随机选择一定范围的分量来计算其数值梯度。需要注意的是，为了防止出现大的误差，ϵ的取值不要过大。相关的内容在大多数数值差分近似计算的教科书中均有介绍，详细内容请参见教科书。

6.4　梯度消失与参数爆炸及其对策

一般的多层神经网络的学习均采用梯度下降法进行，实际梯度下降法学习的方法是误差反向传播法，此前我们已经进行了介绍。因此，当前深度学习实现往往会被认为是一件简单的事情，但实际情况并非如此。在深度神经网络中，存在着固有的问题，其代表例子就是接下来要介绍的梯度消失问题（vanishing gradient problem）和梯度爆炸问题（exploding gradient problem）[㊀]。

梯度消失问题是 delta 反向传播的一个严重问题。在顺序正向传播中，神经元之间的输入经常会因为激活函数而发生改变，并成为下一层神经元的输入。如果激活函数是 S 形的，那么输入和输出之间的关系就是如式（6.28）所示的非线性复合函数关系。

$$\boldsymbol{z}^{(\ell)} = \sigma\left(\boldsymbol{W}^{(\ell)}\sigma\left(\boldsymbol{W}^{(\ell-1)}\cdots\sigma\left(\boldsymbol{W}^{(1)}\boldsymbol{z}^{(0)}\right)\cdots\right)\right) \tag{6.28}$$

一方面，考虑到激活函数是 S 形的，各神经元的输出被限定在 0～1，因此在传播过程中不担心信号的大小出现爆炸的问题。另一方面，神经元的总输入值也变成了相当小的值，但该值也会应为 S 形激活函数的作用，将其拉回到一定大小的输出值上，所以对于信号消失的担心一般也不会有。

与此不同的是，反向传播则不是通过激活函数来进行变换的，而是一种线性变换。由式（6.16）决定的 delta 的大小也可以变换为

$$\delta_j^{(\ell)} = \sum_{q,p,\ldots,k} \delta_q^{(L)} w_{qp}^{(L)} f'(u_p^{(L-1)}) \cdots w_{lk}^{(\ell+2)} f'(u_k^{(\ell+1)}) w_{kj}^{(\ell+1)} f'(u_j^{(\ell)}) \tag{6.29}$$

如此以来，一层激活函数的导数值被放大$f'(u)$倍后，直接传播到下一层。因此，如果从输出层到中间层有m个层的反向传播的话，则输出层 delta 传播到该层就大约放大了$(f'(u))^m$倍（另外，权重w通常也采用小于 1 的值，但在此我们忽略由此带来的影响）。由于这个指数因子的存在，在反向传播过程中，delta 的值可能会急剧减小[㊁]。在此，同样以 S 形激活函数为例，S 形激活函数的微分满足式（6.30）的性质。

㊀ 误差反向传播法在 30 年前就已经提出来了，但多层神经网络没有被广泛采用的一个原因就是因为这个问题的存在（当然也有机器计算能力的问题）。

㊁ 或者根据激活函数的不同而产生梯度爆炸。

$$\sigma'(u)=\sigma(u)(1-\sigma(u))\leqslant\frac{1}{4} \tag{6.30}$$

因此，在m层的反向传播中，delta 的值将衰减到原有的 1/4 倍以下。即使各层的衰减正好是 1/4 倍，则经过 5 层的反向传播后，大约衰减为原值的 0.001 倍。如果经过 10 层的反向传播，大约会衰减到原值的 0.00001 倍。随着反向传播的进行，delta 的值会以指数函数逐渐变小。因此，随着 delta 向输入层方向传播，误差函数的梯度值也越来越小，从而使得采用梯度进行的参数更新丝毫没有得到进展。最终的结果是，在靠近输入层采用梯度下降法进行的参数更新完全得不到进展，神经网络的学习也不能取得效果㊀。

由于 delta 在深度神经网络传播中的不断急剧衰减，使得我们精心归纳处的误差反向传播法也没有得到应有的实用算法。深度人工神经网络的困难就是实现过程中的梯度消失问题。20 世纪 80 年代，由于误差反向传播法的发现，人工神经网络的研究产生了一个大的爆发。但是随着梯度消失问题的逐渐明确，误差反向传播法作为人工智能急先锋的期待迅速枯萎，人工神经网络再次进入了寒冬期。实际上，为了实现深度神经网络的学习，这个问题是无法回避的难题。近年来，随着人工神经网络的再度兴起，在梯度消失问题的消除方面，产生了各种不同的想法，也可以说是基本解决了这个问题。就像下面介绍的那样，现在回过头来看已经解决了问题，用于消除梯度消失的想法实际上也是很简单的。

6.4.1　预学习

为了避免梯度消失问题的想法之一就是在第 7 章中将要详细介绍的预学习（pre-training）。预学习是指不让网络立刻进行学习，而是首先计算权重参数的初始值，然后再采用训练数据来对参数进行微调，以实现更有效率的学习。预学习在参数更新的梯度下降法开始前，为其准备一个好的初始值，但是现阶段预学习也已经被其他方法取代了。

6.4.2　ReLU 函数

目前，通常用来解决梯度消失问题的方法是在激活函数上下功夫的想法，也是广泛使用的一类方法。例如，采用 ReLU 激活函数的话，梯度消失问题即可以得到解决。这个激活函数的微分导数具有以下性质

$$f'(u)=\begin{cases}1 & (u\geqslant 0)\\ 0 & (u<0)\end{cases} \tag{6.31}$$

$u=0$是一个不可微分的点，但在这个点上，我们假设其导数为 1㊁。换句话说，如果神经元j产生的总输入$u_j^{(\ell)}\geqslant 0$，则激活函数的梯度即为 1，否则其梯度即为 0。

㊀ 在输入层也可以通过设定一个很大的学习因子来解决小梯度值的问题，但这样做的话对输出层来说，过大的学习因子会使得参数更新变得不稳定，无法很好地进行最佳值的发现。

㊁ 在函数的不可微分点，可以采用其右方向的微分$\lim_{\epsilon\to+0}(f(u+\epsilon)-f(u))/\epsilon$作为该点的微分值。

$$\frac{\partial E}{\partial w_{ji}^{(\ell)}}=\begin{cases}\displaystyle\sum_{j^{(\ell+1)}\in\mathcal{F}^{(\ell+1)}}\cdots\sum_{j^{(L)}\in\mathcal{F}^{(L)}} z_i^{(\ell-1)}\left(\prod_{p=\ell+1}^{L} w_{j^{(p)}j^{(p-1)}}^{(p)}\right)\delta_{j^{(L)}}^{(L)} & (u_j^{(\ell)}\geqslant 0)\\ 0 & (u_j^{(\ell)}<0)\end{cases}\tag{6.32}$$

其中，$j=j^{(\ell)}$，$\mathcal{F}^{(m)}$为层m中总输入大于 0 的神经元集合。从该式可以看出，只要是总输入大于 0 的神经元，误差即从输出端反向传播。这种情形与正向顺序传播的情况是完全一样的，只是方向是相反的。正向顺序传播时的情况也是如此，根据 ReLU 激活函数的性质，此时神经元i的总输出为

$$z_i^{(\ell-1)}=\begin{cases}\displaystyle\sum_{j^{(1)}\in\mathcal{F}^{(1)}}\cdots\sum_{j^{(\ell-2)}\in\mathcal{F}^{(\ell-2)}} x_{j^{(1)}}^{(1)}\left(\prod_{p=2}^{\ell-1} w_{j^{(p)}j^{(p-1)}}^{(p)}\right) & (u_j^{(\ell)}\geqslant 0)\\ 0 & (u_j^{(\ell)}<0)\end{cases}\tag{6.33}$$

像这样，使用 ReLU 函数的情况下，不会出现来源于激活函数导数f'的小的数值连续相乘所形成的指数因子，因而能够避免出现误差反向传播中特有的梯度消失问题。但是，尽管f'所形成的指数因子的影响得以消除，权重分量的乘积$\prod_{p=\ell+1}^{L} w_{j^{(p)}j^{(p-1)}}^{(p)}$依然存在。如果该权重分量的数值很小的话，通过该乘积也会出现梯度的衰减。此时可以采用 He 的权重参数初始化，使得权重分量的乘积大致的分布为 1，从而使得无论权重分量的数量有多大，都能够防止梯度衰减的发生。

第 7 章 自 编 码 器

到现在为止，我们对神经网络的讨论都是基于有监督的学习的。实际上，即使是在训练数据没有附加正确解答标签的情况下，神经网络也可以实现无监督的机器学习。本章将要介绍的即为这种无监督的神经网络学习的典型应用，讨论数据维度的消减。特别地，我们将利用神经网络的维度缩减模型（称为自编码器）。

7.1 数据压缩与主成分分析

在正式讨论有关神经网络的主题之前，我们首先来了解数据维数削减这个一般的问题。一般而言，数据向量$\boldsymbol{x}$通常都是存在于一个高维度空间的。即使是一幅 64×64 像素的小幅黑白图像，其呈现出的像素值向量的维数约为 4000。但是，在高维空间中数据集合中的数据点并不是均匀分布的，而是遵从某种偏向的特性来进行数据的分布。

图 7.1 所示是一种最简单的情况，数据大体上分布于高维空间[⊖]中平坦的子空间上。在图 7.1a 中，数据点在x_1方向的分量有着较大的方差，而x_2方向的分量的方差较小，这些都是数据的分布特征。也就是说，可以根据数据的方差来确定数据分布的方向。

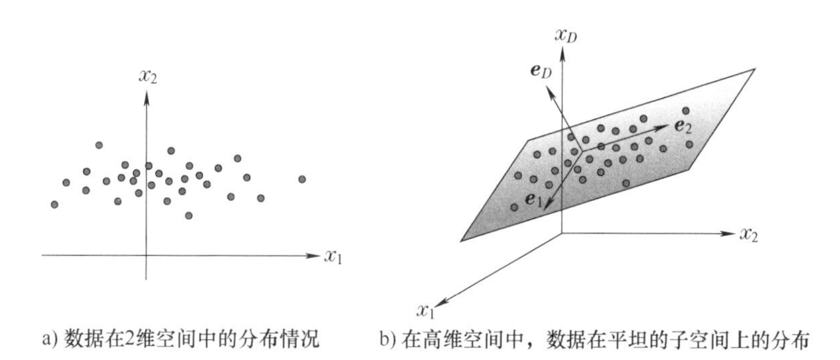

a) 数据在2维空间中的分布情况　b) 在高维空间中，数据在平坦的子空间上的分布

图 7.1　不同维度数据的简单分布示例

对数据的这种分布规律进行分析的方法通常称为主成分分析（Principal Component Analysis，PCA）。首先将数据点的集合用矢量表示为

$$\boldsymbol{x} = (x_1 \quad x_2 \quad \cdots \quad x_D)^\top \tag{7.1}$$

一般而言，如图 7.1 所示的平坦的子空间并不是朝向数据原始的坐标轴$x_1, x_2, \ldots, x_D$

⊖ 空间$\mathbb{R}^d$中点的坐标记为x_i。空间$\mathbb{R}^d$中的平坦子空间为关于x_i的线性方程组存在解集的子空间。

的。在平坦子空间上，通过一个合适的正交坐标系$\boldsymbol{e}_1, \boldsymbol{e}_2, \ldots, \boldsymbol{e}_D$的选取，可以使得坐标系的基向量是沿着数据分布较大方向的，即数据分布偏差较大的方向。这样，即可在平坦子空间上，采用$d(\leqslant D)$个基向量

$$\boldsymbol{e}_1, \boldsymbol{e}_2, \ldots, \boldsymbol{e}_d \tag{7.2}$$

基本实现现存所有数据点的表示。具体到图 7.1b 中，数据基本分布于$\boldsymbol{e}_1, \boldsymbol{e}_2$张开的平面。以下将介绍这样的基向量的具体形成方法。

首先，对于一个通常的数据点$\boldsymbol{x}_n$，为其构造一个子空间映射

$$\boldsymbol{x}_n \approx \boldsymbol{c}_0 + \sum_{h=1}^{d} \left(\boldsymbol{e}_h^{\top}(\boldsymbol{x}_n - \boldsymbol{c}_0)\right) \boldsymbol{e}_h \tag{7.3}$$

其中，$\boldsymbol{c}_0$对应于数据的平均值$\sum_n \boldsymbol{x}_n/N$，也就是数据点分布的中心点。如果要使得公式右侧给出的映射能够很好地近似表示左侧的数据点，则需要计算以下平方误差函数

$$E(\boldsymbol{c}_0, \boldsymbol{e}_h) = \sum_{n=1}^{N} \left((\boldsymbol{x}_n - \boldsymbol{c}_0) - \sum_{h=1}^{d} \left(\boldsymbol{e}_h^{\top}(\boldsymbol{x}_n - \boldsymbol{c}_0)\right) \boldsymbol{e}_h \right)^2 \tag{7.4}$$

也就是说，通过式（7.5）最小化问题的求解，来获得实际数据扩展的方向$\boldsymbol{e}_h$。

$$\min_{\boldsymbol{c}_0, \boldsymbol{e}_h} E(\boldsymbol{c}_0, \boldsymbol{e}_h) \tag{7.5}$$

下面我们来看看如何来进行这一优化问题的求解。为了简单起见，令$\Delta\boldsymbol{x}_n = \boldsymbol{x}_n - \boldsymbol{c}_0$，并引入以下$D \times d$的矩阵作为子空间的所有基向量

$$\boldsymbol{\Gamma}^{\top} \equiv (\boldsymbol{e}_1 \quad \boldsymbol{e}_2 \quad \cdots \quad \boldsymbol{e}_d) \tag{7.6}$$

定义下列$D \times D$的矩阵为映射矩阵

$$\boldsymbol{P} \equiv \boldsymbol{\Gamma}^{\top}\boldsymbol{\Gamma} \tag{7.7}$$

由于在此所使用的基向量是正交的，所以可以从$\boldsymbol{\Gamma}$和$\boldsymbol{P}$的定义中得到性质$\boldsymbol{P}^{\top} = \boldsymbol{P}$，$\boldsymbol{P}^2 = \boldsymbol{P}$。根据这一性质，上述误差函数的第二项就可以改写为式（7.8）所示的映射矩阵

$$\sum_{h=1}^{d} \left(\boldsymbol{e}_h^{\top}\Delta\boldsymbol{x}_n\right) \boldsymbol{e}_h = \sum_{h=1}^{d} \boldsymbol{e}_h \left(\boldsymbol{e}_h^{\top}\Delta\boldsymbol{x}_n\right) = \boldsymbol{\Gamma}^{\top}\boldsymbol{\Gamma}\Delta\boldsymbol{x}_n = \boldsymbol{P}\Delta\boldsymbol{x}_n \tag{7.8}$$

于是，根据映射矩阵的性质，误差函数即可表示为如式（7.9）所示的简单形式。

$$\begin{aligned} E &= \sum_{n=1}^{N} (\Delta\boldsymbol{x}_n - \boldsymbol{P}\Delta\boldsymbol{x}_n)^2 = \sum_{n=1}^{N} \Delta\boldsymbol{x}_n^{\top} (\boldsymbol{I} - \boldsymbol{P})^{\top} (\boldsymbol{I} - \boldsymbol{P}) \Delta\boldsymbol{x}_n \\ &= \sum_{n=1}^{N} \Delta\boldsymbol{x}_n^{\top} (\boldsymbol{I} - \boldsymbol{P}) \Delta\boldsymbol{x}_n \end{aligned} \tag{7.9}$$

式中，$\boldsymbol{I}$为单位矩阵。

由于$\Delta\boldsymbol{x}_n = \boldsymbol{x}_n - \boldsymbol{c}_0$，因此与$\boldsymbol{c}_0$相关的最小化条件即可简单地表示为

$$0 = \frac{\partial E}{\partial \boldsymbol{c}_0} = -2\sum_{n=1}^{N} (\boldsymbol{I} - \boldsymbol{P}) \Delta\boldsymbol{x}_n = -2(\boldsymbol{I} - \boldsymbol{P}) \sum_{n=1}^{N} \Delta\boldsymbol{x}_n \tag{7.10}$$

所以，与c_0相关的最小化问题的解为$\sum_{n=1}^{N}\Delta\boldsymbol{x}_n=0$，由此我们可以得到数据的平均值$\boldsymbol{c}_0^*=\sum_{n=1}^{N}\boldsymbol{x}_n/N$的值。由于数据的平均值为0，因此我们可将表达式$\Delta\boldsymbol{x}_n=\boldsymbol{x}_n-\boldsymbol{c}_0$简记为$\Delta\boldsymbol{x}_n=\boldsymbol{x}_n$，从而可以将误差函数改写为

$$E=\sum_{n=1}^{N}(\boldsymbol{x}_n)^2-\sum_{n=1}^{N}\boldsymbol{x}_n^\top\boldsymbol{P}\,\boldsymbol{x}_n=\sum_{n=1}^{N}(\boldsymbol{x}_n)^2-N\sum_{h=1}^{d}\boldsymbol{e}_h^\top\boldsymbol{\Phi}\,\boldsymbol{e}_h \tag{7.11}$$

式中，$\boldsymbol{\Phi}$为协方差矩阵，$\boldsymbol{\Phi}_{ij}=\sum_n x_{ni}x_{nj}/N$㊀。

同理，与$\boldsymbol{e}_h$相关的误差函数的最小化问题最终可以转化为由以下约束条件的极大化问题。

（主成分分析）

$$\max_{\boldsymbol{e}_h}\sum_{h=1}^{d}\boldsymbol{e}_h^\top\boldsymbol{\Phi}\,\boldsymbol{e}_h\text{，从而导出}(\boldsymbol{e}_h)^2=1 \tag{7.12}$$

为了实现这种最大化约束条件的求解，在此可使用拉格朗日定理的待定系数法来进行。也就是说，使用未定系数λ_h作为限制条件的拉格朗日函数

$$L(\boldsymbol{e}_h,\lambda_h)=\sum_{h=1}^{d}\boldsymbol{e}_h^\top\,\boldsymbol{\Phi}\boldsymbol{e}_h-\sum_{h=1}^{d}\lambda_h\left((\boldsymbol{e}_h)^2-1\right) \tag{7.13}$$

这是与$\boldsymbol{e}_h$和λ_h相关的最大化㊁。与$\boldsymbol{e}_h$相关的最大化问题的求解，可以通过$0=\partial L/\partial\boldsymbol{e}_h$来进行，结果得到

$$\boldsymbol{\Phi}\boldsymbol{e}_h=\lambda_h\boldsymbol{e}_h \tag{7.14}$$

因此，对于这个最大化问题，只要能找到这个协方差矩阵$\boldsymbol{\Phi}$的本征向量即可得到求解。这个$D\times D$的协方差矩阵$\boldsymbol{\Phi}$的本征向量具有D个元素有，但是其中只有d个元素是我们考虑的PCA的解。为了得到这个本征向量，我们将$\boldsymbol{e}_h^*$代入到式（7.15）所示的拉格朗日函数中，使其满足最大化条件，以便进行d个拉格朗日系数λ_h的求解，从而得到d个h的索引值。

$$L(\boldsymbol{e}_h^*,\lambda_h)=\sum_{h=1}^{d}\lambda_h \tag{7.15}$$

这正是在方差大的方向上的数据展开方向，也是我们所说的“由PCA决定的方差大的方向”，是PCA的直观解析和整合的结果。然后，拉格朗日待定系数λ_h对应的是该方向协

㊀ 为了得到该二乘项，在此我们进行了以下的变形$\sum_{n=1}^{N}\boldsymbol{x}_n^\top\boldsymbol{P}\,\boldsymbol{x}_n=\sum_{n=1}^{N}\sum_{i,j}\sum_{h}x_{ni}e_{hi}e_{hj}x_{nj}=\sum_{i,j}\sum_{h}e_{hi}\left(\sum_{n=1}^{N}x_{ni}x_{nj}\right)e_{hj}$。

㊁ 通过该最大化，确实能够再现关于λ_h的极值条件$0=\partial L/\partial\lambda_h=(e_h)^2-1$，这也是我们想要的约束条件。

方差矩阵的特征向量，通过它可以得到方差的大小。

通过以上的分析可知，只有数据方差大的方向可以看作是数据的本质，通过 PCA 可以删除本质以外的数据。采用 PCA 方法可以在几乎不损害数据质量的前提下实现数据量的压缩。同时，由于高维度数据被低维度的数据所取代，使得数据的几何性质更加容易得到掌握。

7.2 自编码器基础及应用

虽然主成分分析能够从输入向量$\boldsymbol{x}$所在的输入空间中寻找到数据点实际分布的平坦子空间，但是只要数据不是简单的，就不一定仅在平坦的子空间内分布。一般来说，数据的自然分布是有着复杂的几何形状的，是分布于多个子空间上的，我们将这样的子空间称为流形(manifold)㊀。在流形上进行数据维度削减的方法称为流形学习，或者为多样性学习。

对于流形学习，我们可以采用的方法有多种，但在此采用的是深层表现的方法。在输入空间中直接进行子空间的寻找的确是一个可行的办法，但是输入数据除了我们要寻找的本质之外，同时也包含有其他的非本质信息，从而使得对能够良好表现子空间的数据分布趋势的捕捉变得困难。因此，我们可以将一次输入数据转换为一种表现，并在这个表现的空间内来寻找数据点分布的流形，这个方法通常具有较好的效果。这种方法还能使得能够很好进行表达生成的神经网络派上用场了，实际上，本章介绍的自编码器正是一个真正实现流形学习的神经网络。首先，我们从通过神经网络进行的数据压缩方法开始介绍。

7.2.1 计时沙漏型神经网络

到此为止的章节中，我们介绍的都是有监督的机器学习。我们也许会据此认为，在没有监督的情况下，神经网络要想进行知识的学习将是难以实现的。之前的神经网络学习是通过训练数据$(\boldsymbol{x}_n,\boldsymbol{y}_n)$来进行的，在给定输入$\boldsymbol{x}_n$时，所期待的目标输出信号也同时被给出，这种目标输出值$\boldsymbol{y}_n$的给定是有监督机器学习所需要的。

当只有输入信号、作为监督信号的目标输出$\boldsymbol{y}_n$不存在时，神经网络能够进行无监督的学习吗？实际上，这样的学习也可以简单地实现，仅以输入数据来制作输入、输出相同的训练数据$\{(\boldsymbol{x}_n,\boldsymbol{x}_n)\}$，我们就可以对神经网络进行训练，并使其输出再现原来的输入值。但是，训练出这样的神经网络能有什么用呢？

关于这个问题，我们可以通过如图 7.2a 所示的拥有左右对称结构的两层计时沙漏神经网络（hourglass-type neural network）来给出问题的答案[40]。在该神经网络的中央部分拥有的神经元数量有所减少，因此具有一个凹凸的结构。该神经网络首先通过中间层对输入$\boldsymbol{x}$进行转换，得到中间层的输出$\boldsymbol{y}$，其最终输出$\hat{\boldsymbol{x}}$的转换过程为

㊀ 在此需要注意的是与正规数学用语的区别，流形的定义本指高维空间中填充本质数据的容器。

$$\boldsymbol{x} \longrightarrow \boldsymbol{y}=f(\boldsymbol{W}\boldsymbol{x}+\boldsymbol{b}) \longrightarrow \hat{\boldsymbol{x}}=\tilde{f}\left(\tilde{\boldsymbol{W}}\boldsymbol{y}+\tilde{\boldsymbol{b}}\right) \tag{7.16}$$

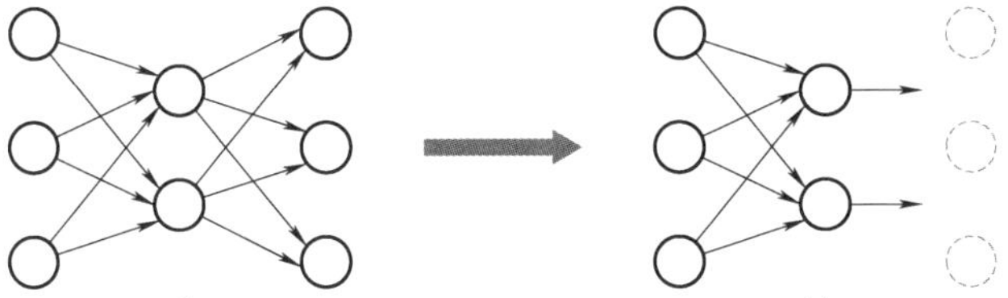

a) b)

图 7.2 计时沙漏型神经网络的自编码器的实现

我们将前半部分的变换操作$\boldsymbol{x} \rightarrow \boldsymbol{y}$称为编码（encode），将支持这一操作的神经网络的前半部分的 2 层称为编码器（encoder）。编码器的输出$\boldsymbol{y}$被称为输入$\boldsymbol{x}$的编码（code）。

另一方面，我们将从编码$\boldsymbol{y}$到$\boldsymbol{x}$的回归变换$\boldsymbol{y} \rightarrow \hat{\boldsymbol{x}}$称为解码（decode）。因此，由对应的第二、第三层组成的神经网络被称为解码器（decoder）。

在这个计时沙漏神经网络的学习方法中，输入训练样本时，使得其输出$\hat{\boldsymbol{x}}(\boldsymbol{x}_n)$尽可能地接近输入$\boldsymbol{x}_n$。另一方面，由于中间层神经元数量的减少，会使得输入信息不可能完全通过神经网络并在输出端进行再现。输入信息必须通过转换为数量较少的中间层神经元可以表达的压缩信息后，再通过解码器转换为与原输入信息良好近似的信息。因此，通过该神经网络的学习，能够得到尽可能不损害数据本质且实现维度消减的数据编码$\boldsymbol{y}(\boldsymbol{x})$。将该编码作为解码器的输入，即可重构与原始输入数据非常相似的向量$\hat{\boldsymbol{x}}$。

我们现在所介绍的计时沙漏人工神经网络的实现，需要输入数据自身的编码来完成解码器的训练，所以被称为自编码器（Auto-Encoder，AE）。如图 7.2 所示的经过学习的自编码器，在除去输出层后，便得到数据维度削减的编码器。这就是我们即将看到的神经网络主成分分析的扩展。

7.2.2 由重构误差进行的学习

现在，就让我们开始使用训练数据$\{(\boldsymbol{x}_n, \boldsymbol{x}_n)\}$来让自编码器进行学习。此时，需要注意的是输出层的设计，由于输入$\boldsymbol{x}$的分量x_i均具有相应的取值范围，因此输出层激活函数$\tilde{f}$的值域也必须与该范围一致。更进一步地，输出层神经元类型的确定也决定于应该使用的误差函数的类型。

1. 实数值输入

当输入$\boldsymbol{x}$的分量为实数值时，在输出层采用线性神经元，因此其激活函数$\tilde{f}$采用恒等运算，神经网络的误差函数为如式子（7.17）所示的均方误差函数。

$$E(\boldsymbol{W}, \hat{\boldsymbol{W}})=\frac{1}{2} \sum_{n=1}^{N}\left(\boldsymbol{x}_n-\hat{\boldsymbol{x}}\left(\boldsymbol{x}_n\right)\right)^2 \tag{7.17}$$

2. 2值输入

当输入$\boldsymbol{x}=(x_1,\cdots,x_{d_1})^\top$的分量为0或1的2值情况，输出层采用sigmoid神经元，因此其激活函数$\tilde{f}$为S形函数。不过与logistic时输出层只有一个sigmoid神经元不同的是，此时的sigmoid神经元数量与输入$\boldsymbol{x}$的分量个数相等，每个sigmoid神经元分别给出相应分量x_i的预测值。

$$\hat{x}_i(\boldsymbol{x})=P(\hat{x}_i=1|\boldsymbol{x}) \tag{7.18}$$

因此，学习是通过如式（7.19）所示的附加在各sigmoid神经元上的多个伯努利分布的乘积来进行的。

$$P(\hat{\boldsymbol{x}}|\boldsymbol{x})=\prod_{i=1}^{d_1}P(\hat{x}_i=1|\boldsymbol{x})^{\hat{x}_i}\left(1-P(\hat{x}_i=1|\boldsymbol{x})\right)^{1-\hat{x}_i} \tag{7.19}$$

最终的学习是通过上述乘积的对数似然函数进行，也就是以下的交叉熵的和。

$$E(\boldsymbol{W},\hat{\boldsymbol{W}})=-\sum_{n=1}^{N}\sum_{i=1}^{d_1}\left(x_{ni}\log\hat{x}_i(\boldsymbol{x}_n)+(1-x_{ni})\log\left(1-\hat{x}_i(\boldsymbol{x}_n)\right)\right) \tag{7.20}$$

由于自编码器的误差是度量神经网络的输出对输入进行重现程度的尺度，所以也被称为重构误差（reconstruction error）。自编码器的学习也是通过梯度下降法来进行的，学习使得重构误差最小化。但是，如果将所有的权重作为自由参数的话则会出现参数的冗余，所以通常会选择权重共享作为该神经网络的正则化方法。利用计时沙漏的对称性，我们可以得到式（7.21）所示的权重分量的学习条件。

$$w_{ji}=\tilde{w}_{ij} \tag{7.21}$$

这些条件可以概括地记为$\boldsymbol{W}=\hat{\boldsymbol{W}}^\top$。

7.2.3　编码器的作用

为了了解经过学习的编码器的作用，我们将这些权重分量矩阵分为行向量$\boldsymbol{w}_j^\top$的集合。

$$\boldsymbol{W}=\begin{pmatrix}\boldsymbol{w}_1^\top\\ \vdots\\ \boldsymbol{w}_{d_2}^\top\end{pmatrix} \tag{7.22}$$

为了简单起见，我们假定每行的向量均为长度为1的规格化向量。如果自编码器的输入层神经元的数量为d_1，中间层神经元的数量为d_2，则$\boldsymbol{W}$为一个$d_2\times d_1$的矩阵。因此，维度为d_1的向量$\boldsymbol{w}_j$一共有d_2个。

此时，对于任意的输入向量$\boldsymbol{x}$，其通过向量$\boldsymbol{w}_j$的近似展开为

$$\boldsymbol{x}\approx\sum_j c_j\boldsymbol{w}_j,\quad c_j=\boldsymbol{w}_j^\top\boldsymbol{x} \tag{7.23}$$

其中，c_j为展开系数，表示在输入x中存在多少$\boldsymbol{w}_j$的分量。于是，中间层神经元活性值的输出即为㊀

㊀ 为简单起见，在此省略了偏移量。

$$\boldsymbol{u}^{(2)}=\boldsymbol{W}\boldsymbol{x}\approx\begin{pmatrix}c_1\\ \vdots\\ c_{d_2}\end{pmatrix},\quad \boldsymbol{y}=f\left(\boldsymbol{u}^{(2)}\right)\approx\begin{pmatrix}f(c_1)\\ \vdots\\ f(c_{d_2})\end{pmatrix}\tag{7.24}$$

这就是所谓的编码，它表示输入数据中包含$\boldsymbol{w}_j$成分的多少。反过来说，如果编码器能够学习得足够好的话，则任意的数据就能够按照权重向量$\{\boldsymbol{w}_j\}$的各成分的方向进行分解。因此，权重向量$\{\boldsymbol{w}_j\}$亦即为数据的基本构成要素。

7.2.4　基于自编码器的主成分分析

以下为一个最简单的自编码器，其激活函数f和$\tilde{f}$均为恒等映射，输入、输出关系如式（7.25）所示。

$$\hat{\boldsymbol{x}}=\tilde{\boldsymbol{W}}\left(\boldsymbol{W}\boldsymbol{x}+\boldsymbol{b}\right)+\tilde{\boldsymbol{b}}=\tilde{\boldsymbol{W}}\boldsymbol{W}\boldsymbol{x}+\left(\tilde{\boldsymbol{W}}\boldsymbol{b}+\tilde{\boldsymbol{b}}\right)\tag{7.25}$$

其中，$d_1>d_2$㊀。

此时的重构误差为均方误差，可以通过式（7.26）简单计算。

$$E=\sum_{n=1}^{N}\left(\boldsymbol{x}_n-\hat{\boldsymbol{x}}\left(\boldsymbol{x}_n\right)\right)^2=\sum_{n=1}^{N}\left(\left(\boldsymbol{x}_n-\tilde{\boldsymbol{b}}\right)-\tilde{\boldsymbol{W}}\boldsymbol{W}\left(\boldsymbol{x}_n+\boldsymbol{W}^{\top}\boldsymbol{b}\right)\right)^2\tag{7.26}$$

其中，权重向量可通过式（7.22）进行计算。在此，我们假设它们都是规格化的正交基底，因此$\boldsymbol{W}\boldsymbol{W}^{\top}=\boldsymbol{I}_{d_2\times d_2}$。再通过权重共享，得到$\boldsymbol{W}=\tilde{\boldsymbol{W}}^{\top}$。然后，将偏差也当作权重看待，并通过权重共享，可以得到式（7.27）。

$$\boldsymbol{W}=\tilde{\boldsymbol{W}}^{\top}=\boldsymbol{\Gamma},\quad \tilde{\boldsymbol{W}}\boldsymbol{W}=\boldsymbol{P},\quad \tilde{\boldsymbol{b}}=-\boldsymbol{W}^{\top}\boldsymbol{b}=\boldsymbol{c}_0,\quad \boldsymbol{x}_n-\tilde{\boldsymbol{b}}=\Delta\boldsymbol{x}_n\tag{7.27}$$

由此可见，重构误差与式（7.9）所示的主成分分析误差函数是完全相同的。总之，在激活函数为恒等映射的情况下，自编码器确实能够进行主成分分析。如果在中间层引入非线性激活函数的话，自编码器则可将主成分分析扩展至非线性的数据分布。

7.3　稀疏自编码器

7.3.1　自编码器的稀疏化

此前，为了实现数据的压缩，我们只考虑了$d_1>d_2$的情况。但是，通过使用稀疏正则化，即使是在$d_1\leqslant d_2$的情况下，也能实现不自明的数据压缩。

与计时沙漏神经网络相反，网络的中间层不收缩或者是膨胀的情况下，此时的神经网络是$d_1\leqslant d_2$的。此时，自编码器只要经过简单的学习就可以实现恒等映射。数据在神经网络

㊀ 如果考虑$d_1\leqslant d_2$的情况，则中间层神经元的数量要比输入层多。根据重量选择方法，要使得全排列矩阵$\tilde{\boldsymbol{W}}\boldsymbol{W}$成为$d_1\times d_1$的单位矩阵。通过恒等变换$\hat{\boldsymbol{x}}=\boldsymbol{x}$的学习，偏差也会变为0，这种情况是没有意义的。

中只是简单的通过而已，没有什么实际意义，因此我们可以探索一下中间层的稀疏化条件。通过稀疏化，尽管表现$\boldsymbol{y}$的成分数量看起来很多，但由于稀疏性的制约，使得其实质性的自由度得到了较强的限制，进而使得恒等映射变得不可能。这种中间层稀疏化的自编码器就是稀疏自编码（Sparse Auto-Encoder，SpAE）。

不管来到中间层的输入是怎样的，稀疏化的中间层会使得其大部分神经元的输出为 0。因此，我们可以通过一个正则项的构造，将中间层神经元j的活性值抑制在一定值以内，从而实现中间层的稀疏化。

神经元j的平均活性值可以通过训练样本来进行估计，如式（7.28）所示。

$$\hat{\rho}_j \equiv \mathrm{E}_{q(\mathbf{x})}\left[y_j(\mathbf{x})\right] = \frac{1}{N}\sum_{n=1}^{N} y_i(\boldsymbol{x}_n) \tag{7.28}$$

为了将这个估计量控制在某个定值ρ以下，我们可以为该神经元设定一个神经元活性开关，该开关通断的概率符合伯努利分布。首先，我们假定这个概率值为$0 \leqslant \hat{\rho}_j \leqslant 1$，神经元激活（取值为 1）的概率$\hat{\rho}_j$的伯努利分布为

$$\hat{\rho}_j(x) = \left(\hat{\rho}_j\right)^x \left(1-\hat{\rho}_j\right)^{1-x} \tag{7.29}$$

这是神经元j的活性度表现的分布。你也可以做同样理想的活性度ρ的分布。如式（7.30）所示。

$$\hat{\rho}(x) = \rho^x \left(1-\hat{\rho}\right)^{1-x} \tag{7.30}$$

如果这两个分布接近的话，则神经元j的活性度也应该接近ρ。像这样的两种分布之间的接近度通常使用 KL 散度（Kullback-Leibler divergence）来度量，如式（7.31）所示。

$$\mathrm{D}_{\mathrm{KL}}\left(\rho \| \hat{\rho}_j\right) = \rho \log\frac{\rho}{\hat{\rho}_j} + (1-\rho)\log\frac{1-\rho}{1-\hat{\rho}_j} \tag{7.31}$$

由于这个 KL 散度尽可能地减小，可以实现活性度的调节，因此我们将其用作正则化的惩罚函数。

（稀疏正则化）

$$E_{\mathrm{sp.}}(\boldsymbol{w}) = E(\boldsymbol{w}) + \alpha\sum_{j=1}^{d_2}\mathrm{D}_{\mathrm{KL}}\left(\rho \| \hat{\rho}_j\right) \tag{7.32}$$

在梯度下降法的学习过程中，通过设定一个小的目标活性度ρ，以尽可能少地激活中间层神经元，使它们的学习得到削弱。但并不是简单地进行神经元的移除操作，而是进行整体活性度抑制的正则化。当神经网络的输入发生改变时，所激活的中间层神经元也随着变化。只有被激活的中间层神经元，才能表现输入数据的信息。因此，在稀疏化的表现中，尽管激活的中间层神经元的数量较少，但是通过巨大的d_2维神经元的间接利用，使其可以表现丰富的数据结构。这也是分散表现（distributed representation）的一个例子。

7.3.2 稀疏自编码器的误差反向传播

对于稀疏化自编码器的误差反向传播方法需要注意一些技术细节，但是由于没有找到相关的详细正确介绍的文献，在这里仅作一些简单介绍。

稀疏正则化函数是采用中间层神经元的输出来定义的，因此在误差反向传播过程中，这一函数会发生频繁的改变。在此，我们针对通常的$2L$层深度自编码器进行讨论。假设现在的第ℓ层已经稀疏化了，那么对训练样本n的梯度为

$$\frac{\partial E_{\mathrm{sp.}n}}{\partial w_{ji}^{(\ell)}}=\frac{\partial E_n}{\partial w_{ji}^{(\ell)}}+\alpha\frac{\partial}{\partial w_{ji}^{(\ell)}}\sum_{j'=1}^{d_\ell}\mathrm{D}_{\mathrm{KL}}(\rho\|\hat{\rho}_{j'})\tag{7.33}$$

其中，第2项对于权重的依赖性通过平均活性度来呈现。

$$\hat{\rho}_j=\frac{1}{N}\sum_{n=1}^{N}f\left(u_j^{(\ell)}(\boldsymbol{x}_n;\boldsymbol{w})\right)\tag{7.34}$$

因此，正则化项ℓ层下的所有权重均具有依赖性。按照如式（7.35）所示的微分计算

$$\frac{\partial}{\partial w_{ji}^{(\ell)}}\mathrm{D}_{\mathrm{KL}}(\rho\|\hat{\rho}_j)=\frac{\partial\hat{\rho}_j}{\partial w_{ji}^{(\ell)}}\frac{\partial}{\partial\hat{\rho}_j}\left(\rho\log\frac{\rho}{\hat{\rho}_j}+(1-\rho)\log\frac{1-\rho}{1-\hat{\rho}_j}\right)\tag{7.35}$$

我们可以试着计算平均活度的权重微分为

$$\begin{aligned}\frac{\partial\hat{\rho}_j}{\partial w_{ji}^{(\ell)}}&=\frac{1}{N}\sum_{n'=1}^{N}\frac{\partial}{\partial w_{ji}^{(\ell)}}f\left(u_j^{(\ell)}(\boldsymbol{x}_{n'})\right)=\frac{1}{N}\sum_{n'=1}^{N}z_i^{(\ell-1)}(\boldsymbol{x}_{n'})f'\left(u_j^{(\ell)}(\boldsymbol{x}_{n'})\right)\\&=\mathrm{E}_{q(\mathbf{x})}\left[z_i^{(\ell-1)}(\mathbf{x})f'\left(u_j^{(\ell)}(\mathbf{x})\right)\right]\end{aligned}\tag{7.36}$$

其中，n'不仅仅局限于之前所考虑的训练样本n，而是代表并列计算的小批量全部样本的下标。因此，最后一行是包含全部训练样本的平均值。

而有关E_n的梯度，则可以公式$\partial E_n/\partial w_{ji}^{(\ell)}=z_i^{(\ell-1)}(\boldsymbol{x}_n)\delta_j^{(\ell)}(\boldsymbol{x}_n)$采用通常的误差反向传播法来求得[⊖]。因此，得到如式（7.37）所示的对于样本n的梯度计算公式。

$$\begin{aligned}\frac{\partial E_{\mathrm{sp.}n}}{\partial w_{ji}^{(\ell)}}=&\ z_i^{(\ell-1)}(\boldsymbol{x}_n)\delta_j^{(\ell)}(\boldsymbol{x}_n)+\\&\alpha\,\mathrm{E}_{q(\mathbf{x})}\left[z_i^{(\ell-1)}(\mathbf{x})f'\left(u_j^{(\ell)}(\mathbf{x})\right)\right]\left(-\frac{\rho}{\hat{\rho}_j}+\frac{1-\rho}{1-\hat{\rho}_j}\right)\end{aligned}\tag{7.37}$$

尽管这是关于一个样本的计算，但是仍然需要样本的平均值，因此只打算进行一个样本值是不行的。如果不参照并列运算的小批量的全部样本进行计算的话，则无法得到公式右边的结果。

⊖ 对于$\ell'>\ell$的层，正则化项D_{KL}与$w^{(\ell')}$不存在依存关系，误差逆传播法的规则全部保持不变。

因此，在此我们应该考虑小批量学习。这样的话，我们只需要考虑小批量的总体误差 $E_{\text{sp.}} = \sum_n E_{\text{sp.}\,n}/N$ 就可以了，从而可以实现公式的简化。因此，如果将式（7.37）依 n 进行平均化的话，右侧依赖 n 的只有第一项，于是得到以下结果。

$$\frac{\partial E_{\text{sp.}}}{\partial w_{ji}^{(\ell)}} = \frac{1}{N}\sum_{n=1}^{N}\left(\delta_j^{(\ell)}(\boldsymbol{x}_n) + \alpha f'\left(u_j^{(\ell)}(\boldsymbol{x}_n)\right)\left(-\frac{\rho}{\hat{\rho}_j} + \frac{1-\rho}{1-\hat{\rho}_j}\right)\right) z_i^{(\ell-1)}(\boldsymbol{x}_n) \quad (7.38)$$

其中，在第二项有关经验分布的样本平均值上，对式（7.37）进行了变换，使得原本隐含的变量 n 得到了重新表达。经过这样的整理，$\sum\limits_{n=1}^{N}$ 中的因子看上去更像一个样本 n 的梯度。由于进行了这种平均化的变换，即便是仅仅关注一个样本 n，也不需要再去关注全体样本的平均值了。这与原来的式（7.37）有很大的不同，在此，我们采用式（7.39）来重新定义稀疏化神经网络的增量 delta。

$$\delta_{\text{sp.}\,j}^{(\ell)} = \sum_k \left(\delta_{\text{sp.}\,k}^{(\ell+1)} w_{kj}^{(\ell+1)} + \alpha\left(-\frac{\rho}{\hat{\rho}_j} + \frac{1-\rho}{1-\hat{\rho}_j}\right)\right) f'\left(u_j^{(\ell)}\right) \quad (7.39)$$

如上所述，对于 $\ell' > \ell$ 的层，由于其增量 delta 没有发生改变，因此 $\boldsymbol{\delta}_{\text{sp.}}^{(\ell')} = \boldsymbol{\delta}^{(\ell')}$，从通常的误差反向传播法得到的公式 $\delta_{\text{sp.}\,j}^{(\ell)} = \sum\limits_k \delta_{\text{sp.}\,k}^{(\ell+1)} w_{kj}^{(\ell+1)}$ 成立。

通过以上的变换，最终使得小批量学习的全部样本的梯度可以通过通常的误差反向传播法的法则求得。

公式 7.1 （稀疏正则化的误差反向传播）

$$\frac{\partial E_{\text{sp.}}}{\partial w_{ji}^{(\ell)}} = \frac{1}{N}\sum_{n=1}^{N} \delta_{\text{sp.}\,j}^{(\ell)}(\boldsymbol{x}_n) z_i^{(\ell-1)}(\boldsymbol{x}_n) \quad (7.40)$$

但是，对于样本数量较小的小批量学习，还需要加以注意。这种情况下，虽然 ρ_j 是通过小批量的样本得到的平均活性度，但由于用于平均值计算的样本数量很小，从而使得估计量的精度有一些不稳定的因素。为解决这一问题，我们将前一个 epoch 的平均值附加上一个权重值，并将其纳入到平均值的计算中。如式（7.41）所示，以该式进行各时刻平均活性度估计值的计算。

$$\hat{\rho}_j^{(t)} = \beta\hat{\rho}_j^{(t-1)} + (1-\beta)\frac{1}{|\mathcal{B}^{(t)}|}\sum_{n\in\mathcal{B}^{(t)}} f\left(u_j^{(\ell)}(\boldsymbol{x}_n; \boldsymbol{w})\right) \quad (7.41)$$

练习 7.1

对于 $\ell' < \ell$ 的层，在此也没有给出误差反向传播法中增量 delta 的定义，请通过实际的梯度计算来进行确认。但需要注意的是，$w_{pq}^{(\ell')}$ 微分项的 D_{KL} 不为 0。

7.4　堆栈式自编码器及预学习

7.4.1　堆栈式自编码器

如图 7.3 所示的多层深度自编码器（deep autoencoder），由于深度神经网络梯度消失问题的存在，如果不采用恰当的技术来进行学习，就不是那么容易的得以实现。对于中间层仅有一层的计时沙漏神经网络由于其没有更多的中间层，编码器的学习属于网络学习，这种浅层的网络学习不会受到梯度消失问题的困扰。为此，我们在此探讨如何将这种没有问题的编码器浅层学习运用到多层自编码器的学习中。

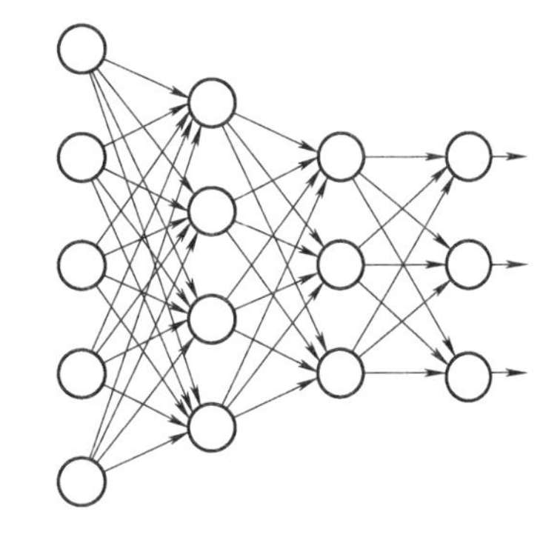

图 7.3　多个中间层构成的多层编码器

编码器的作用是消除输入数据本质以外的信息，以实现数据的压缩表达。因此，我们可以想象，由多个中间层构成的多层编码器可以随着层的递进实现数据的不断压缩。因此，如果将多层编码器中任意两个邻近的层 $\boldsymbol{z}^{(\ell-1)} \to \boldsymbol{z}^{(\ell+1)}$所构成的网络分离出来的话，我们不难想象，它将可以起到一个 2 层编码器的作用。

因此，我们可以将多层自编码器当作若干个 2 层编码器的集合来看待，通过这些 2 层编码器的反复学习来实现整体编码器的学习。这个学习算法如图 7.4 所示，其流程如下：

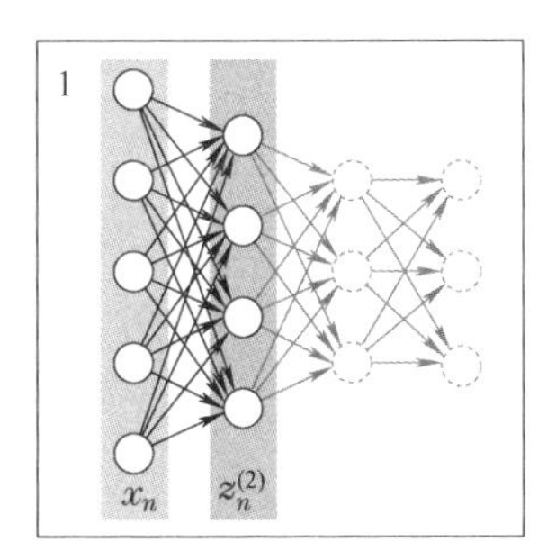

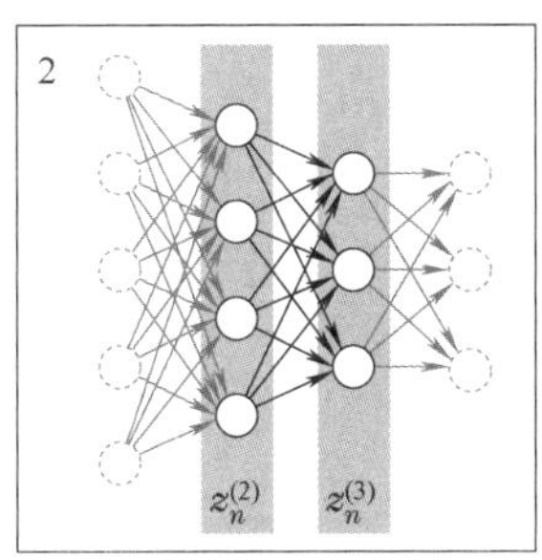

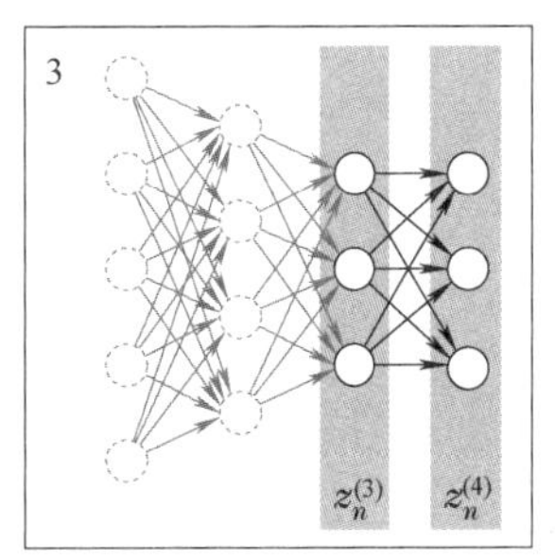

图 7.4　多层编码器的逐层贪心学习

（1）只取出神经网络的第 1，2 层，并为其添加与输入层数量相同的神经元作为输出层。然后将其作为一个自编码器，以训练数据$\{\boldsymbol{x}_n\}$进行学习。学习完成后，将之前添加的输出层删除，得到一个编码器。这个编码器对训练数据编码的结果记为$\{\boldsymbol{z}_n^{(2)}\}$。

（2）完成步骤（1）之后，我们只取出神经网络的 2，3 层，再次使其以自编码器的方式进行学习，此时使用的训练数据为$\{\boldsymbol{z}_n^{(2)}\}$。学习完成后，编码器对训练数据编码的结果记为$\{\boldsymbol{z}_n^{(3)}\}$。

(3) 将上述操作在后续的层中反复进行。

(4) 如果上述操作到达输出层则神经网络的学习结束，并将上述步骤中各编码器学习到的权重数据作为多层编码器的权重。

这种学习方法叫逐层贪心训练法（greedy layer-wise training），用贪心训练法学习的自编码器称作堆栈式自编码器（Stacked Auto-Encoder，SAE）。我们可以期待 SAE 能够从其构成中获得输入数据的好的编码表达，例如 2012 年谷歌的一位工程师所领导的团队，通过 SAE 对图像进行无监督的学习，成功实现了对猫之类的个别对做出反应的“祖母细胞”神经元，亦即著名的谷歌猫成功案例。通过这个案例，证明通过 SAE 的逐层学习可以获得良好的表现，并因此引发了随后将要介绍的预学习。

7.4.2　预学习

在多层神经网络的学习中，如果误差函数的极值以较大的幅度进行变化，则梯度下降法是无法寻找到目标极小值的。不仅如此，还有局部极小值以及梯度消失问题等各种障碍，会使得学习停滞不前，无法继续进行。因此，解决这个问题的一个重要技术是决定梯度下降法开始位置的参数初始化，SAE 也被认为是能够给予多层神经网络好的初始值的一个重要方法。

以一个L层的深度神经网络的学习为例。由于输出层的回归分析，深度表现的学习与其之前的各层都是紧密相关的。因此，我们可以从第 1 个层开始，一直到$L-1$层的各层，采用 SAE 的贪心学习法进行学习，并将学习得到的权重参数当作深层神经网络的权重初始值。此外，通过$L-1$层和L层之间权重的随机选取，并使得深度神经网络采用通常的误差反向传播法进行学习，这样我们就能在经验的指导下，使得整体的学习大幅度加速。我们称这种将 SAE 运用于初始值选择的方法为预学习（pre-training）。

预学习是 Yoshua Bengio 小组首次在 2006 年的 NIPS 国际会议中提出的，这项重要的技术为之后的神经网络发展做出了很大的贡献。但是，由于最近开发出了不依赖预学习也可以进行深度学习的技术，预学习也因此未必一定会应用到最前端的研究领域中。

7.5　降噪自编码器

我们在 5.5 节曾讨论过，为了提高模型对于噪声的鲁棒性而采用了噪声注入的正则化。对于自编码器来说，如果神经网络对输入噪声不具有鲁棒性，则自编码器的实际性能也不会好。因此，我们也需要通过噪声注入实现数据扩增，并在此基础上进行自编码器的学习。我们将由此得到的模型称为降噪自编码器（Denoising Auto-Encoder，DAE）。

首先，我们来看一下输入样本的各成分分量x_{ni}为实数值的情况。对于给定的各训练样本$\boldsymbol{x}_n$，我们为其叠加一个来自适当方差高斯分布的高斯噪声$\delta\boldsymbol{x}_n \sim \mathcal{N}(\delta\mathbf{x};\mathbf{0},\sigma^2\mathbf{1})$，从而构造成训练数据$\{(\boldsymbol{x}_n+\delta\boldsymbol{x}_n,\boldsymbol{x}_n)\}$，并通过该训练数据实现自编码器的学习。这个学习可以使得编码器能够从注入了噪声的输入$\boldsymbol{x}_n+\delta\boldsymbol{x}_n$中再现噪声注入前的$\boldsymbol{x}_n$。因此，通过训练所得到自编码器可以像如图 7.5 所示的那样实现输入噪声的去除，所以被称为降噪自编码器。

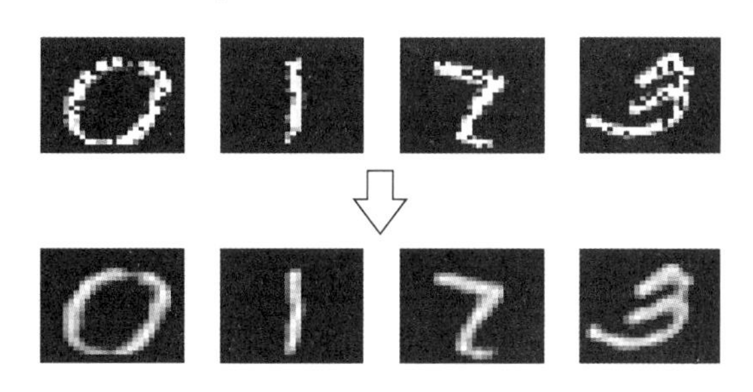

图 7.5 掩膜噪声注入的图像（上）经过简单的单层 DAE 的处理结果（下）

除此之外，还有其他实现噪声注入的方法。在掩膜噪声（masking noise）注入法中，将数据$\boldsymbol{x}_n=(x_{n1}, \cdots, x_{nd_1})^\top$中随机选取的成分分量替换为 0。另一方面，椒盐噪声（salt-and-pepper noise）注入法，在样本的取值在$l \leqslant x_{ni} \leqslant u$时可以采用。此时，随机选取数据$\boldsymbol{x}_n=(x_{n1}, \cdots, x_{nd_1})^\top$中取值为$l$的成分分量，并将其替换为$u$。

7.6 压缩式自编码器*

7.6.1 压缩式自编码器流形学习

运用自编码器进行 PCA 主成分分析的一个拓展是想捕捉高维数据所构成的流形结构。添加了这种促进流形学习正则化的自编码器就是压缩式自编码器（Contractive Autoencoder，CAE）。

在 CEA 中，为了使得自编码器的编码$\boldsymbol{y}=f\left(\boldsymbol{u}^{(2)}(\boldsymbol{x})\right)$的微分系数尽可能小，我们为其加入了以下的正则化项。

$$E_{\text{cont}.n}(\boldsymbol{w})=E_n(\boldsymbol{w})+\alpha\sum_{j=1}^{d_2}\left(\nabla_{\boldsymbol{x}} y_j(\boldsymbol{x}_n)\right)^2 \tag{7.42}$$

这个正则化项被称为函数矩阵或佛罗维尼斯诺姆矩阵，它一方面能够使得重构误差规范地逐渐减小，同时使得在输入值变动的情况下，编码基本没有改变，因而具有较好的鲁棒性。与 DAE 的思想相似，CAE 的作用是在编码空间中将具有一定大小方差的数据压缩成为一个点。之所以能够如此，是因为如果将编码用泰勒定理展开的话就变成了$\boldsymbol{y}(\boldsymbol{x}) \approx \boldsymbol{y}(\boldsymbol{x}_n)+\left(\nabla_{\boldsymbol{x}}\boldsymbol{y}(\boldsymbol{x}_n)\right)(\boldsymbol{x}-\boldsymbol{x}_n)$，如果步距变得很小的话，则$|\boldsymbol{y}(\boldsymbol{x})-\boldsymbol{y}(\boldsymbol{x}_n)| \ll |\boldsymbol{x}-\boldsymbol{x}_n|$得以成立。

数据向高密度分布的方向表示的是数据本质的自由度。因此，在流形上移动的时候，编码$\boldsymbol{y}(\boldsymbol{x})$的值会发生明显的变化，由此可以区分本质不同的数据。因此，在数据空间中沿着流形方向的微分$\nabla_{/\!/}\boldsymbol{y}$的值就变得很大；另一方面，在垂直于流形的方向，由于与数据本质没有关系，故编码也基本不变，对应的微分$\nabla_{\perp}\boldsymbol{y}$也会减小。

对于$\boldsymbol{x}_n$附近被压缩的数据点，在$\boldsymbol{x}$较小变化的领域满足公式$(\nabla_{\boldsymbol{x}}\boldsymbol{y}(\boldsymbol{x}_n))(\boldsymbol{x}-\boldsymbol{x}_n)\approx(\nabla_{/\!/}\boldsymbol{y})(\boldsymbol{x}-\boldsymbol{x}_n)$。对于这样的数据点$\boldsymbol{x}$，向量$\boldsymbol{x}-\boldsymbol{x}_n$和$\nabla_{/\!/}\boldsymbol{y}$垂直，亦即数据本质的放大和垂直方向的压缩得以加速。另一方面，对于$(\nabla_{\boldsymbol{x}}\boldsymbol{y}(\boldsymbol{x}_n))(\boldsymbol{x}-\boldsymbol{x}_n)$较大值的数据点$\boldsymbol{x}$，$\boldsymbol{x}_n$的编码没有被压缩，流形与矢量$\nabla_{/\!/}\boldsymbol{y}$的方向接近平行。因此，通过学习使得重构误差的最小化，在编码空间中对数据本质并没有产生损害，且分布方向上相似的数据在编码空间中得到逐步的压缩。如此所得到的结果就是重要的流形，它承载着数据的本质，并且在编码空间中分布方向没有受到压缩，如图 7.6 所示。

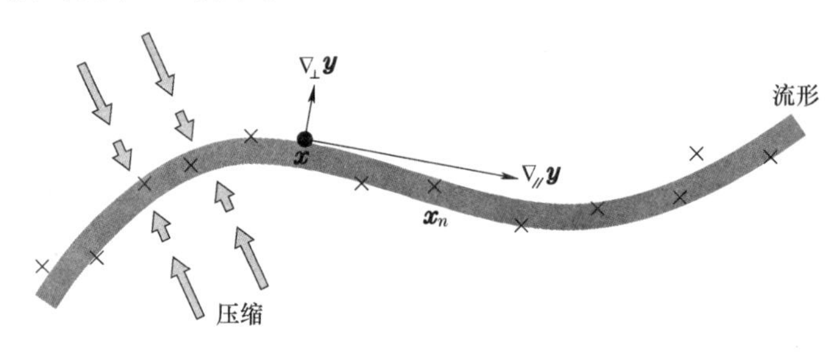

图 7.6 CAE 与编码空间流形学习的关系

7.6.2 与其他自编码器的关系

当神经网络中间层的激活函数为恒等映射时，即可将其当作 PCA 和自编码器来看待，此时的压缩正则化项为

$$\sum_j\sum_i\left(\frac{\partial}{\partial x_i}\sum_{i'}w_{ji'}x_{i'}\right)^2\bigg|_{\boldsymbol{x}=\boldsymbol{x}_n}=\sum_{i,j}(w_{ji})^2 \tag{7.43}$$

如式（7.43）所示，这正是一种权重的衰减。因此，PCA 情况下的 CAE 与权重衰减是等价的。

此外，如果神经网络的激活函数为非线性的 sigmoid 函数时，此时的压缩正则化项为

$$\begin{aligned}&\sum_j\sum_i\left(\frac{\partial}{\partial x_i}\sigma\Big(\sum_{i'}w_{ji'}x_{i'}\Big)\right)^2\bigg|_{\boldsymbol{x}=\boldsymbol{x}_n}\\&=\sum_j\sigma\Big(\sum_{i'}w_{ji'}x_{ni'}\Big)^2\left(1-\sigma\Big(\sum_{i'}w_{ji'}x_{ni'}\Big)\right)^2\sum_i(w_{ji})^2\end{aligned} \tag{7.44}$$

为了使得上式的取值很小，则学习后的自编码器得到的编码$\sigma(\sum_{i'}w_{ji'}x_{ni'})$需要在 0 与 1 的附近取值，这就变成了稀疏化的矩阵了。

最后，我们来看看 CAE 与 DAE 的相似关系。当 DAE 中附加的高斯噪声所运用的高斯分布的方差变得足够小时，其正则化项$\sum_i(\nabla_{\boldsymbol{x}}\hat{x}_i(\boldsymbol{x}_n))^2$与式（5.23）所示的蒂诺夫正则化相似。因此，这是与编码$\hat{\boldsymbol{x}}$有关的衰减正则化。与 DAE 不同的是，CAE 是直接对编码实现流形学习的正则化。

第 8 章　卷积神经网络

深度学习因在图像识别这种任务中极高的性能表现而备受瞩目，而卷积神经网络则是为图像识别而专门开发的。这种神经网络包含了具有特殊结构的稀疏矩阵，这个结构的开发受到了动物视觉功能的启发。因此，本章的内容也从视觉功能的介绍开始。

8.1　一次视觉功能和卷积

8.1.1　黑贝尔和威杰尔的层次假说

人类具有从视觉信息中识别图案的高级能力，这种能力究竟是如何形成的，至今还仍然是一个谜，但是有假说认为这是因为我们的神经细胞的网络有着特别构造的原因。

视网膜将其接收到的视觉信息转换为电信息，并经由视丘的外侧膝状体将保持平面构造的图像输入到视觉系统中，这就是所谓的一次视觉[11]。对一次视觉输入的视觉信息进行真正处理的系统位于我们的后脑区域，在这里，进行着图像识别过程中重要的第一阶段。

1958 年哈佛大学的黑贝尔和威杰尔发现，猫的视觉区域中有的细胞只在看到特定倾斜度的线段时才有反应，并且又弄清楚了像这样的细胞分为简单型细胞（simple cell）和复合型细胞（complex cell）两大类。为了说明它们的不同，又引入了接收区域（receptive field）的概念，即引发神经元活动的区域。

图 8.1a、图 8.1b 分别给出了四种不同的情形，展示了当左侧的矩形区域（视网膜）接收视觉刺激的时候，右侧纵向排列的 4 个神经元会做出响应的示意图。接收区域为各图左侧视网膜中的一部分区域，在 4 个神经元中，请注意上侧的第 2 个神经元。如图 8.1a 所示的简单型细胞，只有在图形正好出现在灰色区域的时候神经元才会活动，如图 8.1a 上部所示，如果图形稍微偏离该区域，神经元就不会有活动。因此，简单型细胞有着很狭窄的接收区域，也就是说其接收区域是局部的。相反，如图 8.1b 所示的复合型细胞，即使图形的位置出现了某种程度的偏离，神经元也会持续做出反应，亦即具有宽的接收范围，因而对图像平行移动的反应具有较好的鲁棒性。通过这样的两类细胞，我们既可以检测出特定位置的图形又可以检测出与位置无关的图形。

那么决定这些细胞行为的机制是什么呢？黑贝尔和威杰尔认为关键在于神经元的网络结构，图 8.1c 示出了他们的见解。首先，由于简单型细胞仅具有局部的接收区域，因此这种细胞只能与狭小的接收区域相对应，如图 8.1c 前半部分的两层构造所示。只有当简单型细胞形成一个阵列时，它们才能与图形的模式对应起来。当一个图形模式出现时，与其相对应

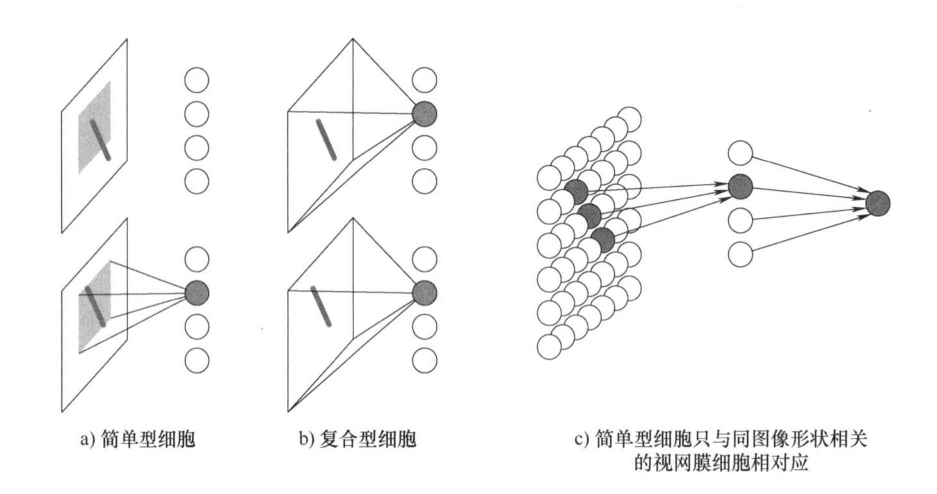

图 8.1 简单型、复合型细胞视觉功能原理及其神经元网络结构
（按照黑贝尔和威杰尔的假说，复合型细胞是由众多简单型细胞聚集在一起来实现的）

部分的简单型细胞受到刺激，并会产生强烈的反应。在视网膜的各个位置中都分布着大量的这种简单型细胞，它们能够与各种不同的模式形成对应。将这些具有局部接收区域的简单型细胞结合起来，就形成了图 8.1c 中第 3 层那样的复合型细胞。正因为有了这种构造，只要视网膜一定范围内有图形输入，复合型细胞就会反应。因此，按照黑贝尔和威杰尔的假说，通过简单型细胞对局部图形的感知，再经过相应位置复合型细胞的信息整理，从而能够进行更稳定的模式抽取。他们的这个假说被称为层次假说。

黑贝尔和威杰尔的层次假说引起了广泛的关注，进而产生了我们通常所称的重叠网络或卷积神经网络（Convolutional Neural Network，CNN）。CNN 的起源要追溯至 1979 年，当时在 NHK 传播科学基础研究所任职的福島邦彦，参考层次假说引入了与简单型细胞和复合型细胞相对应的神经元，并且提出了简单型细胞层和复杂型细胞层交替重叠的多层神经网络的人工智能图形识别装置（neocognitron）[41]，该人工智能图形识别装置通过被称为无监督的竞争学习方法进行训练。卢坎的团队于 1989 年在该神经网络中使用误差反向传播法实现了较高的性能[42]，其模型与当今的卷积神经网络大体上相同。为了表示对卢坎团队的敬意，将他们的卷积神经网络命名为 LeNet。因受限于计算机的性能，当时只能用于手写文本的识别。来自于该人工智能图形识别装置 LeNet 的神经网络，就是当今能够自然地应用于图像等各种数据的现代意义上的卷积神经网络。

8.1.2 神经网络与卷积

卷积神经网络主要由两类的层构成。一类是与简单型细胞类似的神经元组合而成的层，它们具有局部的接收区域。图像识别中，并不能预先确认应该抽取的模式出现在哪个位置，因此，如图 8.2a 右侧所示的那样，首先通过由简单型细胞构成的具有局部接收区域的层对输入数据进行覆盖，从而使得不论图形的模式出现在哪个局部接收区域，下一层的神经元都会表现出活性。需要注意的是，与此前的全相连的神经网络（fully connected）相比，它的构造是稀疏的，像这样的 CNN 卷积的权重矩阵也是一个稀疏矩阵。

如果想以 CNN 为模型来实现图像模式的抽取，则模式在图像中出现的位置以及变化的识别能力的实现将是很困难的。为了解决这个问题，最好使得所有与局部接收区域相关的简单型细胞都进行权重的共享。如图 8.2a 所示，图中标有相同颜色箭头的权重都共享同一个参数。左侧为由三个神经元构成的具有局部接收区域的简单型细胞，右侧为由多个简单型细胞构成的输入层。通过权重共享，使得学习过程中训练样本在接收区域中出现的模式学习的结果可以适用于其他位置上的模式抽出。由于各个简单型细胞的输入都具有相同的权重矩阵，不管连接的输入有多少，神经网络参数的数量依然是较小的，这样的网络层就是将在 8.2 节详细介绍的卷积层。因此，也可以认为卷积层具有稀疏权重矩阵和权重共享两个正则化。

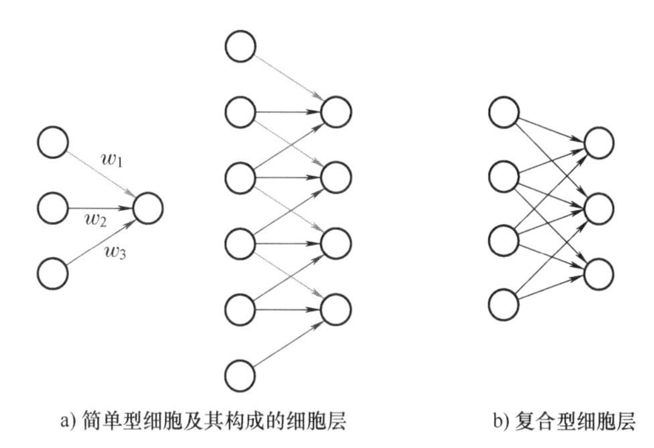

a) 简单型细胞及其构成的细胞层　　b) 复合型细胞层

图 8.2　简单型及复合型细胞层

图 8.2b 所示的为复合型细胞层，仅对多个简单型细胞的输出进行汇聚，并不直接进行图像的获取。因此，与该层细胞输入相关的权重是固定的，并且不进行学习。这将在后续章节中的池化层中加以介绍。

卢坎等人于 1989 年成功实现了 5 层卷积网络的学习，于 1998 年成功实现了 8 层卷积网络的学习。为什么神经网络在 20 年前就获得了多层神经网络的成功学习呢？这个秘密正是在于从生物学中获得灵感的卷积层结构。卷积层在将权重稀疏化的基础上使其进行权重共享，因此具有很强的正则化效应。通过这种适合任务处理的正则化，使得神经网络参数的数量得以削减，从而使得学习具有更少的计算量。

8.2　卷积神经网络

8.2.1　图像数据的通道

在诸如 MNIST 等比较简单的手写文本识别中，即使将二维的图像数据当作线性排列的数组，并将其输入到模型中去，如此进行学习的分类模型也可以发挥出与二维图像数据学习差不多的性能。但是在自然图像的分类等真正的模式识别中，应该最大限度地活用图像的二维结构。因此，本章中的图像样本以二维排列的实数化素值x_{ij}来表示。为了便于卷积公式的技术处理，在一个$W \times W$的二维图像数据中，表示给定点(i,j)位置的坐标均是从 0 开始的，如式（8.1）所示：

$$i = 0,1,\cdots,W-1, \quad j = 0,1,\cdots,W-1 \tag{8.1}$$

在实际的图像数据中，对于一个给定位置(i,j)，包含了诸如颜色成分等很多信息。我们将一个像素点上的这种自由度称为通道（channel）。在采用 RGB 颜色编码的图像中，一个位置(i,j)中对应有红、绿、蓝三个颜色的成分分量，我们可以将其表示为数值$x_{ijk} = z_{ijk}^{(1)}$，其中$k = 0,1,2$。一般地，在具有K个通道的情况下，可以考虑为$k = 0,1,\cdots,K$。这样的话，如图 8.3 所示的那样，一幅图像也可以看作是由来自各个通道上的K个子图像复合而成的。

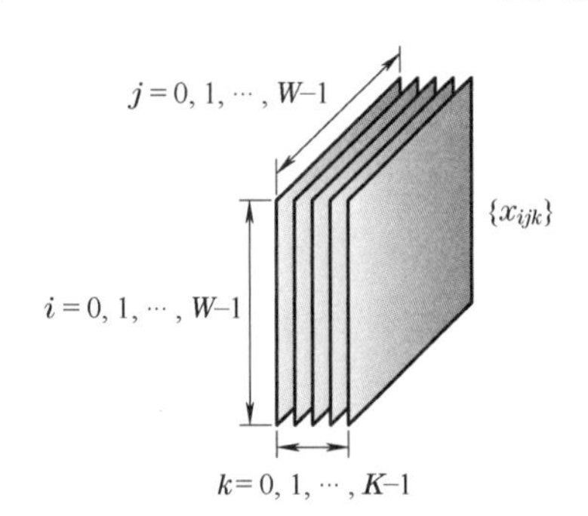

图 8.3　具有K个通道的$W \times W$图像数据的组成

8.2.2　卷积层

首先讨论一个通道的简单情况。卷积层（convolutional layer）对输入矩阵$\boldsymbol{z}_{ij}^{(\ell-1)}$起到滤波器（filter）的作用。在此，我们首先来理解一下滤波器的作用。滤波器可定义为有着更小的输入尺寸的$H \times H$的图像，其像素值可记为h_{pq}。表示像素位置的下标为

$$p = 0,1,\cdots,H-1, \qquad q = 0,1,\cdots,H-1 \tag{8.2}$$

本书中，滤波器h_{pq}对输入矩阵$\boldsymbol{z}_{ij}^{(\ell-1)}$的卷积，意味着如下的运算和操作。

（卷积运算）

$$u_{ij}^{(\ell)} = \sum_{p,q=0}^{H-1} z_{i+p,j+q}^{(\ell-1)} h_{pq} \tag{8.3}$$

这个卷积运算采用符号⊛来表示。如图 8.4 所示，卷积操作首先将滤波器的像素$(0,0)$与

图像的像素(i,j)进行重合，并在其上对两者进行卷积。通过滤波器与卷积位置上两者重合的像素值的积来进行$z_{i+p,j+q}^{(\ell-1)}h_{pq}$的计算，进而通过该卷积区域全部的值累加运算，得到$u_{ij}^{(\ell)}$，并将其作为卷积图像上点$(i,j)$的像素值。这个操作在滤波器不超出图像的范围内进行，因此卷积位置的范围为$i,j=0,1,\cdots,W-H$，卷积后图像的尺寸为$(W-H+1)\times(W-H+1)$，此外，在不需要权重共享、仅仅只考虑稀疏结合的情况下，也可以运用非公有卷积（unshared convolution）来对各个位置点(i,j)进行卷积操作，如式（8.4）所示。

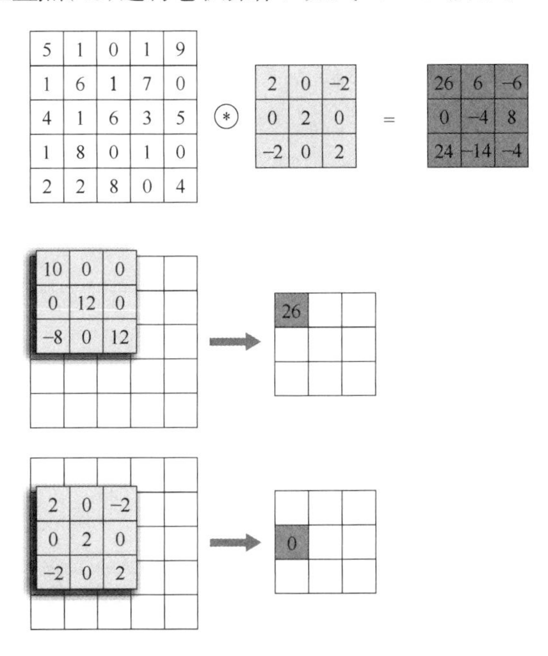

图 8.4　一个 3×3 的滤波器对 5×5 图像的卷积（以卷积后的图像（阴影）左上的像素值 26 为例，其计算过程为 5×2+1×0+0×(−2)+1×0+6×2+1×0+4×(−2)+1×0+6×2 =26）

$$u_{ij}^{(\ell)}=\sum_{p,q=0}^{H-1}z_{i+p,j+q}^{(\ell-1)}h_{ijpq} \tag{8.4}$$

需要注意的是，此时采用的是不同的滤波器h_{ijpq}。

如图 8.4 所示，通过滤波器的作用可以从图像中抽出某个模式。在图 8.4 中的□滤波器中，从左上到右下的斜线上排列着三个较大的数值。通过该滤波器与图像的卷积，可以抽出图像中与滤波器具有同样三个较大数值斜线排列的区域。卷积后得到的■图像的左上和左下上有非常大的 26 和 24 两个像素值，它也的确对应着原图像上可以看到斜线构造的位置。例如，在 26 所处的位置，对应的原图像中可以看到左上角开始的 5、6、6 三个斜线排列的数值比其他的数字都要大。

如图 8.5 所示，是分别通过两次 CNN 卷积学习得到的滤波器的样例。由于是通过 MNIST 这个简单的训练数据集得到的，所以难以识别复杂的模式，但还是可以提取到斜线和斑点等特征。

图 8.5 通过使用 MNIST 训练数据集得到的几个单层 5×5 的滤波器图像

通过像这样的卷积滤波器，可以从图像中抽出特定的模式。在 CNN 中，适合于模式提取的滤波器不是我们添加的，而是通过训练数据的学习得到的。亦即 CNN 中滤波器(h_{pq})就是权重矩阵，并且这些权重通过很强的权重共享而被正则化。之所以这样，是因为神经元(a,b)和下一层的神经元(i,j)的结合权重，通过恰当整数$\Delta_{1,2}$的平行移动，从而使得后续的神经元$(a+\Delta_1,b+\Delta_2),(i+\Delta_1,j+\Delta_2)$的结合权重完全相同，最终使得可以让其自由变化的参数仅有H^2个。

再来看一下对具有K个通道的图像进行卷积的情况。因为具有K个通道的图像数据$z_{ijk}^{(\ell-1)}$具有三个下标变量，因此可以将其看作为一个$W\times W\times K$的图像。对这样的图像进行卷积，需要准备一个具有相同通道的$H\times H\times K$的滤波器h_{pqk}。卷积操作首先按照我们之前所采用的方式，分别对各个通道进行卷积，然后将同一位置上的各个通道的卷积数值进行累加，最终得到了以下的$(W-H+1)\times(W-H+1)$的卷积结果。

$$u_{ij}^{(\ell)}=\sum_{k=0}^{K-1}\sum_{p,q=0}^{H-1}z_{i+p,j+q,k}^{(\ell-1)}h_{pqk}+b_{ij} \tag{8.5}$$

其中，我们为卷积结果引入了一个偏置量b_{ij}。

在上述情况下，多通道的滤波器只有一个的，卷积后得到的图像也只有一个通道。如果卷积后也想得到多通道图像的话，则对应想要得到的通道数M，需要准备M个K通道的滤波器h_{pqkm} $(k=0,1,\cdots,K-1)(m=0,1,\cdots,M-1)$。多个多通道滤波器的卷积操作将按以下公式进行运算。

(卷积层 1)

$$u_{ijm}^{(\ell)}=\sum_{k=0}^{K-1}\sum_{p,q=0}^{H-1}z_{i+p,j+q,k}^{(\ell-1)}h_{pqkm}+b_{ijm} \tag{8.6}$$

卷积层的最终输出则成为该图像的激活函数f的输入。

(卷积层 2)

$$z_{ijm}^{(\ell)}=f\left(u_{ijm}^{(\ell)}\right) \tag{8.7}$$

我们将卷积层的输出称作特征映射（feature map），而近期常用的激活函数为 LeRU。

通过上述卷积操作，将一个$W\times W\times K$的图像$z_{ijk}^{(\ell-1)}$卷积到了一个$(W-H+1)\times(W-$

$H+1)\times M$的图像($z_{ijm}^{(\ell)}$)，亦即为卷积层的输出。尽管如此，但从式（8.6）和式（8.7）可以得知，这个卷积层也可以看作是从$W\times W\times K$个神经元构成的$\ell-1$层到$(W-H+1)\times(W-H+1)\times M$个神经元构成的$\ell$层通过共享权重$\{h_{pqkm}\}$结合的普通正向顺序传播层，因此也可以采用通常的反向传播法对权重滤波器进行学习。

练习 8.1

在图像数据和滤波器为长方形的情况下，请按照以上的推理来给出相应的推定结论。

8.2.3　1×1 卷积*

在最近的 CNN 中，也用到了尺寸为 1×1 的滤波器。由于这种滤波器的感受区域为 1，仅能覆盖一个像素的区域，因此从模式提取的观点来看，可以认为它没有起到任何作用。但是，实际上这个滤波器所起的作用是对通道方向的像素值进行累加运算，因此可以通过给滤波器设定比原图像更少的通道数量，从而使得卷积后的图像$u_{ijm}^{(\ell)}=\sum_k z_{ijk}^{(\ell-1)}h_{km}$的通道数量得以减小。此外，在大尺寸数据卷积计算复杂性较大的情况下，也会利用这个 1×1 的卷积层作为中间层，通过维数的降低来实现与计算相关的成本下降。

8.2.4　因子化卷积*

之前所介绍的是一种实现计算量缩减的方法，在此我们集中介绍一下卷积计算量的缩减技术。在一个 5×5 滤波器的卷积层中，通常有 5×5＝25 个参数。但是，在采用更少参数的情况下也可以实现几乎与 5×5 卷积相同的效果，如图 8.6 的上方所示，其表示了一个连续两次 3×3 卷积作用的情况，一个起始尺寸为 5×5 的图像最后变成为 1×1 的卷积结果。也就是说，一个 5×5 的卷积操作也可以通过两次 3×3 的卷积计算来取代。由于连续两次卷积计算的取代，使得卷积的参数个数与原来的 5×5 相比，降低到 100×2×(3×3)/(5×5)＝72%。我们将这种通过连续卷积计算的替代称为因子化卷积（factorizing convolution）。

这个 3×3 的卷积如果采用两个 2×2 的卷积来取代，这种因子化方法是否会更好呢？如果采用 2×2 的因子化卷积，则参数减少到原有的 100×2×(2×2)/(3×3)≈89%。实际上，有比这更好的方法，如图 8.6 下方所示，可以看出通过使用 3×1 和 1×3 的非对称卷积来代替原来的 3×3 卷积。在这种情况下，卷积的参数减少到原有的 100×2×(3×1)/(3×3)≈67%。一般地，对于一个$H\times H$的卷积滤波器来说，其尺寸H越大，则通过$H\times 1$和$1\times H$的因子化卷积，其计算成本也降低得越多。

通过这种因子化技术实现了参数的削减，从而促使了学习的成功。以 8.2.10 节的 VGG 以及 8.7 节的 GoogLeNet 为例，该技术在很多模型中得到了成功应用。

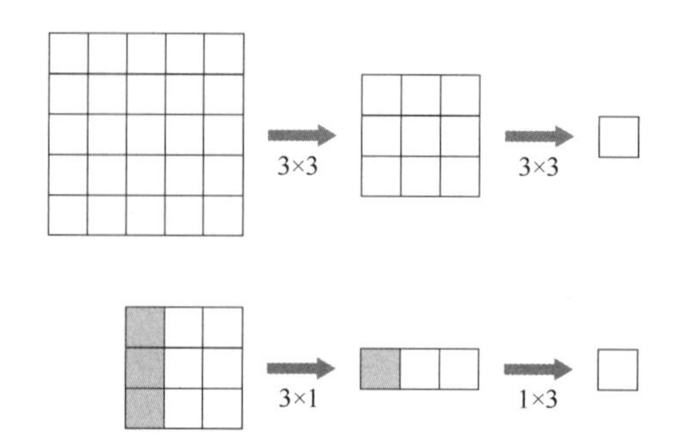

图 8.6　因子化卷积（上方 5×5 的区域通过连续两次的 3×3 滤波器的卷积缩小为 1×1 的结果，因此也可以看作为一次的 5×5 卷积。下方通过 3×1 的卷积之后变成再进行 1×3 的卷积，实现了和 3×3 滤波器卷积一次同样的效果。起始的 3 个灰色像素因为 3×1 的卷积作用而变成了一个灰色像素）

8.2.5　步幅

在此前的介绍中，滤波器都是一个像素一个像素地移动的，以进行精细的模式提取。但是，在仅想粗略地了解图像构造的情况下，并不需要这种逐个像素移动的精细位置探索。

因此，在 CNN 中也引入了步幅（stride）的概念。当步幅为S时，每一次滤波器的移动将减少$S-1$个步幅为 1 时的滤波器多余移动。如图 8.7 所示，给出了一个步幅为 2 时的 3×3 滤波器卷积的例子。于是，当滤波器以步幅S进行移动时，以步幅S进行卷积的计算公式修正如下：

（步幅卷积公式）

$$u_{ijm}^{(\ell)}=\sum_{k=0}^{K-1}\sum_{p,q=0}^{H-1}z_{Si+p,Sj+q,k}^{(\ell-1)}h_{pqkm}+b_{ijm} \tag{8.8}$$

在采用这样的步幅卷积的情况下，卷积后所得到的图像尺寸为

$$\left(\left\lfloor\frac{W-H}{S}\right\rfloor+1\right)\times\left(\left\lfloor\frac{W-H}{S}\right\rfloor+1\right) \tag{8.9}$$

其中，基本符号$\lfloor x\rfloor$表示不超过x的最大整数。像这样，通过步幅卷积可以使得卷积后的图像尺寸变得很小，也可以大幅缩小卷积网络的规模。但是，如果所采用的步幅过大的话，由于步幅卷积不能精细捕捉图像的结构，从而使得应该了解的模式因为步幅的原因有可能错过。因此，在进行步幅设定的时候，需要注意对图像数据的性质加以考虑。

8.2.6　填充

通过卷积，图像的尺寸一定会减小，特别是当滤波器尺寸和步幅较大时，这种缩小就会更加显著。产生这种情况的原因是因为采用滤波器进行卷积时不能超出原图像范围，卷积操

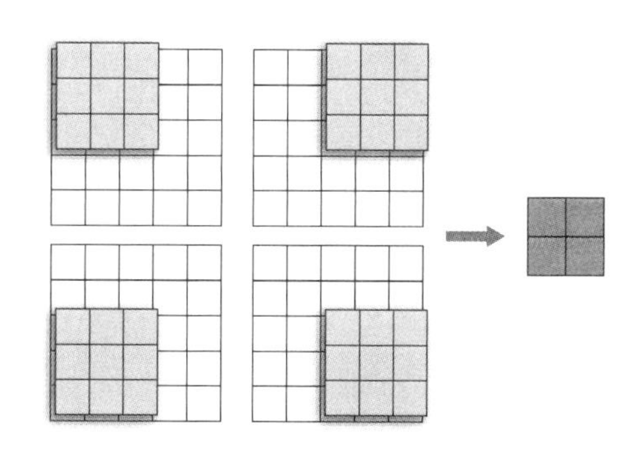

图 8.7　一个 3×3 的滤波器以步幅 2 对 5×5 图像的卷积

作受到了制约。同时，由于图像尺寸变小，还会出现不适合图像处理技术的情况。

为了解决这个问题，可以采用某种方法对原图像进行填充（padding）放大，从而使得卷积后图像的尺寸得到一定程度的增大。假设进行P填充操作时，会在原图像周围添加厚度为P的边缘，则采用步幅S对一幅P填充图像的卷积，卷积后的大小为

$$\left(\left\lfloor\frac{W-H+2P}{S}\right\rfloor+1\right)\times\left(\left\lfloor\frac{W-H+2P}{S}\right\rfloor+1\right) \tag{8.10}$$

填充中，添加像素究竟取怎样的数值，这存在着多种可能的方法。如果采用零填充（zero padding）的话，则添加的像素的值均为 0。当卷积的步幅为 1 时，常用的零填充有以下三种：

（1）valid 填充：不采用任何填充，图像缩小。

（2）same 填充：卷积前后图像尺寸不变的填充。

（3）full 填充：卷积后图像的大小为$W+H-1$时的最大限度的填充。

零填充是一种非常简单的填充方法，但由于添加像素采用了 0 的像素值，在任何情况下都会使得卷积后图像周边区域的像素值变得较小。当然，零填充也并不是唯一的方法。在图像处理中，除了零填充以外，也可以使用原图像的像素值来进行填充。例如图 8.8 所示，在图像的左右和上下按照原图像的变化规律对图像进行填充，所采用的就是一种原图像像素值的填充方法。此外，还有的方法不是以原图像像素的扩展，而是在图像边缘进行像素反转的图像填充，这种方法实现了外部扩展区域像素值的隐藏。

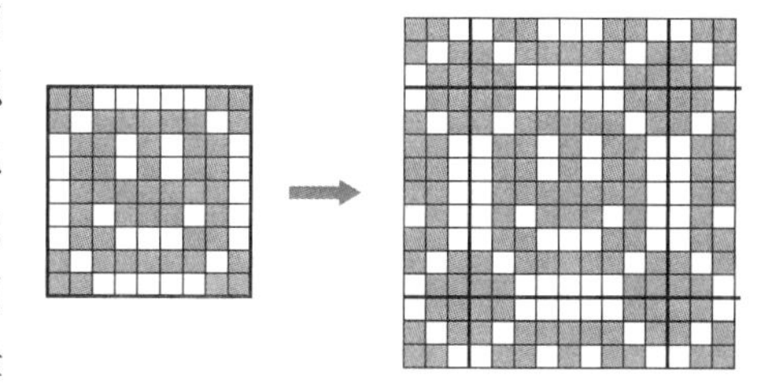

图 8.8　9×9 图像的 3 填充

练习 8.2

当步幅为 1 时，考虑 same 填充的实现条件。请求解此时的填充尺寸P。

8.2.7 池化层

下面，我们转到与复合型细胞相对应的池化层（pooling layer）。该层的作用是实现卷积层捕获的局部模式的提取，即使是该模式在位置上有一定程度的移动。为了实现模式提取对于输入位置平行移动的鲁棒化，简单的方法就是对各个位置中局部模式提取的简单型细胞的输出进行累加。

对于一幅$W \times W \times K$的输入图像的各个像素(i,j)以及各个通道的像素值$z_{ijk}^{(\ell-1)}$，池化层首先考虑以什么数值来作为$H \times H$大小的区域$\mathcal{P}_{ij}$的代表值。即使是通过原像素值填充的图像，不论哪个点，都认为是$\mathcal{P}_{ij}$的区域，然后从$\mathcal{P}_{ij}$中的像素值来决定区域的代表像素值$u_{ij}^{(\ell)}$。决定代表值的方法有多种，在最大池化法（max pooling）中，以区域内的最大像素值作为区域的代表值。

（最大池化法）

$$u_{ijk}^{(\ell)} = \max_{(p,q)\in\mathcal{P}_{ij}} z_{pqk}^{(\ell-1)} \tag{8.11}$$

最大值像素值也未必是作为代表值的理由，区域内像素的平均值也可以用来作为最大值的替代，该方法即为平均池化法（average pooling）。

（平均池化法）

$$u_{ijk}^{(\ell)} = \frac{1}{H^2} \sum_{(p,q)\in\mathcal{P}_{ij}} z_{pqk}^{(\ell-1)} \tag{8.12}$$

作为以上两种池化法的扩展方法为$\boldsymbol{L^P}$池化法，也被提倡采用。

（L^P池化法）

$$u_{ijk}^{(\ell)} = \left(\frac{1}{H^2} \sum_{(p,q)\in\mathcal{P}_{ij}} \left(z_{pqk}^{(\ell-1)}\right)^P \right)^{\frac{1}{P}} \tag{8.13}$$

在$P = 1$的情况下，显然该方法回归到了平均池化法。相反地，在$P \to \infty$的极端情况下，该方法与最大池化法等价。之所以如此，是因为如果$(p*, q*) = \operatorname{argmax}_{(p,q)} z_{pq}$，即$z_{p*q*} = \max_{(p,q)} z_{pq}$，则$\left(\sum_{(p,q)\in\mathcal{P}_{ij}} \left(z_{pq}\right)^P \right)^{\frac{1}{P}} = \max_{(p,q)} z_{pq} \left(1 + \sum_{(p,q)\neq(p*,q*)} \left(\frac{z_{pq}}{z_{p*q*}} \right)^P \right)^{\frac{1}{P}}$成立。但是，因为$P \to \infty$，$z_{pq}/z_{p*q*} < 1$，所以上式的右侧收敛于$\max_{(p,q)} z_{pq}$。

除此之外，还可以对$(p,q,k) \in \mathcal{P}_{ij}$进行分布$P_{pq} = z_{pqk}/\left(\sum_{(p',q')\in\mathcal{P}_{ij}} z_{p'q'k}\right)$的计算，再以分布$(P_{(p,q)\in\mathcal{P}_{ij}})$抽样出位置点$(p^*, q^*) \in \mathcal{P}_{ij}$，并使用这些位置点的像素值$u_{ijk} = z_{p*q*k}$来确定

图像区域的代表值。这种方法即为概率池化法（stochastic pooling）。通过概率要素的加入，能够防止最大池化法陷入到过度学习中。

由于池化层的作用只是对卷积层的输出进行汇聚，没有权重学习的发生，因此在学习中也不改变池化层的池化公式，池化层在误差反向传播法中没有学习参数的更新，仅仅有的是 delta 在此层的传播。

8.2.8 局部对比规格化层*

在图像处理中存在着对训练样本进行质量调整的局部对比规格化方法，这个规格化方法也可以运用在卷积神经网络的中间层中，作为提升性能的特技。我们将该中间层称为局部对比规格化层（Local Contrast Normalization layer，LCN layer[43]）。对 K 通道图像的局部对比规格化可以在各个通道进行，但均值和方差的计算则在全部的通道中进行。

不论是减法的局部对比规格化层还是加法的局部对比规格化层，都可看成是特殊的正向顺序传播层。但是，局部对比规格化的权重 w_{pq} 不是学习的参数，经过其间的所有通道都共用共同的数值。

随着深度学习技术的发展，在不插入 LCN 层的时候，学习也可以顺利进行。因此，最近的 CNN 中也不再使用 LCN 层了。

8.2.9 局部响应规格化层*

在 2012 年的 ILSVRC 中获得冠军的模型 AlexNet 中，作为 LCN 层的替代，采用了局部响应规格化层（Local Response Normalization layer，LRN layer）。局部响应规格化层的定义如下所示：

$$z_{ijk}^{(\ell)} = \frac{z_{ijk}^{(\ell-1)}}{\left(c + \alpha \sum_{m=\max(0,k-N/2)}^{\max(K-1,k+N/2)} \left(z_{ijm}^{(\ell-1)}\right)^2\right)^\beta} \tag{8.14}$$

在文献［8］中，所采用的稀疏参数为 $c=2$，$N=5$，$\alpha=10^{-4}$，$\beta=0.75$。该规格化对每一个像素的 N 个连续通道的像素值取平方和，并进行比例变换。与局部对比规格化层不同，该规格化不去除不同的平均活性，因此实现的只是亮度的规格化。

8.2.10 神经网络的组成

卷积神经网络是由卷积层与池化层的反复交错构成的，而且在接近输出层时需要为其添加几个全相连的汇聚层，最后通过附加的 softmax 等输出层实现图像分类的任务。在池化层之后，也有插入局部对比规格化层和局部响应规格化层的情况。

在此我们以牛津大学的 VGG（见图 8.9）作为典型 CNN 网络的例子，该网络获得了

ImageNet ILSVRC-2014 分类任务的第二名[44]。在该神经网络的组成中，使用了卷积两次甚至三次再进行一次池化的因子化卷积。在作为输出层的 softmax 层前，设有若干个汇聚层。该网络进入了分类任务前五的位置，能够达到的误判率约为 7%。

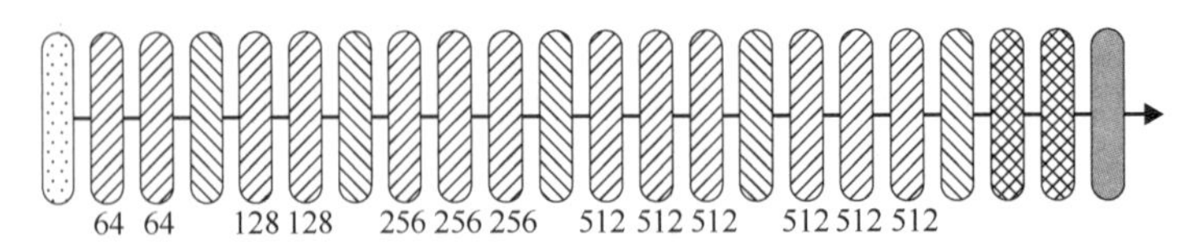

图 8.9 VGG 网络示例（∴为输入层，⫽为卷积层，⧵⧵为最大池化层，※为汇聚层。最后为 softmax 输出层。其中的数字为各卷积层滤波器的尺寸）

8.3 CNN 的误差反向传播法

由于神经网络的构造复杂，使得 CNN 看起来与通常的神经网络具有较大的差异。尽管如此，CNN 与通常的神经网络相比，其在本质上依然是相同的，因此依然可以采用反向传播法进行学习，现详细介绍如下。

8.3.1 卷积层

由于如式（8.6）和式（8.7）的卷积层实际是一种权重共享的正向顺序传播层结构，因此在考虑权重共享的情况下，仍然可以按照顺序传播的方法进行计算。其$\ell-1$层和ℓ层之间的权重梯度为

$$\frac{\partial E}{\partial h_{pqkm}}=\sum_{i,j}\frac{\partial E}{\partial u_{ijm}^{(\ell)}}\frac{\partial u_{ijm}^{(\ell)}}{\partial h_{pqkm}}=\sum_{i,j}\delta_{ijm}^{(\ell)}z_{Si+p,Sj+q,k}^{(\ell-1)} \tag{8.15}$$

通过在最后一层的梯度表达式中运用式（8.8），可以从 delta 反向传播公式所给出的规则得到式（8.16）。

$$\delta_{abk}^{(\ell-1)}\equiv\frac{\partial E}{\partial u_{abk}^{(\ell-1)}}=\sum_{i,j,m}\frac{\partial E}{\partial u_{ijm}^{(\ell)}}\frac{\partial u_{ijm}^{(\ell)}}{\partial z_{abk}^{(\ell-1)}}f'\left(u_{abk}^{(\ell-1)}\right) \tag{8.16}$$

再一次运用式（8.8），可以进一步得到$\partial u_{ijm}^{(\ell)}/\partial z_{abk}^{(\ell-1)}=\sum_{p=a-Si}\sum_{q=b-Sj}h_{pqkm}$，最终得到如下所示的卷积层的 delta 反向传播法则。

公式 8.1 （卷积层的 delta 反向传播法则）

$$\delta_{abk}^{(\ell-1)}=\sum_{m}\sum_{i,j}\sum_{\substack{p\\p=a-Si}}\sum_{\substack{q\\q=b-Sj}}\delta_{ijm}^{(\ell)}h_{pqkm}f'\left(u_{abk}^{(\ell-1)}\right) \tag{8.17}$$

如果采用向量表示的话，可以更加接近普通顺序传播神经网络的处理。首先，将$\ell-1$层一侧的W^2K个神经元的标号(ijk)用适当的顺序$I=1,2,\cdots,W^2K$排列成一列。然后将按

照这个顺序排列的神经元输出z_{ijk}用向量$\boldsymbol{z}^{(\ell-1)}=(z_I^{(\ell-1)})$来表示。同理，将$\ell$层的神经元$(i'j'm)$也以适当的顺序$J=1,2,\cdots,(W-H+1)^2K$进行排列，并将该层神经元输出的活性值记为$\boldsymbol{u}^{(\ell)}=(u_J^{(\ell)})$。顺序传播层间的权重$w_{JI}$即为滤波器。此时，如果对式（8.6）进行$I\leftrightarrow(ijk)$、$J\leftrightarrow(i'j'm)$以及$i'=i+p,j'=j+q$的替换的话，则可得到如式（8.18）所示的结果。

$$w_{JI}=\begin{cases}h_{i-i',j-j',m,k} & 0\leqslant i,j\leqslant H-1\\0 & \text{其他}\end{cases}\tag{8.18}$$

与这个权重相对应的滤波器h_{pqmk}具有H^2MK个自由度，我们可以为这些自由度添加新的下标$A=1,2,\cdots,H^2MK$，从而将滤波器表示为向量$\boldsymbol{h}=(h_A)$。这样的话，上述权重w_{JI}可通过其向量的成分分量表示为

$$w_{JI}=\sum_{A=1}^{H^2MK}t_{JIA}h_A\tag{8.19}$$

但从式（8.18）可以看出，对于大多数给定的I,J来说，t_{JIA}的取值均为 0，只有在A为一某个特定值时才取 1。为了表示w和h之间的关系，我们需要事先来制作t_{JIA}。

按照梯度下降法，我们需要进行的是误差随自由参数h_A的梯度计算。但由于我们在此想要得到的是作为独立参量的滤波器的更新，因此可以采用式（8.20）来替换梯度下降法中的链规则。

$$\frac{\partial E}{\partial h_A}=\sum_{I,J}t_{JIA}\frac{\partial E}{\partial w_{JI}}\tag{8.20}$$

其中，标号I,J与正向顺序传播时的顺序相同，并且以替换的$\partial E/\partial w_{JI}$来进行反向传播，因此也可将式（8.20）理解为误差随滤波器变化的梯度。由于$\partial E/\partial w_{JI}$可以视为$\boldsymbol{u}^{(\ell)}$对$\boldsymbol{z}^{(\ell-1)}$的全结合权重梯度，所以可以通过通常的误差反向传播法求得。因此，在不改变标号顺序的情况下，通过式（8.20）即可实现滤波器的更新，没必要使用其他特别的方法。

8.3.2　融合层

融合层也是可以通过向通常的正向顺序传播层的替换来达成反向传播，因此也可以将其看作具有如式（8.21）所示权重的正向顺序传播层，其反向传播的方法不变。

$$w_{JI}=\begin{cases}\frac{1}{H^2} & I\in\mathcal{R}_J\\0 & \text{其他}\end{cases}\tag{8.21}$$

只是在训练过程中该权重不进行学习，因此也不进行学习更新，而保持一个定值。

另外，最大融合层需要预先记住正向顺序传播采用的最大值的像素位置。运用该信息，在反向传播中可将其看作具有如式（8.22）所示权重的正向顺序传播层，因此可以运用通常的反向传播规则。

$$w_{JI}=\begin{cases}1 & I=\operatorname{argmax}_{I'} z_{I'}^{(\ell-1)} \\ 0 & 其他\end{cases} \tag{8.22}$$

8.4　完成学习的模型和迁移学习

一方面，如果顺利的话，采用 ImageNet 等大的数据学习模型，能够实现其他机器学习不可比拟的图像分类的良好性能。另一方面，由于多层 CNN 的使用会使得自然图像的学习花费较多的时间和计算成本。因此，如果学习完毕的模型对 ImageNet 以外的数据分类完全不可用，则具有高昂的学习成本的模型，其机器学习的魅力将会大打折扣。

但是神经网络有着较高的泛化能力，特别是在深层网络构造的中间层可以期待各种特征的捕获。因此，可以移除完成学习模型输出层，以中间层的输出作为输入图像的解析，并以此作为回归或支持向量机的前端输入。通过这种方式，将可以获得优于模型直接解析输入图像所实现的性能。采用靠近输出侧的中间层，对于那些受到输出层较强影响的学习任务通常会得到良好的表现，一般不会扩展到其他的任务类型。

此外，为了不同的学习任务而只改变模型的输出层，然后再重新进行学习，这种方法也可以采用。此时，尽管学习的任务发生了改变，但已经完成学习的模型参数初始值对新的任务还是有利的，新的学习可以在该初始值的基础上顺利地进行。这种方法我们称其为迁移学习（transfer learning）[45]，由于它不是一种逐层进行的贪心学习方法，因此目前被经常采用，进行模型的预学习。

8.5　CNN 会捕捉到哪些模式

尽管 CNN 实现了优越的图像识别能力，但对于深度学习中 CNN 究竟捕捉到了自然图像中哪些丰富模式，其详细的内容其实并不知道，因此也可以说，作为模式提取器的 CNN 是一个黑匣子。但在 CNN 中已经开发出了各种可以进行模式检测的技术，在此介绍其简单的一例。

图 8.10 的（1）～（3）分别对应于已完成学习的 VGG16 网络模型的特定卷积层图像，其顺序分别对应于靠近输出层到靠近输入层的顺序按行排列。各行的七张图像，分别为从卷积层选择的七个合适滤波器的输入，以尝试通过滤波器逐渐深入地捕捉输入图像的细节特征[46]。总之，各滤波器分别对输入图像的特定模式做出反应。由图可以看出，随着从低层到高层的变化，各个滤波器可以捕捉到更为复杂的模式，只是在较高层上的图形模式不一定能直观地理解㊀。

㊀ 引入特别的正则化，为能更自然地优化与各滤波器相对应的输入结构[74]。

另一方面，图8.10a～图8.10f为输出层识别出的图像，分别对应于6个输出神经元，与这6个输出神经元对应的类分别为三叶虫、西伯利亚雪橇犬、斑马、出租车、图书馆、浓咖啡。各个图像类均为神经元的输出，各输出神经元对应于其识别的分类输出一个最大的概率值。神经网络的输入为具有随机噪声的图像，将各种图像输入VGG16的话，为了使对应类的输出神经元的输出最大化，VGG16采用了上升法，从而使得识别类的概率达到了99.99%以上。虽然VGG16的图像分类达到了99.99%这种极高的识别性能，但是当我们看到这些图像时也不能识别出它们究竟是什么。像这样可以以高性能识别多层CNN自然图像的同时，图像空间中的特殊的噪声绝对会不自然地判断[47,49]。这种对噪声充满疑惑的现象被称为对抗样本（adversarial examples）现象[29,30]，也是当前的研究热点㊀。

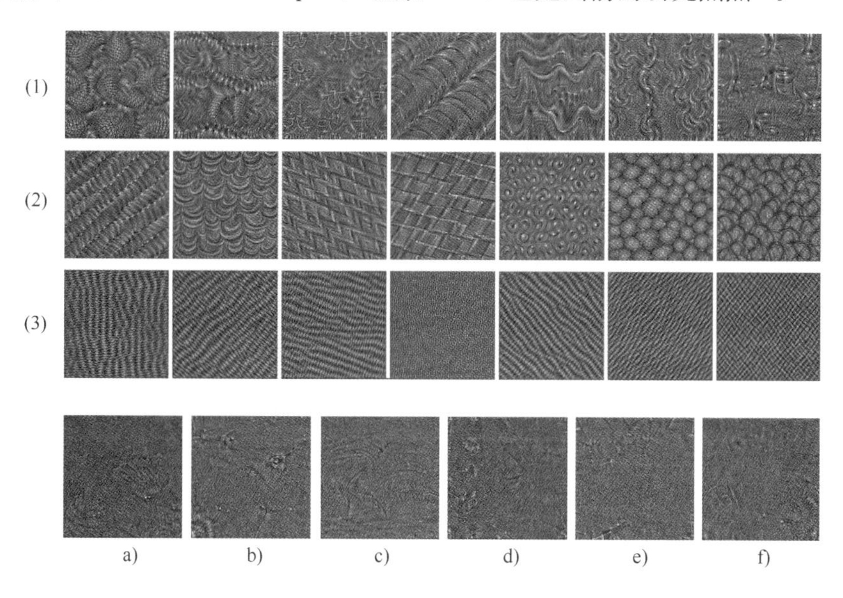

图8.10　为了让VGG16的若干层的神经元活性最大化而输入的训练图像

8.6　反卷积网络*

为了让学习内容可视化，或为了从小图像生成大图像，当前正在进行各种卷积逆操作的研究。作为其代表性的例子，在此介绍一下反卷积或转置卷积（deconvolution，transposed convolution）。反卷积的概念来自于为了CNN内部可视化而进行的模型引入，需要注意的是多个细节不同的模型均被冠以了相同的名字。

这里介绍的反卷积是通过非合算（unpooling，upsampling）和卷积合成构成的[48]。在图8.11a的非合算中，像素被配置在扩大的图像的左上角区域，除此之外的图像像素值为

㊀ 相关的准确介绍请参见文献[49]。

0。通过非合算扩大的图像像素稀疏，而使用卷积则可以使得像素数量的增大。在图 8.11b 中，通过卷积对原有的两个像素进行了扩展，在两个滤波器的重合区域，其像素值取两者的平均值。由这样的层构成的模型，通过学习可以通过小尺寸的信息实现大图像的重建。

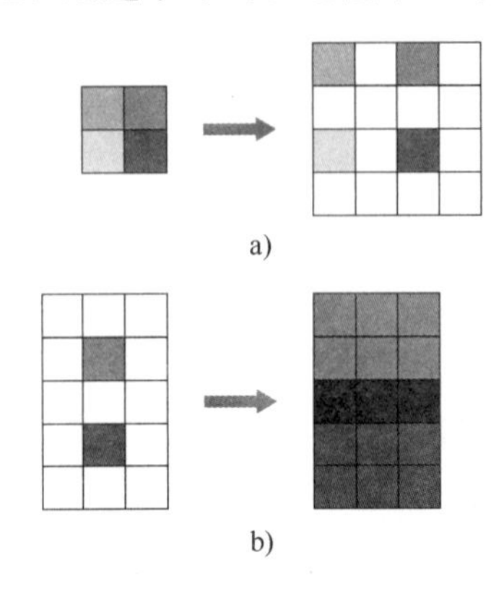

图 8.11　通过非合算进行的扩展（a）以及通过卷积实现的像素平均（b）

8.7　Inception 组件*

实现高性能的 CNN，必须构建深层网络的卷积层。但是深层网络的卷积层的随意构建或者过度深层的话会使得计算的复杂度大大增加，从而加大了学习的难度。因此，考虑网络深度和宽度两个方面的灵活应用。

2014 年，Google 的团队取得了 ILSVRC 的第一名。为表示敬意，将其采用的模型 LeNet 称为 GoogLeNet。

GoogLeNet 使用的 Inception 组件[47]，如图 8.12 所示的那样通过最下层制作了输入图像的副本，并在 4 个区域进行处理。其中，有数字的层为卷积层，MP 层为 MAXpooling 层，所有的层均采用的是 same 填充。FC 层对 4 个方向过来的图像实现各个通道成分的合并，作为一个多通道图像输出。在该组件中，具有各种不同尺寸的卷积操作可以同时进行，即使不做深层化，也可以实现卓越的识别能力。GoogLeNet 即通过多个这种组件的连接而构成。

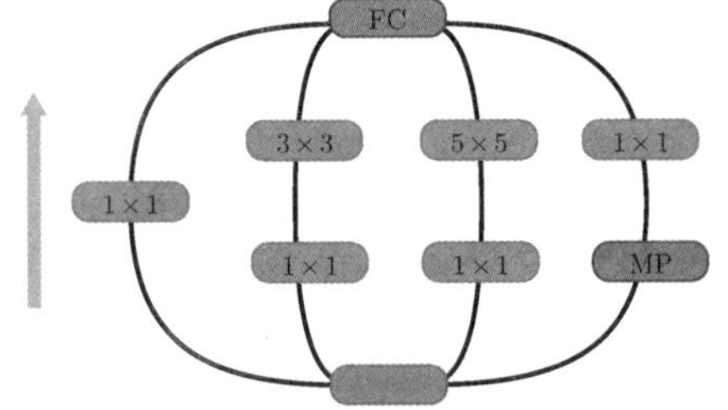

图 8.12　Inception 组件的结构（通过卷积前的 1×1 处理实现计算复杂性的削减）

第 9 章　循环神经网络

在机器学习的训练数据中，除了图像以外还有很多其他类型，例如以文本为代表的时间序列数据。本章将介绍循环神经网络，为时间序列数据提供神经网络的学习方法。此外，作为应用，介绍基于神经网络的自然语言处理。

9.1　时间序列数据

通过 CNN 以及实例，我们得到的深度学习的经验是，顺利进行深度学习的关键是“如何设计一个适合学习数据的网络结构”。对 CNN 来说，即为根据图像数据的特性，通过滤波器实现了卷积神经网络。那么，像视频和文本、会话等时间序列数据来说，如何用神经网络来进行处理呢？

在此，将长度为T的时间序列数据记为$\boldsymbol{x}^1,\boldsymbol{x}^2,\cdots,\boldsymbol{x}^T$，对应于时刻$t$的数据记为$\boldsymbol{x}^t$。如果将对话文本当作时间序列数据的话，首先听到的单词即为$\boldsymbol{x}^1$，随后以时间为顺序的单词分别为$\boldsymbol{x}^2,\cdots,\boldsymbol{x}^T$。例如，$\boldsymbol{x}^1=$“This”，$\boldsymbol{x}^2=$“is”，$\boldsymbol{x}^3=$“an”，$\boldsymbol{x}^4=$“apple”的情形。在这种情况下，各个单词$\boldsymbol{x}^t$以向量来表示，比如采用1-of-$K$等数值向量等[1]。图 9.1 为单词“apple”的1-of-K向量表示[2]。其中，只有与字典中与该单词相对应的成分分量为 1，其他的成分分量均为 0。时间序列数据含有较强的时间相关性。例如，当我们听到“This is an”时，从这些随着时间流动的单词，基本都将能确定说话者想说出的名词以及其随后的形容词（一个以元音开头的单词）。因此，在这样的序列中进行“上下文连贯性”的捕捉是时间序列数据机器学习所必须完成的任务。

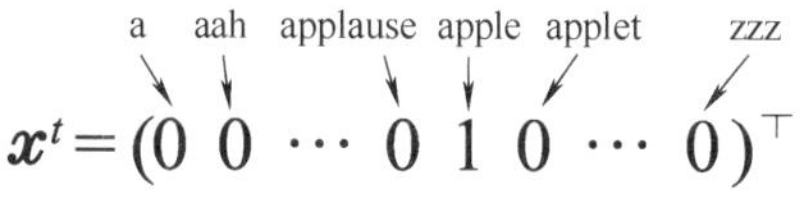

a　aah　applause　apple　applet　zzz

$$\boldsymbol{x}^t=(0\ 0\ \cdots\ 0\ 1\ 0\ \cdots\ 0)^\top$$

图 9.1　单词“apple”的1-of-K向量表示

在进行时间序列数据学习时，也许我们会认为仅仅将这些单词向量的集合输入给顺序传播神经网络就可以了，但事实并没有这么简单[3]。对于时间序列数据来说，其样本长度T是

---

[1] 实际上也经常采用 word2vec 等性能好的离散表示。

[2] 如果不是会话而是视频的情况下，$\boldsymbol{x}^t$即为与各时刻相对应的图像画面（数据帧）。

[3] 实际上，也存在非循环型的神经网络，如利用 CNN 进行时间序列数据学习的方法。

各不相同的。在人的会话训练数据集中，各个文本的文本字数显然也不是统一相等的。机器学习并不关心文本的长度T，而是要提取说话人通过文本所表达的知识，亦即要获得关于序列长度T的泛化效果。在人工神经网络中实现这种可能的结构即为“循环”神经网络。

9.2 循环神经网络

9.2.1 循环和递归

此前所介绍的均为顺序传播的神经网络。如果单从数学的角度来看这些网络结构的话，其各层都是顺序传播的，而没有相互交织的必然性。图 9.2a 是一个典型的非顺序传播结构的神经网络结构。

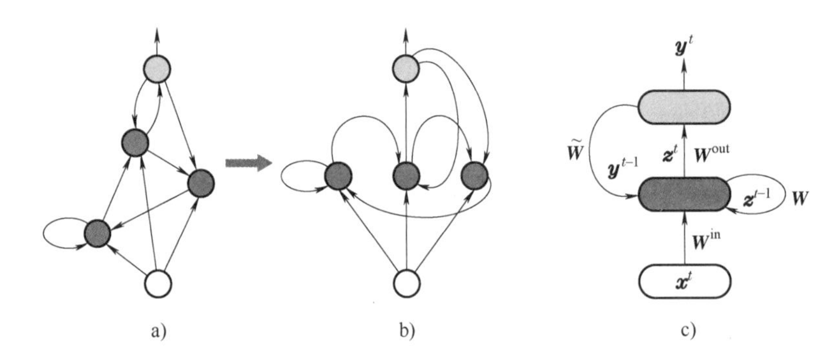

图 9.2 具有循环结构的循环神经网络

该神经网络与顺序传播有两个较大的差异：一个是“似乎不能定义与顺序传播对应的那种层的概念”，其理由是在同类的深色神经元的连接中，有闭合回归的循环路径；此外另一个不同是，从神经元发出的箭头有的又回到了自己的位置。

实际上，有这种神经网络的构造，能够实现时间序列数据的处理。要想很好地处理时间序列信息，对其过去信息的保存是必要的。但是，如果采用此前的顺序传播神经网络来解析文本信息的话，某个时刻输入的单词$\boldsymbol{x}^t$立即就会通过顺序传播处理而输出了，不能实现信息的保存。如此一来，单词序列包含的复杂信息就捕捉不到，因此需要采用如图 9.2 所示的循环结构。

首先，采用如图 9.2a 所示的白色神经元作为输入层，输入神经元中没有进入的箭头。另一方面，具有向外部输出的浅色神经元无疑是输出层，余下的深色神经元为隐藏层。在此，我们人为地为其定义了一个层构造，采用如图 9.2b 所示的神经网络中的正向箭头作为通常的顺序传播的方向。这个箭头一定是从输入神经元到隐藏神经元，再从隐藏神经元到输出神经元的。如果只有正向箭头的话，那么这个这中间层一定是一个顺序传播神经网络。

但是，这个神经网络也有从输出神经元返回到隐藏神经元箭头，同时也有从隐藏神经元到隐藏神经元的箭头。所有这些均用弯曲的箭头符号标明了。我们也可以对如图 9.2b 所示的神经网络改写为如图 9.2c 所示的那样的神经网络。该网络为一个两层顺序传播型神经网络再加上一个中间层，该中间层具有从输出层返回到中间层以及中间层到中间层的新路径。一般地，拥有这样的反馈环路的神经网络，均可以等价为如图 9.2c 所示的神经网络。

下面我们以该神经网络来定义一下循环神经网络（Recurrent Neural Network，RNN）。一方面，在 RNN 的正向方向，与通常的神经网络一样，进行实时的信号传播。另一方面，沿着循环路径，信号只延迟一个单位时间，进行延迟传播。因此，RNN 的中间层在进行实时输出的同时，由于沿循环路径的再次输入，信号在下一时刻还会再输入到其中间层。由于这种时间延迟循环的存在，使得 RNN 可以保持过去的信息。

通过对 RNN 顺序传播的分析，我们可以整理出一般 RNN 的顺序传播公式。首先，在时刻t，RNN 获得其输入，即在时刻t，输入层的输出为$\boldsymbol{x}^t=(x_i^t)$，中间层神经元的输入和输出分别为$\boldsymbol{u}^t=(u_j^t)$和$\boldsymbol{z}^t=(z_j^t)$，输出层的神经元输入和输出分别用$\boldsymbol{v}^t=(v_k^t)$和$\boldsymbol{y}^t=(\boldsymbol{y}_k^t)$来表示。此外，输入层和中间层的权重为$\boldsymbol{W}^{\text{in}}=(w_{ji}^{\text{in}})$，中间层和输出层的权重为$\boldsymbol{W}^{\text{out}}=(w_{kj}^{\text{out}})$，中间层循环路径的权重为$\boldsymbol{W}=(w_{j'j})$，输出层到中间层循环路径的权重为$\widetilde{\boldsymbol{W}}=(\tilde{w}_{kj})$。如此，就能理解 RNN 的传播变成如下公式了。

$$\boldsymbol{u}^t=\boldsymbol{W}^{\text{in}}\boldsymbol{x}^t+\boldsymbol{W}\boldsymbol{z}^{t-1}+\widetilde{\boldsymbol{W}}\boldsymbol{y}^{t-1},\quad \boldsymbol{z}^t=f\big(\boldsymbol{u}^t\big) \tag{9.1}$$

同样地，其输出层也可以由如下的公式来描述。

$$\boldsymbol{v}^t=\boldsymbol{W}^{\text{out}}\boldsymbol{z}^t,\quad \boldsymbol{y}^t=f^{\text{out}}\big(\boldsymbol{v}^t\big) \tag{9.2}$$

其中向量成分的表示方法，通过向量表示的定义也可以明确。

9.2.2 实时循环学习法

由于 RNN 采用的是实时循环学习法（Real Time Recurrent Learning，RTRL），因此采用误差反向传播法也可以进行学习。为了定义 RTRL，首先考虑在时刻t的误差函数。

$$E^t(\boldsymbol{w})=\sum_{n=1}^{N}E_n^t(\boldsymbol{x}_n^1,\cdots,\boldsymbol{x}_n^t;\boldsymbol{w}) \tag{9.3}$$

在此各个时刻的误差函数回归的情况下。

如果采用各时刻的误差函数进行循环的话，则

$$E_n^t(\boldsymbol{w})=\frac{1}{2}\sum_{k}\Big(y^t(\boldsymbol{x}_n^1,\cdots,\boldsymbol{x}_n^t;\boldsymbol{w})-y_n^t\Big)^2 \tag{9.4}$$

如果为 softmax 循环的话，则有

$$E_n^t(\boldsymbol{w})=\sum_{k}t_{nk}^t\log y_k^t(\boldsymbol{x}_n^1,\cdots,\boldsymbol{x}_n^t;\boldsymbol{w}) \tag{9.5}$$

以下来计算其梯度。为了简单起见，我们以下列拉丁字母作为各神经元的下标。

$i \leftrightarrow$ 输入层，$j \leftrightarrow$ 中间层，$k \leftrightarrow$ 输出层，

$r \leftrightarrow$ 中间层或输出层，$s \leftrightarrow$ 所有层

此外，所有层之间的权重均采用类似w_{kj}的表示形式。其中，符号w表示权重，与前述约定相对应的权重表示如下式所示。

$$w_{ji} = w_{ji}^{\text{in}}, \quad w_{kj} = w_{kj}^{\text{out}}, \quad w_{j'j} = w_{j'j} \tag{9.6}$$

为了公式的简化，同时考虑到本节为没有$\tilde{\boldsymbol{W}}$的 RNN，故一般的梯度链规则为

$$\frac{\partial E^t(\boldsymbol{w})}{\partial w_{rs}} = \sum_k \frac{\partial E^t(\boldsymbol{w})}{\partial y^t(\boldsymbol{w})} \frac{\partial y^t(\boldsymbol{w})}{\partial w_{rs}} \tag{9.7}$$

其中，$\partial E^t(\boldsymbol{w})/\partial y^t$的部分可以从$E^t$的具体形式上立即得出。因此，我们进行微分项$\partial y^t(\boldsymbol{w})/\partial w_{rs}$的分析。按照 RNN 的传播法则

$$p_{rs}^k(t) \equiv \frac{\partial y_k^t(\boldsymbol{w})}{\partial w_{rs}} = f^{\text{out}\prime}(v_k^t) \frac{\partial}{\partial w_{rs}} \sum_j w_{kj}^{\text{out}} z_j^t \tag{9.8}$$

因此，这个系数变为

$$p_{rs}^k(t) = f^{\text{out}\prime}(v_k^t) \left(\delta_{r,k} z_s^t + \sum_j w_{kj}^{\text{out}} p_{rs}^j(t) \right) \tag{9.9}$$

其中，对于括号内左侧的第一项，s只有在存在中间神经元下标的情况下才存在[㊀]。其右侧的项，可以对中间神经元j来定义其微分项$p_{rs}^j \equiv \partial z_j^t/\partial w_{rs}$。因此，在采用该公式进行梯度求解时，这个$p_{rs}^j$的值很必要。再次根据定义进行计算，则有

$$p_{rs}^j(t) \equiv \frac{\partial z_j^t(\boldsymbol{w})}{\partial w_{rs}} = f'(u_j^t) \frac{\partial}{\partial w_{rs}} \left(\sum_i w_{ji}^{in} x_i^t + \sum_{j'} w_{jj'} z_{j'}^{t-1} \right) \tag{9.10}$$

按照上述推理，于是可以得出以下关系式

$$p_{rs}^j(t) = f'(u_j^t) \left(\delta_{r,j} x_s^t + \delta_{r,j} z_s^{t-1} + \sum_{j'} w_{jj'} p_{rs}^{j'}(t-1) \right) \tag{9.11}$$

其中，括号内左侧第一项的s只有输入神经元时才存在，第二项的s只有在中间层的时候才存在。

以上推导的两个公式，即为沿时间方向依次确定p的递推公式。因此，我们可以考虑从初始值$p_{rs}^j(0) = 0$条件下来对它们进行求解。之所以取这个初始值，其理由是，正向顺序传播前的神经元输出（本不存在）与权重的值完全没有关系。采用像这样得到的p，在各个时刻所进行的梯度下降即为 RTRL 法。

㊀ 需要注意的是，这个系数项中的δ为1-of-K编码的δ，而不是误差逆传播法的δ。

$$\Delta w_{rs}^{(t)} = -\eta \sum_{k} \frac{\partial E^t(\boldsymbol{w})}{\partial y^t(\boldsymbol{w})} p_{rs}^k(t) \tag{9.12}$$

这个方法按照各个时刻让 RNN 得到学习，由于不必保留过多的过去信息，是一种低内存消耗的方法。但是，为了进行p_{rs}^k和有关三层张量的计算，无论如何其计算复杂性都是较高的。与之后将要介绍的 BPTT 法相比，后者通过内存的消耗，降低计算复杂性，从而可以提高学习的速度。

9.2.3　网络的展开

RNN 可以让信号随时间在网络中循环，从而可以保持过去信号的模型。为了更好地理解信息是如何在模型中保持的，我们可以对模型进行一个展开（unroll）。图 9.3 就是一个具体的展开图解。

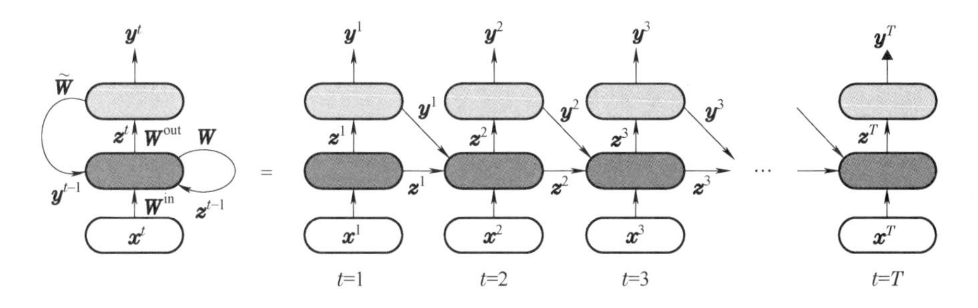

图 9.3　RNN 沿时间方向的展开

在图 9.3 中，横方向是时间轴，网络沿时间轴方向展开。纵向的箭头表示当前时刻所处理的信号流动方向，亦即为正常的流动方向。此外，循环路径是朝下一时刻的中间层的输入路线，展开后表现为作为临近的下一时刻中间层的输入箭头。

展开的神经网络不是环状的，成为了一个具有良好性质的网络，因此基本可以看作一个普通的顺序传播神经网络。只是展开后的网络，并不是一次性地向神经网络输入$\{\boldsymbol{x}^1, \boldsymbol{x}^2, \cdots, \boldsymbol{x}^T\}$，而是自左向右按照时间顺序依次输入，这一点需要加以注意。

9.2.4　通时的误差反向传播法

通过 RNN 的展开的引入，可以推导出与正向顺序传播相同的 RNN 误差反向传播法，该方法即为通时的误差反向传播法（Back Propagation Through Time，BPTT）。在 BPTT 法中，当前时刻的全部误差为

$$E(\boldsymbol{w}) = \sum_{n=1}^{N} \sum_{t=1}^{T} E_n^t(\boldsymbol{w}) \tag{9.13}$$

下面我们来看一下这个误差函数的梯度。

为此，我们首先将中间神经元和输出神经元的 delta 分别定义为

$$\delta_j^t = \frac{\partial E}{\partial u_j^t}, \quad \delta_k^{\text{out},t} = \frac{\partial E}{\partial v_k^t} \tag{9.14}$$

为了得到模型的反向传播规则，在此采用链规则。从图 9.3 可以看出，u_j^t 的变动向下一层正向顺序传播的同时，也会立即引起 v_k^t 和 $u_{j'}^{t+1}$ 的变化。因此，可将 δ_j^t 改写为

$$\delta_j^t = \sum_k \frac{\partial v_k^t}{\partial u_j^t}\frac{\partial E}{\partial v_k^t} + \sum_{j'} \frac{\partial u_{j'}^{t+1}}{\partial u_j^t}\frac{\partial E}{\partial u_{j'}^{t+1}} \tag{9.15}$$

另一方面，v_k^t 的微小变化在引起当前时刻的误差 $E_n^t(\boldsymbol{w})$ 直接变化的同时，也导致了 $u_{j'}^{t+1}$ 的微小变化。从而可以得出以下的链规则

$$\delta_k^{\text{out},t} = \sum_n \frac{\partial E_n^t}{\partial v_k^t} + \sum_{j'} \frac{\partial u_{j'}^{t+1}}{\partial v_k^t}\frac{\partial E}{\partial u_{j'}^{t+1}} \tag{9.16}$$

综合以上两式得到以下的反向传播则[㊀]。

（RNN 的反向传播法则）

$$\delta_j^t = \Big(\sum_k w_{kj}^{\text{out}}\,\delta_k^{\text{out},t} + \sum_{j'} w_{j'j}\delta_{j'}^{t+1}\Big) f'(u_j^t) \tag{9.17}$$

$$\delta_k^{\text{out},t} = \sum_n \big(y_k^t(\boldsymbol{x}_n^{1,\cdots,t}) - t_{nk}^t\big) + \sum_j \tilde{w}_{jk}\delta_j^{t+1} f^{\text{out}\prime}(v_k^t) \tag{9.18}$$

该传播法则可以以 $\delta_j^T = 0$ 为初始值条件。

然后，采用 delta 进行梯度的重构。RNN 的展开可以被看作为权重共享的神经网络，例如，有关 w^{in} 的梯度可以表示为

$$\frac{\partial E}{\partial w_{ji}^{\text{in}}} = \sum_{t=1}^{T} \frac{\partial E}{\partial u_i^t}\frac{\partial^+ u_i^t}{\partial w_{ji}^{\text{in}}} \tag{9.19}$$

即为从各个时刻所产生的梯度的总和。其中，$\partial^+ u^t/\partial w^{\text{in}}$ 为只考虑某个时刻 t 的正向顺序传播时的微分量，而没有考虑任何其他的传播。因此，该微分量仅与当前时刻的正向顺序传播有关，不需要考虑其与循环路径之间的依存性。像这样，即可从神经元的输出和 delta 中求得梯度。

（BPTT 法）

$$\frac{\partial E}{\partial w_{ji}^{\text{in}}} = \sum_{t=1}^{T} \delta_j^t x_i^t, \quad \frac{\partial E}{\partial w_{kj}^{\text{out}}} = \sum_{t=1}^{T} \delta_k^{\text{out},t} z_j^t \tag{9.20}$$

$$\frac{\partial E}{\partial w_{j'j}} = \sum_{t=1}^{T} \delta_{j'}^t z_j^{t-1}, \quad \frac{\partial E}{\partial \tilde{w}_{jk}} = \sum_{t=1}^{T} \delta_j^t v_k^{t-1} \tag{9.21}$$

㊀ 在此，作为一个例子，采用了具有交叉熵那样良好性质的误差函数，对输出层的 delta 进行了简化。

该方法的正式名称为纪元 BPTT（Epochwise BPTT，EBPTT）。通常所说的 BPTT 法指的是仅考虑当前时刻误差函数的方法。亦即

$$E(\boldsymbol{w}) = \sum_{n=1}^{N} E_n^T(\boldsymbol{w}) \tag{9.22}$$

9.3　机器翻译的应用

RNN 有很多不同的应用，当前活跃的研究的是自然处理方面的应用。如下给出的即为其中一个例子，采用 RNN 实现机器翻译的简单的想法。首先将输入文本划分为$\boldsymbol{x}^1, \boldsymbol{x}^2, \cdots, \boldsymbol{x}^T$这样的$T$个单词，并将其输入到 RNN 中。RNN 的输出层可以仅仅是一个能够给出在字典中匹配到单词个数的 softmax 神经元。于是，RNN 可以通过输出数值最大的神经元来预测到输出单词$\boldsymbol{y}^t$，这看上去似乎很合理。通过循环神经网络储存的过去信号，RNN 可以根据当前的输入队列$\boldsymbol{x}^1, \cdots, \boldsymbol{x}^t$为我们给出参考的匹配单词$\boldsymbol{y}^t$。像这样，由各个时刻的输出构成的序列$\boldsymbol{y}^1, \boldsymbol{y}^2, \cdots, \boldsymbol{y}^T$就是我们想要得到的翻译文本。

当然，实际的过程不会这么简单，在此介绍的想法也仅适用于一个“玩具模型”[50]。此外，基于这个做法，也只有在输入文本的单词数和输出文本的单词数相等的情况下才能进行处理。例如，当输入文本为“This is a pen”这种简单的句子时，翻译文本也同样是四个词的“这个是笔”。但实际情况不一定总是如此，关于允许文本的输入、输出长度自由变化的想法将在本章的最后加以介绍。

9.4　RNN 的问题

按照定义，RNN 可以被看作为在中间层上增加一个循环路径而构成的神经网络。乍看起来，这似乎是一个浅层的网络。实际上，随着信号的不断循环，使其变成了一个深层的网络。通过 RNN 的展开（见图 9.3），我们能够很好地理解信号在神经网络中的传达路径。

深层神经网络的构造会引起学习中的问题。RNN 的信号在网络中的每一次循环都会对同一个权重$\boldsymbol{W}$进行作用，信号容易引起梯度消失和爆炸的问题，这个情况比多层顺序传播神经网络更加严重。在顺序传播的网络中，交错的权重是不同层的参数。因此，通过对初始值的关注，可以一定程度防止参数优化效果的极端化[27]。但是，在 RNN 中，因为是对同一权重多次进行作用，因此前述的方法是不行的。此外，如图 9.4 所示，RNN 的误差函数具有陡峭的曲线，与梯度爆炸相对应。因此，采用 4.2.1 节所介绍的梯度回形针等对策是必要的[51]。

对于 RNN 问题的应对，也是当前较活跃的研究领域，以探索 RNN 的改进方法。下节将要介绍的长短时记忆（LSTM），就是通过神经网络的结构来解决 RNN 问题的成功例子。

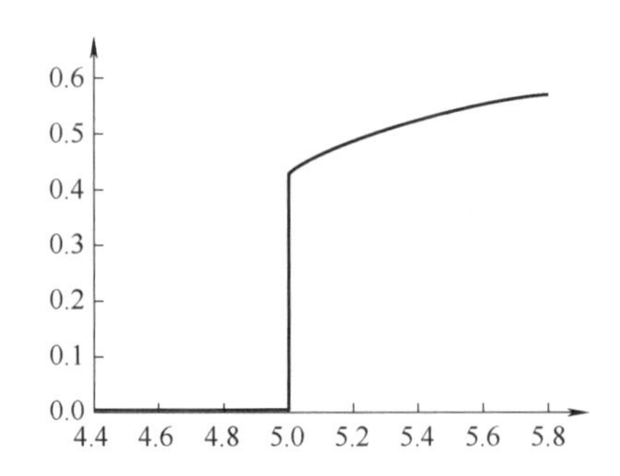

图 9.4　横轴为权重w，纵轴为 RNN 模型的$z^t=\sigma(wz^{t-1}+b)$（$b=-2.5$，$z^1=0.5$）（$t=50$时的平方误差为$E^{50}=(\boldsymbol{y}^{50}-0.2)^2$）

9.5　长短时记忆

采用 RNN 的动机是想长时间地储存时间序列的信息。但是，由于 RNN 本身存在着深刻的梯度消失问题，因此，随着时间差的增大，数据间长期相关性的捕捉将变得非常困难。在此，我们通过正则化来改善这个状况，这就如同我们在 CNN 中所介绍的情况，在神经网络构造上下功夫，从而使其性质变得更好。

尽管序列数据信息的保存是必要的，但对于那些已经充分利用完了的过去信息还是应该消除。这种忘却的操作可以通过手工来实现，但对于各个信息，如何判断其何时应该消除却并不简单。因此也需要神经网络对忘却数据的时机进行学习。

因为实现这个目的，我们引入了一种能够实现忘却的门（gate）结构。通过门自身附加的权重参数，来学习适合数据消除任务的方法，本节介绍一种以这种门结构为代表的长短时记忆。另外需要说明的是，本节中的 RNN 只在中间层具有循环结构。

9.5.1　记忆细胞

长短时记忆（Long Short-Term Memory，LSTM）是 RNN 中间层的神经元，用来替换原有的记忆神经元。该神经元具有信息保持或忘却的结构。

LSTM 使用一种特殊的记忆神经元来替代 RNN 中间层的j类神经元，该记忆神经元是由细胞、门和神经元构成的复杂结构。在这个结构中，起到中心作用的是记忆细胞（memory cell），记忆细胞的结构如图 9.5 所示。如图 9.5a 所示的那样，采用循环结构来接受各个时刻的细胞（C）输出s_j^t，并作为下一个时刻的细胞输入。该循环路径在图中以虚线标记，循环的传播延迟为一个时刻。

来自外部的输入由门进行接受。记忆神经元是用来替代中间层j类神经元的，在某一时刻t，它需要接受来自输入层的x_i^t，同时还要接受前一个时刻的中间层的循环输入$z_{j'}^{t-1}$。如图

9.5b 所示，来自外部的输入首先进入神经元（I），然后将其输出的$f\left(\sum_i w_{ji}^{\text{in}} x_i^t + \sum_{j'} w_{jj'} z_{j'}^{t-1}\right)$向细胞中传递。因此，在不考虑门的情况下，细胞的状态由式（9.23）给出。

$$s^t = s_j^{t-1} + f\left(\sum_i w_{ji}^{\text{in}} x_i^t + \sum_{j'} w_{jj'} z_{j'}^{t-1}\right) \tag{9.23}$$

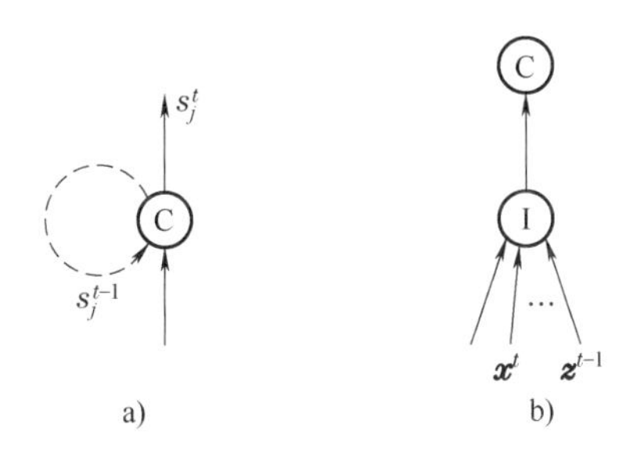

图 9.5　记忆细胞（C）以及向其输入的神经元（I）

9.5.2　门

记忆神经元拥有的一个构成要素是门（gate），是接收来自外部输入的神经元，并输出门值g_j^t。如图 9.6 所示，其中白色的球即表示一个门神经元，它接受外部输入$\boldsymbol{x}^t$，并在$\boldsymbol{z}^{t-1}$的作用下输出其门值g_j^t。门神经元被附加有固有的权重参数，如式（9.25）所示。图 9.6 还示出了用“×”表示的门运算，为经过门的信号乘以门值g_j^t。门值的取值范围为$0 \leqslant g_j^t \leqslant 1$，因此，门值越接近 1 则信号几乎不减弱。相反，越接近零，信号越弱，忘却效果越强。

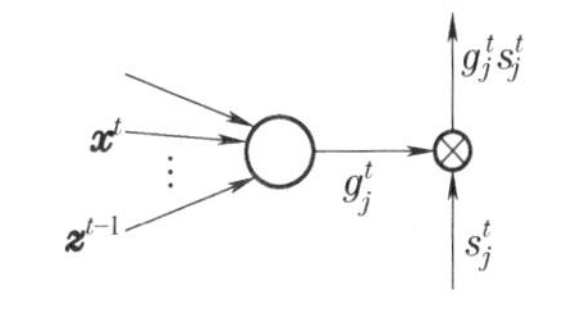

图 9.6　门值g_j^t对信号s_j^t的作用

9.5.3　LSTM

在各组成部分的介绍结束之后，在此我们介绍如图 9.7 所示的记忆神经元的总体结构。在图 9.7 中，记忆神经元接受外部输入$\boldsymbol{x}^t$和$\boldsymbol{z}^{t-1}$的地方一共有 4 处，其中一个是用作细胞的输入，其余的是门的输入。此外，细胞的输出不仅向外部传递，同时也受到门神经元的控制，并流向其他的门神经元。这些门神经元的集合也称作观察孔（peephole）。

各个用于输入的神经元都有固有的权重。比如向细胞里输入神经元的权重为$\boldsymbol{W}^{\text{in}} = (w_{ji})$和$\boldsymbol{W} = (w_{jj'})$。输入信号经细胞循环一次就进行一次储存，同时也向细胞外部输出。向外的输出信号一边接受门运算，一边输出到记忆神经元的外部。在时刻t，其最终输出为z_j^t。

由这样的记忆神经元组成的中间层被称为 LSTM 或 LSTM 块。在各种运用 LSTM 的文献以及机器学习框架中，也可能有其 LSTM 块没有用到门和观察孔的情况，需要加以注意。

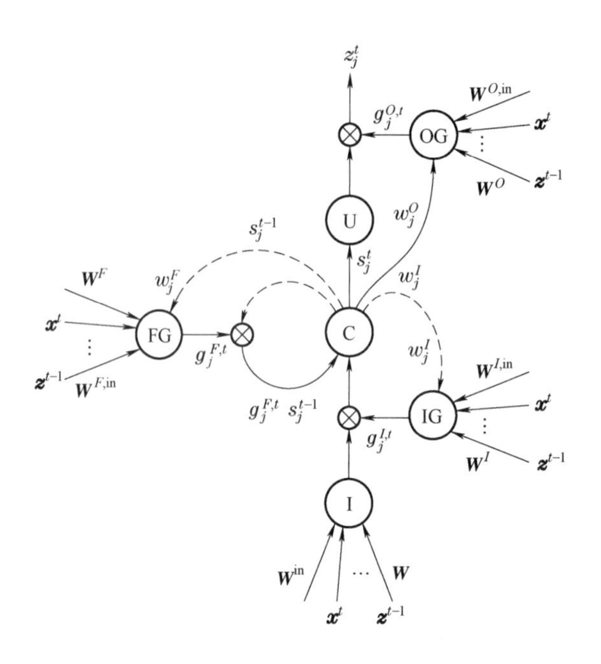

图 9.7　LSTM 记忆神经元的总体结构

9.5.4　LSTM 的正向传播

下面，我们通过 LSTM 正向传播的详细介绍，进一步了解记忆神经元的结构。首先，介绍输入神经元（I），I 对其接收到的外部输入进行计算，得到一个总输入 u_j^t。该总输入在激活函数 $z_j^{0,t}$ 的作用下，成为 I 的输出。

$$u_j^t = \sum_i w_{ji}^{\text{in}} x_i^t + \sum_{j'} w_{jj'} z_{j'}^{t-1}, \quad z_j^{0,t} = f(u_j^t) \tag{9.24}$$

从输入神经元输出的信号，在进入细胞（C）之前，经过输入门（IG）并受到该门门值的乘积作用。这个门值由下式给出。

$$u_j^{I,t} = \sum_i w_{ji}^{I,\text{in}} x_i^t + \sum_{j'} w_{jj'}^I z_{j'}^{t-1} + w_j^I s_j^{t-1}, \quad g_j^{I,t} = \sigma(u_j^{I,t}) \tag{9.25}$$

如图 9.7 所示，细胞 C 的输出沿着虚线返回，成为 IG 的输入。因此，在 IG 的总输入中含有细胞的状态 s_j^{t-1}，亦即为细胞状态的迟缓。此外，门的激活函数采用了 sigmoid 函数 σ，从而将其输出值限定在的区间［0，1］运用信号函数。通过这个门值作用后的结果 $g_j^{I,t} z_j^{0,t}$ 被传送给细胞 C。

记忆细胞的输出通过门的作用而进行循环，我们称这个门为忘却门。

$$u_j^{F,t}=\sum_i w_{ji}^{F,\text{in}}x_i^t+\sum_{j'}w_{jj'}^F z_{j'}^{t-1}+w_j^F s_j^{t-1},\quad g_j^{F,t}=\sigma\left(u_j^{F,t}\right) \tag{9.26}$$

这个门值对沿着虚线传递过来的输入信号进行乘积作用，使得时刻t的细胞的输入变成了$g_j^{F,t}s_j^{t-1}$。当门值为 0 时，可以消除通过循环保持的过去信息。从以上的介绍中可以看出，记忆细胞的状态随时间的变化可以表示如下。

$$s_j^t=g_j^{I,t}f\left(u_j^t\right)+g_j^{F,t}s_j^{t-1} \tag{9.27}$$

细胞的输出通过神经元（U）的激活函数作用后，再通过输出门（OG）的乘积作用，从而得到最终的输出。

$$z_j^t=g_j^{O,t}f\left(s_j^t\right) \tag{9.28}$$

此外，输出门的输出也和其他门一样，通过下式给出。

$$u_j^{O,t}=\sum_i w_{ji}^{O,\text{in}}x_i^t+\sum_{j'}w_{jj'}^O z_{j'}^{t-1}+w_j^O s_j^t,\quad g_j^{O,t}=\sigma\left(u_j^{O,t}\right) \tag{9.29}$$

需要注意的是，细胞的输出向输出门输入时，并没有时间延迟。

9.5.5 LSTM 的反向传播

接下来考虑梯度降下法。需要注意的是，虽然有门的存在，但 LSTM 的反向传播与通常的反向传播法也没有什么不同。因此，首先考虑神经元（U）的 delta。

在 RNN 的总体结构中，LSTM 的输出作为当前时刻输出层的输入，同时也作为下一时刻的中间层输入，如图 9.8 所示。因此，这个附近的正向顺序传播可以改写为

$$z_j^t=\sigma\left(u_j^{O,t}\right)f\left(u_j^{U,t}\right),\quad v_k^t=\sum_j w_{kj}^{\text{out}}z_j^t,\quad u_{j'}^{t+1}=\sum_j w_{j'j}z_j^t+\cdots \tag{9.30}$$

神经元（U）的总输入记为$u_j^{U,t}=s_j^t$。需要注意的是，C 和 U 之间的权重恒为 1。因此，关于神经元 U，按照定义可以得到其反向传播的 delta。

$$\delta_j^{U,t}\equiv\frac{\partial E}{\partial u_j^{U,t}}=\sum_k\frac{\partial v_k^t}{\partial u_j^{U,t}}\frac{\partial E}{\partial v_k^t}+\sum_{j'}\frac{\partial u_{j'}^{t+1}}{\partial u_j^{U,t}}\frac{\partial E}{\partial u_{j'}^{t+1}} \tag{9.31}$$

从而得到其反向传播法则为

$$\delta_j^{U,t}=g_j^{O,t}f'\left(s_j^t\right)\left(\sum_k w_{kj}^{\text{out}}\delta_k^{\text{out},t}+\sum_{j'}w_{j'j}\delta_{j'}^{t+1}\right) \tag{9.32}$$

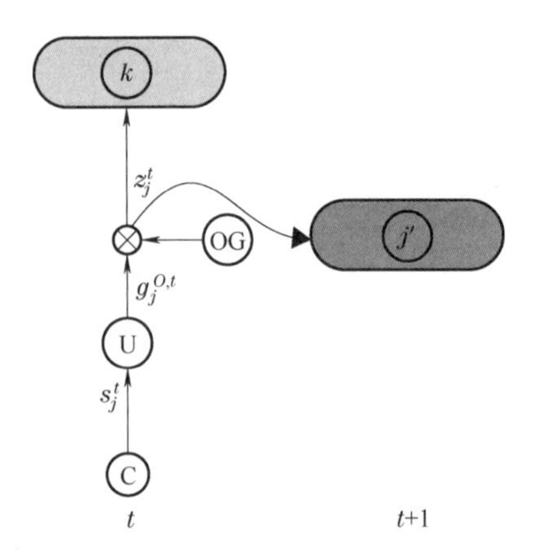

图 9.8　LSTM向外部的输出（k为当前时刻的输出，并作为输出层的输入；j'为下一时刻中间层的输入）

同理，关于门（OG）的 delta $\delta_j^{O,t} = \partial E/\partial u_j^{O,t}$，其反向传播法则如下

$$\delta_j^{O,t} = \sigma'\left(u_j^{O,t}\right) f\left(s_j^t\right)\left(\sum_k w_{kj}^{\text{out}}\,\delta_k^{\text{out},t} + \sum_{j'} w_{j'j}\delta_{j'}^{t+1}\right) \tag{9.33}$$

其次，考虑细胞的 delta 传播。由于 C 的输出沿着 5 个箭头所示的方向传递，因此细胞输出的变化也会分别改变这 5 个箭头所指向的目的地神经元的活性值。亦即

$$\delta_j^{C,t} \equiv \frac{\partial E}{\partial s_j^t} = \frac{\partial u_j^{U,t}}{\partial s_j^t}\frac{\partial E}{\partial u_j^{U,t}} + \frac{\partial u_j^{O,t}}{\partial s_j^t}\frac{\partial E}{\partial u_j^{O,t}} + g_j^{F,t+1}\frac{\partial s_j^t}{\partial s_j^t}\frac{\partial E}{\partial s_j^{t+1}} + \frac{\partial u_j^{F,t+1}}{\partial s_j^t}\frac{\partial E}{\partial u_j^{I,t+1}} + \frac{\partial u_j^{I,t+1}}{\partial s_j^t}\frac{\partial E}{\partial u_j^{I,t+1}} \tag{9.34}$$

从而可以得到

$$\delta_j^{C,t} = \delta_j^{U,t} + w_j^O\delta_j^{O,t} + g_j^{F,t+1}\delta_j^{C,t+1} + w_j^F\delta_j^{I,t+1} + w_j^I\delta_j^{F,t+1} \tag{9.35}$$

其中，具有F标记的 delta 为

$$\delta_j^{F,t} \equiv \frac{\partial E}{\partial u_j^{F,t}} = \frac{\partial s_j^t}{\partial u_j^{F,t}}\frac{\partial E}{\partial s_j^t} \tag{9.36}$$

因此有

$$\delta_j^{F,t} = \sigma'\left(u_j^{F,t}\right) s_j^{t-1}\delta_j^{C,t} \tag{9.37}$$

同理，具有I标记的 delta 为

$$\delta_j^{I,t} = \sigma'\left(u_j^{I,t+1}\right) f\left(u_j^t\right) \delta_j^{C,t} \tag{9.38}$$

最后，对于输入门，根据式（9.27）可以得到

$$\delta_j^t \equiv \frac{\partial E}{\partial u_j^t} = g^{I,t} f'\left(u_j^t\right) \delta_j^{C,t} \tag{9.39}$$

9.5.6 门控循环神经元*

LSTM 表现出了很复杂的回路。采用与 LSTM 一样的门，也可以更简单地实现信息的长期储存，这种方法就是门控记忆神经元（Gated Recurrent Unit，GRU），GRU 的回路图如 9.9 所示。GRU 各神经元的活性可以通过如下的方法来赋予：与神经元r的输出进行乘积作用的那个门⊗被称为复位门；另一方面，与$1-z$进行乘积作用的门⊗被称为更新门。$\boldsymbol{h}$与$\tilde{\boldsymbol{h}}$之间过去信息的消除$(\boldsymbol{h} \to \tilde{\boldsymbol{h}})$以及新信息的更新$(\tilde{\boldsymbol{h}} \to \boldsymbol{h})$，其量的多少均由这些门来进行控制。对于$j$类的中间神经元首，先根据时刻$t$的输入$\boldsymbol{x}^t$和各神经元的活性值$\boldsymbol{h}^t = (h_j^t)$得到向量$\boldsymbol{r}^t = (r_j^t)$，并将其作为复位门的门值。

$$\boldsymbol{r}^t = \sigma\left(\boldsymbol{W}_r \boldsymbol{x}^t + \boldsymbol{U}_r \boldsymbol{h}^{t-1}\right) \tag{9.40}$$

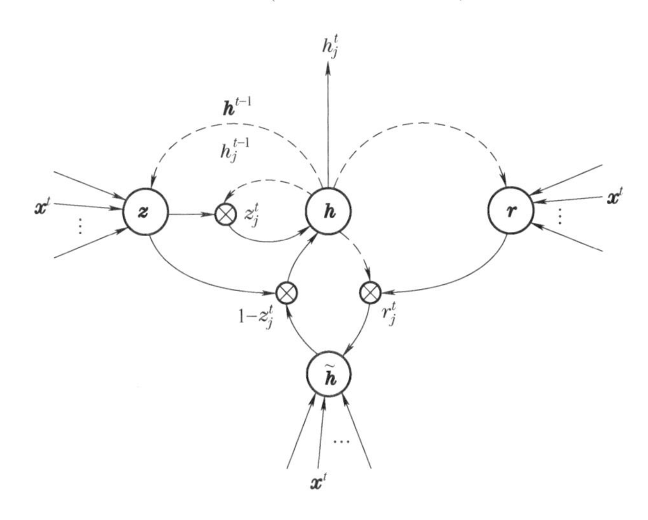

图 9.9　门控循环神经元的回路图（$\boldsymbol{z}$和$\boldsymbol{r}$为产生门值的神经元，$\boldsymbol{h}$为自身没有权重的神经元）

对于更新门，则为

$$\boldsymbol{z}^t = \sigma\left(\boldsymbol{W}_z \boldsymbol{x}^t + \boldsymbol{U}_z \boldsymbol{h}^{t-1}\right) \tag{9.41}$$

于是，在时刻t，这两个神经元的活性值可以定义如下：

$$\boldsymbol{h}^t = \boldsymbol{z}^t \odot \boldsymbol{h}^{t-1} + (\boldsymbol{1} - \boldsymbol{z}^t) \odot \tilde{\boldsymbol{h}}^t \tag{9.42}$$

$$\tilde{\boldsymbol{h}}^t = \tanh\left(\boldsymbol{W}\boldsymbol{x}^t + \boldsymbol{U}\left(\boldsymbol{r}^t \odot \boldsymbol{h}^{t-1}\right)\right) \tag{9.43}$$

其中，**1** 为所有分量均为 1 的向量，$\boldsymbol{W}$ 和$\boldsymbol{U}$ 为 GRU 的权重参数，输出$\boldsymbol{h}^t$与 LSTM 的输出具有同样的作用。

为了进一步理解 GRU 的工作原理，我们首先考虑更新门的门值为 0 的情况，此时$\tilde{\boldsymbol{h}}^t = \boldsymbol{h}^t$。此时，如果复位门的门值$\boldsymbol{r}^t$也为 0 的话，则对于神经元$\tilde{\boldsymbol{h}}$来说，无论其当前信息还是过去信息均由输入$\boldsymbol{x}^t$决定。神经元$\boldsymbol{h}^t$也是如此。其次，如果复位门是开着的话，从式 (9.43) 可以看出，随着时间的推移，$\boldsymbol{h}^t = \tilde{\boldsymbol{h}}^t$中的过去信息将不断衰减，亦即通过复位门可以忘却不需要的信息。最后，更新门控制$\boldsymbol{h}^t$的信息更新，通过$\boldsymbol{z}^t \odot \boldsymbol{h}^{t-1}$来控制过去信息的保留量，同时通过$(1 - \boldsymbol{z}^t) \odot \tilde{\boldsymbol{h}}^t$来控制当前信息的更新量。因此 GRU 与 LSTM 一样，是一种具有记忆控制功能的门。

练习 9.1

参照 LSTM 的情况，推导 GRU 的反向传播则。

9.6 循环神经网络与自然语言的处理*

在基于统计的自然语言处理领域，通常使用概率模型来进行文本的学习。在此，我们来看一下从文本$\boldsymbol{x}^1 \cdots \boldsymbol{x}^T$到$\boldsymbol{y}^1 \cdots \boldsymbol{y}^{T'}$的机器翻译。首先，为了实现从输入文本$\boldsymbol{x}^1 \cdots \boldsymbol{x}^T$来进行翻译文本的生成，我们需要了解原文本语言和目标翻译文本语言间的条件概率。

$$P\left(\boldsymbol{y}^1 \cdots \boldsymbol{y}^{T'} | \boldsymbol{x}^1 \cdots \boldsymbol{x}^T\right) = \prod_{t=1}^{T'} P\left(\boldsymbol{y}^t | \boldsymbol{y}^1 \cdots \boldsymbol{y}^{t-1}, \boldsymbol{x}^1 \cdots \boldsymbol{x}^T\right) \tag{9.44}$$

特别地，当上式右边的各概率分布可以模型化时，可以考虑使用训练数据让其进行学习。如果这个概率可以通过模型确定，则从$\boldsymbol{y}^1$到$\boldsymbol{y}^{t-1}$的所有翻译情况，均可用$P\left(\boldsymbol{y}^t | \boldsymbol{y}^1 \cdots \boldsymbol{y}^{t-1}, \boldsymbol{x}^1 \cdots \boldsymbol{x}^T\right)$来进行预测，以预测作为下一个单词的$\boldsymbol{y}^t$应该采用哪个。如此，通过该工作在$t = 1, 2, \cdots, T'$上的反复进行，则可以得到“对应于输入文$\boldsymbol{x}^1 \cdots \boldsymbol{x}^T$的全部翻译文本”。

如果$T = T'$，则 RNN 也可以完成这样的分布学习。但是，输入文本和目标翻译文本的长度通常是不相等的，在这种更加多变的情况下，如何进行才更好呢？为了适应翻译文本生成以及会话机器人等应用，需要一种能够根据具体的实际情况进行实时调整的模型。为此，当前通常采用编码器/解码器的方法，来解决这一问题。

该方法首先采用 RNN 对全部输入文本$\boldsymbol{x}^1\boldsymbol{x}^2 \cdots \boldsymbol{x}^T$变换为某种表现$\boldsymbol{c}$。$\boldsymbol{c}$在此被称为上下文（context），其值可由 RNN 的中间层状态$\boldsymbol{z}^t$来定义。

$$\boldsymbol{c} = q\left(\boldsymbol{z}^1, \ldots, \boldsymbol{z}^T\right), \quad \boldsymbol{z}^t = f\left(\boldsymbol{W}^{in}\boldsymbol{x}^t + \boldsymbol{W}\boldsymbol{z}^{t-1}\right) \tag{9.45}$$

进行这个工作的 RNN 我们称之为编码器（encoder）。这容易和自编码器中的编码器相混淆，只是两者不是同一个概念，因此不要混淆。

另一方面，被称为解码器（decoder）的 RNN 通过接收到的上下文$\boldsymbol{c}$，来决定相应译文的概率分布。因此，作为解码器的 RNN 通常采用 softmax 作为输出层，以适应如下概率分布的给出。

$$P(\boldsymbol{y}^t = \boldsymbol{y}|\boldsymbol{y}^1 \cdots \boldsymbol{y}^{t-1}, \boldsymbol{c}) \tag{9.46}$$

在此，采用式（9.46）来代替式（9.44），以确定翻译文本的概率分布。但需要注意的是，在该方法中，解码器接收到的输入文本的信息是经过压缩整理的上下文$\boldsymbol{c}$。

该方法在q的选择以及总体模型的设计方面具有多种变化和不同，下面将介绍具有代表性的模型 Seq2Seq。

9.6.1 Seq2Seq 学习

Seq2Seq（sequence to sequence）[52]的整体结构如图 9.10 所示。首先通过 RNN 生成输入文本的上下文$\boldsymbol{c}$，然后再逐个单词地进行翻译文本的生成。其次，在解码器的中间层，前一时刻的输出被作为当前时刻的输入。由于解码器的输出层采用的是 softmax 层，可以从分布$P(\boldsymbol{y}^{t-1}|\boldsymbol{y}^1 \cdots \boldsymbol{y}^{t-2})$中给出概率最高的单词$\boldsymbol{y}^{t-1}$，并将其作为样本，在下一个时刻$t$进行单词输入。

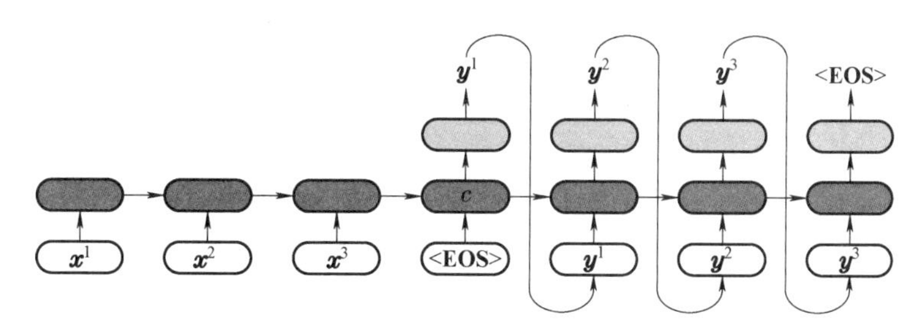

图 9.10 Seq2Seq 的结构（编码器 RNN 模型（左）和解码器 RNN 模型（右），这两个模型一般分别进行训练）

Seq2Seq 的解码器在翻译文本的最后输出一个$<\textbf{EOS}>$[⊖]，作为翻译结束的标志。整体的 Seq2Seq 采用最优法进行学习，即考虑编码器·解码器的总体概率分布为

$$P(\boldsymbol{y}^1 \cdots \boldsymbol{y}^{T'}|\boldsymbol{x}^1 \cdots \boldsymbol{x}^T) = \prod_{t=1}^{T'} P(\boldsymbol{y}^t|\boldsymbol{y}^1 \cdots \boldsymbol{y}^{t-1}, \boldsymbol{c}) \tag{9.47}$$

关于训练数据$\{\boldsymbol{x}_n^1 \cdots \boldsymbol{x}_n^T, \boldsymbol{y}_n^1 \cdots \boldsymbol{y}_n^{T'}\}_{n=1}^N$的误差函数为

$$E(\boldsymbol{w}) = -\frac{1}{N}\sum_{n=1}^{N} \log P(\boldsymbol{y}_n^1 \cdots \boldsymbol{y}_n^{T'}|\boldsymbol{x}_n^1 \cdots \boldsymbol{x}_n^T; \boldsymbol{w}) \tag{9.48}$$

⊖ <EOS> 即为 end-of-sequence，用来标志序列结束。

通过训练学习，可以使其最小化。文献［52］以英文到法文的翻译进行了训练学习。

编码器和解码器分别使用了各自的 RNN，能够期待的是通过这种结构，能够很好地适应不同语言的模型学习。在文献［52］中，使用了 4 层的 LSTM 作为中间层。

Seq2Seq 方法的独特之处在于输入的反转。即文本不是按$\boldsymbol{x}^1 \cdots \boldsymbol{x}^t$的顺序输入，而是按照$\boldsymbol{x}^T \cdots \boldsymbol{x}^1$这样完全相反的顺序进行输入。实际实验表明，这种情况能够实现性能的提升。之所以出现这种情况，一般认为是通过这种输入反转，能够使得译文的开头单词$\boldsymbol{y}^1$在时间上能够更加靠近原文的开头语$\boldsymbol{x}^1$，从而使得学习和推论的联系更加紧密。

9.6.2 神经会话模型

最后，介绍一种作为 Seq2Seq 的有趣应用的神经会话模型（neural conversation model)[53]。这个模型是一个可以对人的自然对话进行学习的 Sep2Seq 模型。

神经会话模型不是通过对译的语料库所提供的会话数据来进行 Sep2Seq 模型的训练，而是通过对话文的输入来对 Sep2Seq 进行训练，从而使得学习后的 Sep2Seq 能够根据提问给出相应的回答。文献［53］完成了两个实验，其中一个是采用电影会话文集 OpenSubtitles 这个数据集进行训练的。在其 Sep2Seq 模型中，使用了一个 2 层、由 4096 个记忆神经元构成的 LSTM 中间层。

如此实现的学习完成模型，当对其输入提问时，模型会返回一个回答作为其输出。比如问到名字一类的会话，“她”会说自己是 1977 年 7 月 20 日出生的朱莉娅。尽管在提问中并没有很明确要求回答什么，但“她”还是能够自报家名。当然，回答失败的时候也有，但从文献所给出的实验结果来看，其所实现的会话还是相当自然和流畅的。

此外，试验中也被问道“拥有智能（intelligence）的目的是什么呢?”这样的问题，对于这个具有一定哲理的问题，朱莉娅的回答是“为了知道那个是什么”。

第 10 章　玻尔兹曼机

与神经网络不同，玻尔兹曼机是各个神经元随机运行的网络模型。与近年来的深度学习相联系的首次突破，是 2006 年 Hinton 小组宣布深层化的玻尔兹曼机的成功。尽管当前有关神经网络的研究很活跃，但通过玻尔兹曼机的学习也还是能够得到很多的启示。此外，玻尔兹曼机本身就是经典统计物理中的伊辛（Ising）模型，所以对接受过物理教育的人来说，是十分容易理解的模型，且具有很多玻尔兹曼机固有的趣味性。

10.1　图模型与概率推论

到目前为止，我们所学习的均为将已有的观测数据作为训练数据对神经网络进行训练，以此来推论数据原有属性的方法。但是正如第 2 章所学的那样，在机器学习中也有随机的方法，尤其是伴随着非确定性的现象时，用概率模型来描述则更为自然。

首先，我们来回顾一下生成模型的思想。对具有非确定性的现象，作为其观测值，假设得到了N个数据$\boldsymbol{x}^{(n)}=(x_1^{(n)}\quad x_2^{(n)}\quad\cdots)^\top$。为了理解产生这个现象的原因及与之相关的因果关系，我们需要引入概率模型，将这个观测值作为在向量中取值的随机变量$\mathbf{x}=(\mathrm{x}_1\ \mathrm{x}_2\ \cdots)^\top$的实现值。

我们可以假设这个观测值是由其背后的概率分布$P_{\mathrm{data}}(\mathbf{x})$独立生成的，这个分布称为生成分布（generative distribution）（参见 2.1 节）。即使存在一个生成分布，一般也不能直接发现。如果能记述现象背后的所有物理过程，理论上可能尚可导入，但实际上是怎么也不可能实现的。为了从观测数据猜测出分布的形状，首先要从建立一个近似地表现这个未知分布的假说开始。作为生成分布的近似模型分布$P(\mathbf{x}|\boldsymbol{\theta})$，我们需要考虑这个参数$\boldsymbol{\theta}$，也就是说要考虑模型分布的集合。在这个模型的集合中，能够很好地说明观测数据的特定模型，即具有最恰当的参数值$\boldsymbol{\theta}^*$，这个参数通常是需要学习的。这个分布模型$P(\mathbf{x}|\boldsymbol{\theta}^*)$即为最接近“真实的”分布$P_{\mathrm{data}}(\mathbf{x})$的模型，也是我们所期待的结果，可以用它进行各种推论。

但是，怎么选择模型分布$P(\mathbf{x}|\boldsymbol{\theta})$好呢？为此，经常使用的就是图模型（graphical model）了。因为在图模型中，概率分布的构造通过视觉来表现，因此在设计模型分布时能有效利用直观感觉，十分方便。另外，图结构能直接反映出随机变量的条件独立性，因此能更容易捕捉到错综复杂的因果关系和相关关系。

10.1.1　有向图模型*

在数学中，将图定义为一种通过边（链接）将各个单元（节点，也称顶点）连接在一起所形成的结构，顺序传播神经网络就是一个典型的图。这种情况下，连接神经元的边都用有方向的箭头来表示，像这种其边是具有确定方向的图被称为有向图。

与有向图相对应的图模型，如字面所示，即为有向图模型（directed graphical model，贝叶斯网络），以下只考虑非循环的情况。如图 10.1a 所示，是一个典型的有向图。在图模型中，首先为各节点附加一个随机机变量，然后通过图展示出这些随机变量同时概率的分布结构，这也是图的意义所在。随机变量之间的因果关系是通过条件概率进行模型化的，在这个例子中，指向变量x_4的箭头是x_1和x_3。这个图结构表示的是，这些变量之间的因果关系是以条件概率

$$P(x_4|x_1, x_3) \tag{10.1}$$

来进行模型化的。相互之间没有被箭头直接连接的节点之间是相互独立的，例如x_1和x_6即为两个独立的随机变量。此外，还有像x_1那样没有箭头指向的节点，这样的节点我们采用先验概率 $P(x_1)$来表示。

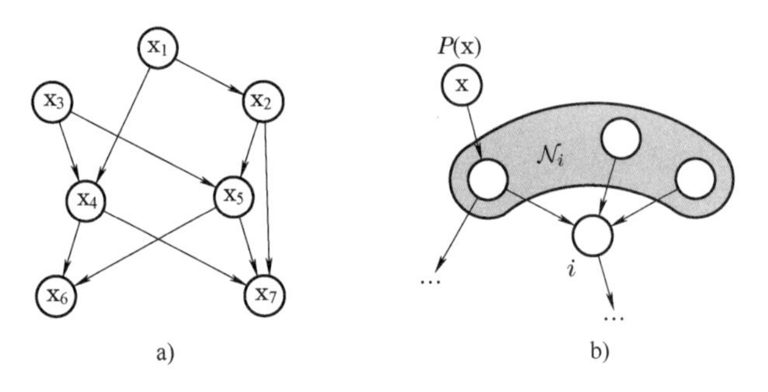

图 10.1　有向图的例子（a）（对于没有流入箭头的节点，以先验概率$P(x)$与其相对应（b））

通过该有向图中的全部因果关系，可以得到图模型的同时概率分布。对于当前所研究的这个例子，可以得到如下的同时概率分布。

$$\begin{aligned}P(x_1, x_2, x_3, x_4, x_5, x_6, x_7) = &P(x_1)\,P(x_2|x_1)\,P(x_3)\\ &P(x_4|x_1, x_3)\,P(x_5|x_2, x_3)\,P(x_6|x_4, x_5)\,P(x_7|x_2, x_4, x_5)\end{aligned} \tag{10.2}$$

对于上述概率分布的一般化也是一目了然的。如图 10.1a 所示，考虑箭头所指向的节点i的所有父节点，亦即图中有底色区域内的节点，我们将这样的父节点的集合记为$\mathcal{N}_i$。于是，在有向图中，该节点的概率分布可以一般地表示为

$$P(\mathbf{x}) = \prod_i P(x_i|x_{j\in\mathcal{N}_i}) \tag{10.3}$$

对于那些没有父节点的节点神经元，我们为其赋予如下的概率分布

$$P(x_k|\Phi) = P(x_k) \tag{10.4}$$

那么这样的概率模型有什么优点呢？一般来说，因为随机变量之间关系复杂，它们之间不可能是独立的。但是，部分随机变量也具有条件独立性这一良好的结构。考虑图模型的优点在于，从图结构中能立刻直观地看到这种条件独立性。因此，在大致知道现象背后的因果

关系的情况下，图模型的方法对构建分布模型十分有用。

条件独立性是指原本并不独立的变量，在确定了某个其他的变量的实现值之后变得独立的情况。用语言说明的话会变得很抽象，所以用图模型的例子来说明吧。以此前图 10.1 的子图为例，是一个仅由x_3，x_4，x_5这 3 个节点构成的图，若只考虑这一部分所构成的子图时，与其对应的这三个随机变量的同时分布为

$$P(x_3,x_4,x_5)=P(x_3)\,P(x_4|x_3)\,P(x_5|x_3) \tag{10.5}$$

从同时分布$P(x_3,x_4,x_5)$的计算结果来看，这 3 个变量之间并非相互独立。但是，如果已经观测到变量x_3的值，亦即x_3成为某个确定的值的话，剩下的 2 个变量就变成了独立变量了。之所以如此，是因为

$$P(x_4,x_5|x_3)=\frac{P(x_3,x_4,x_5)}{P(x_3)}=P(x_4|x_3)\,P(x_5|x_3) \tag{10.6}$$

亦即为两个独立的随机变量x_4、x_5的同时分布分。这也就是说，将变量x_3作为条件的话，x_4与x_5就是相互独立的，这就是条件独立。为了将其表示出来，我们经过了冗长的计算，但实际上，从图中可以立刻看出这个结果。首先，观察与这三个变量有关的局部图的话，从x_3有指向x_4和x_5的箭头，而x_4和x_5之间没有直接指向的箭头，也就是说，去除图中的x_3的话，x_4与x_5就变得没有联系了，成为了独立的节点。

同理，在关于x_4，x_5，x_6，x_7的子图模型中，若以x_4和x_5作为条件，则x_6和x_7是条件独立的。之所以如此，是因为如果去除x_4和x_5，那么x_6和x_7就变得零散了。一般地，在有向图中，像这样可以证明对应变量之间的条件独立性的结构被称为有向分离[4]。

实际上，条件独立的结构还有另一种表现形式。如果只看x_3，x_4，x_5，x_6所构成的子图，从x_3发出的箭头指向x_4，x_5，从x_4，x_5发出的箭头指向x_6。因此，如果去除中间的x_4与x_5，则x_3与x_6就变得零散了。像这样的情况也导出了相应的条件独立性，实际上，因为

$$\begin{aligned}P(x_3,x_4,x_5,x_6)&=P(x_3)\,P(x_4,x_5|x_3)\,P(x_6|x_4,x_5)\\&=P(x_3|x_4,x_5)\,P(x_4,x_5)\,P(x_6|x_4,x_5)\end{aligned} \tag{10.7}$$

因此，可以得到以下的条件独立性

$$P(x_3,x_6|x_4,x_5)=P(x_3|x_4,x_5)\,P(x_6|x_4,x_5) \tag{10.8}$$

至此，我们已经完成了概率分布结构的介绍，接下来介绍使用它们进行的推论。推论是一个立足结果探索其原因的工作，在有向图模型中，对应的是逆着箭头的方向进行探索的工作，这样的过程一般使用高效率的概率传播法（belief propagation)。图 10.2 给出了一个只有 2 个节点的简单例子。假设变量y是被观测到的变量，变量x是没有被观测到的说明变量。图 10.2a 的产生过程是用从x指向y的箭头来表示的，其同时分布为

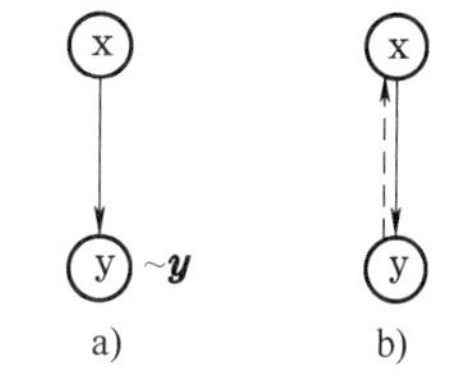

图 10.2 生成经过 a）及与 b）的虚线箭头相对应的推论过程

$$P(x,y)=P(y|x)\,P(x) \tag{10.9}$$

所以，生成过程是从x到y的。由x先验分布$P(x)$给出，

并由此决定了y的分布。进行观测的是随着从这个分布得到的概率 $P(\mathrm{y})$而产生的实现值y。

另一方面，推论就是以观测值y为基础，以此来进行说明变量的推定。如图 10.2b 的虚线所示，与这个过程相对应的是逆着图方向的操作。由于是在得到观测数据y时进行的说明变量x的推论，因此对应着后验概率的决定。

$$P(\mathrm{x}|\mathrm{y}) \tag{10.10}$$

也就是说，想要从已知信息$P(\mathrm{x})$来寻求$P(\mathrm{y}|\mathrm{x})$这个条件分布，为此需要用到贝叶斯定理（A.13）。分布$P(\mathrm{y})$乍一看起来似乎不包含在先验拥有的信息中，而是从同时分布的边缘化求得的。

$$P(\mathrm{y}) = \sum_{\mathrm{x}} P(\mathrm{y}|\mathrm{x})P(\mathrm{x}) \tag{10.11}$$

但是正如在本章看到的，这种边缘化的计算常常引起计算量的爆发，因此在推论中就需要一个好的近似方法。不管怎样，在可以求得在已知观测值时的说明变量的条件分布$P(\mathrm{x}|\mathrm{y})$的情况下，从而进行对该变量值的推定。

10.1.2　无向图模型*

到现在为止，我们考虑的一直都是具有方向箭头的网络。有向图模型的箭头表现了哪个节点影响了哪个节点的因果关系，也就是说，箭头从节点x指向节点y的结构附带了概率分布$P(\mathrm{y}|\mathrm{x})$。在很好地理解了关于想要调查的现象的因果关系的情况下，能够采用基于这种有向图的模型化。但是，我们不可能在任何时候都事先知道随机变量之间的因果关系，多数情况下都只能知道一些模糊的相互关系而已，无向图模型（undirected graphicalmodel）就是一个即使在这种情况下也能使用的图模型。

在无向图中，每个边都是没有方向的，如图 10.3a 的无向图所示。这样的图也可以定义条件独立性的概念，可以给出其概率模型。在无向图的模型中，满足随后将要介绍的图模型独立性条件的被称为马尔可夫网络或马尔可夫随机场（Markov random field）。无向图模型还记述了对应节点的随机变量的同时分布。由于技术的原因，分布的具体形态稍后再进行介绍，首先介绍一下无向图模型的条件独立性。

与有向图相比，由于没有方向的概念，无向图的条件独立性表现的多少要简单一些。思考一下，若某一无向图包含 3 个子图$\mathbf{a}$，$\mathbf{b}$，$\mathbf{c}$，并且假设它们没有权重。现在，当从图中去除$\mathbf{c}$的节点（包括与之相连的边）时，$\mathbf{a}$、$\mathbf{b}$变成了 2 个不相连的图，相互分离开来，也就是没有任何一条边将它们连接在一起。此时，在无向图模型的概率模型中，$\mathbf{a}$和$\mathbf{b}$是以$\mathbf{c}$作为条件而独立的。

$$P(\mathbf{a},\mathbf{b}|\mathbf{c}) = P(\mathbf{a}|\mathbf{c})P(\mathbf{b}|\mathbf{c}) \tag{10.12}$$

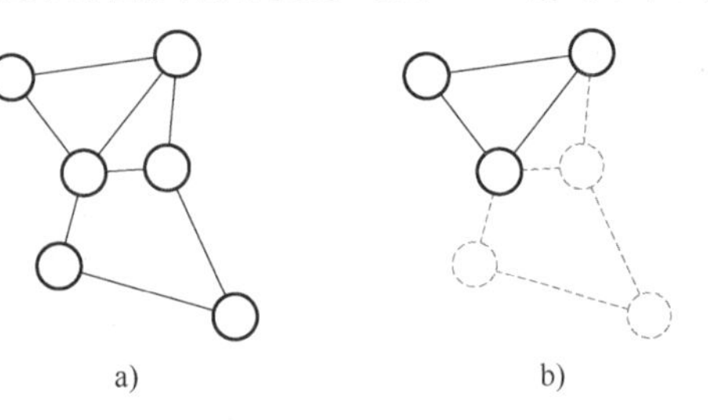

图 10.3　无向图模型的条件独立性

这样的性质被称为全局马尔可夫性。为方便起见，在满足全局马尔可夫性的无向图模型中，通过找出被分解为2个子图的节点集合$\mathbf{c}$来鉴定其条件独立性。在图10.3b中，就是通过去除用虚线画的2个节点的集合将图分离开的。因此，成为上面的三角形的3个变量和下面的1个变量是条件独立的。

在无向图中，也可以定义其他的马尔可夫性。其中，局部马尔可夫性就是“对于任意的节点i，与其相邻的节点$j \in \mathcal{N}_i$的随机变量是固定的话，则x_i就变得与其余的所有节点的随机变量相独立”。

另一个重要的概念是成对马尔可夫性（pair-wise Markov property）。成对马尔可夫性的性质是“没有用边直接连接的任意2个节点，如果固定此外的随机变量的话就是互相独立的”。实际上，像这样被引入的3个马尔可夫性，在某种意义上上是等价的概念[54]。

接下来引入团块的概念。在图论中，将对所有的节点对都用边连接在一起的图称作完全图，图10.4a是一个具有7个节点的完全图。因此，在无向图的子图中，成为完全图的称作团块（clique），例如2个邻接的节点和连接它们的边的子图一定是一个团块；而且如果3个节点用边连接起来后成为三角形，那么它也是一个团块。但是4个节点仅连成四角形却不是团块，如果要成为团块，还必须有两条相当于对角线的边。

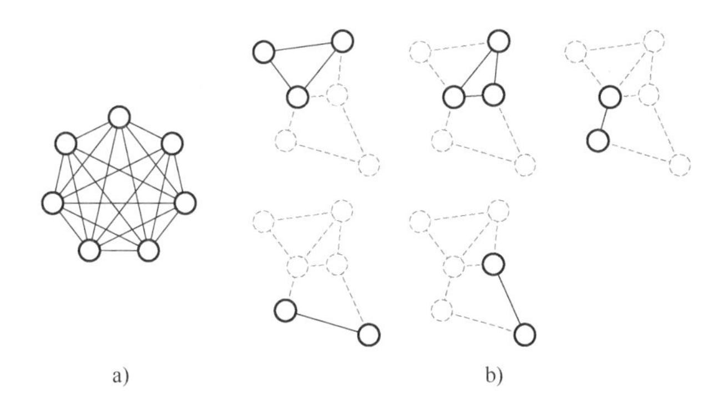

图10.4 完全图的例子（a）以及最大团块的例子（b）

而且，在团块中，如在其中加入任何一个其他的节点都会破坏其团块结构的，将其命名为最大团块。虽然有些复杂，但是因为是后面将要用到的重要概念，因此需要稍微有些耐心，试着想象一下团块是什么样子的。如图10.4b所示，列举了相对于图10.3所示的图的所有5个最大团块。

为了理解马尔可夫网络的结构，我们使用最大团块的概念来定义其概率模型。如果将无向图的最大团块c的集合记为$\mathcal{C}$，此时考虑如下的概率分布模型。

$$P(\mathbf{x}) = \frac{1}{Z}\prod_{c\in\mathcal{C}}\psi_c(\mathbf{x}_c), \quad Z = \sum_{\mathbf{x}}\prod_{c\in\mathcal{C}}\psi_c(\mathbf{x}_c) \tag{10.13}$$

其中，$\mathbf{x}_c$对应于团块c中的节点的随机变量，Z称作分配函数，是为了使P成为规格化概率所需的系数。此外，在分配函数的定义中出现的关于$\mathbf{x}$的求和，是关于这个向量各成分分量的随机变量，意味着取所有实现值的和。

$$\sum_{\mathbf{x}} f(\mathbf{x}) = \sum_{x_1} \sum_{x_2} \cdots f(\boldsymbol{x}) \tag{10.14}$$

在同时分布P中出现的$\psi_c(\mathbf{x}_c)$是取团块势的正值的函数，但未必具有概率的解释。但是根据图的不同，有的情况下也有良好的概率意义。团块的势可通过其能量函数$\Phi_c(\mathbf{x}_c)$表示为

$$\psi_c(\mathbf{x}_c) = e^{-\Phi_c(\mathbf{x}_c)} \tag{10.15}$$

如此，分布$P(\mathbf{x})$在统计力学中就是吉布斯·玻尔兹曼分布的形态。与之类似，在下一节中通过玻尔兹曼机的思考就更加显而易见了。

也许，由团块导出的模型可能会感觉有点唐突，但实际上，这个模型与普通的马尔可夫网络有深刻的联系。无向图模型中的条件独立性是作为图的分离条件被定义的。实际上，现在知道与任意的无向图相对应的概率分布$P(\mathbf{x})$，满足与这个图相关的局部马尔可夫性（即模型变成马尔可夫网络），以及用这个图的最大团块的吉布斯分布给出分布$P(\mathbf{x})$也是等价的。保证实这一点的是如下的定理[⊖]。

定理 10.1　（哈默斯利·克利福德定理）

对于无向图对应的正态分布$P(\mathbf{x})$，以下两个条件是等价的。

（1）分布对于无向图满足（成对）马尔可夫性。

（2）分布如式（10.13）那样，由关于无向图最大团块的势的积给出。

我们知道，由于条件（1）即成对马尔可夫性，与其他的马尔可夫性是等价的，所以马尔可夫网络通常满足条件（2）。因此，作为分离条件，为了制作出能够漂亮地实现条件独立性的概率模型，只要考虑取团块势的乘积形式的分布即可。哈默斯利·克利福德定理成立的大体原因，从具体的例子来看是十分清楚的。使用成对马尔可夫性，通过没有连接起来的 2 个变量x_i和x_j的联结，如给出此外的所有变量的话，它们就变独立了。很明显，没有用连接直接联结的节点被其他节点的集合分离了。所以，思考图 10.5 的概率模型的话，因为x_1和x_2（或者x_3）没有直接连接，必须满足下列分布的因子化条件。

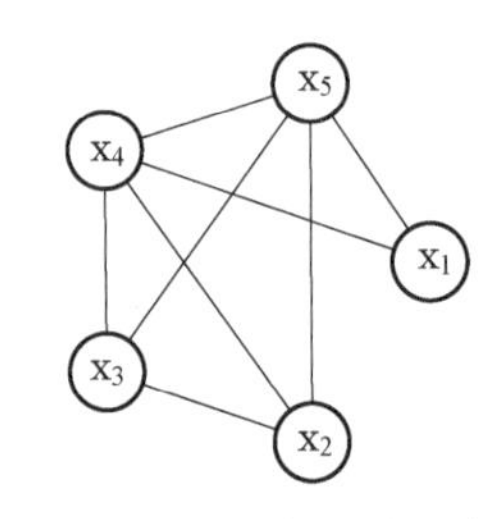

图 10.5　5 变量的无向图形模型的一个例子

$$P(\mathrm{x}_1,\mathrm{x}_2,\mathrm{x}_3,\mathrm{x}_4,\mathrm{x}_5) = P(\mathrm{x}_1|\mathrm{x}_3,\mathrm{x}_4,\mathrm{x}_5)P(\mathrm{x}_2|\mathrm{x}_3,\mathrm{x}_4,\mathrm{x}_5)P(\mathrm{x}_3,\mathrm{x}_4,\mathrm{x}_5) \tag{10.16}$$

$$P(\mathrm{x}_1,\mathrm{x}_3,\mathrm{x}_2,\mathrm{x}_4,\mathrm{x}_5) = P(\mathrm{x}_1|\mathrm{x}_2,\mathrm{x}_4,\mathrm{x}_5)P(\mathrm{x}_3|\mathrm{x}_2,\mathrm{x}_4,\mathrm{x}_5)P(\mathrm{x}_2,\mathrm{x}_4,\mathrm{x}_5) \tag{10.17}$$

另一方面，例如在变量$\{\mathrm{x}_2,\mathrm{x}_3,\mathrm{x}_4,\mathrm{x}_5\}$中，每一对都是一定用连接联结在一起的，所以它们不能实现因子化。因此，在分布中，应该采用这 4 个变量的不能再进行因数分解的ψ_{2345}来表示。

$$P(\mathrm{x}_1,\mathrm{x}_2,\mathrm{x}_3,\mathrm{x}_4,\mathrm{x}_5) = \psi_{2345}(\mathrm{x}_2,\mathrm{x}_3,\mathrm{x}_4,\mathrm{x}_5)f(\mathrm{x}_1,\mathrm{x}_2,\mathrm{x}_3,\mathrm{x}_4,\mathrm{x}_5) \tag{10.18}$$

⊖ 哈默斯利·克利福德定理是通过提出者的名字翻译过来的，尽管哈默斯利（Hammersley）好象没有公布定理的证明，但这个“定理”的确是一个客观成立的数学定理。

此外，对于变量$\{x_1, x_4, x_5\}$来说也一定有完全相同的某个因子ψ_{145}。综上所述，最终得到的分布形态一定为

$$P(x_1, x_2, x_3, x_4, x_5) = \frac{1}{Z}\psi_{2345}(x_2, x_3, x_4, x_5)\psi_{145}(x_1, x_4, x_5) \tag{10.19}$$

这是由团块势给出的分布。例如，分布$P(x_1, x_2|x_3, x_4, x_5)$的计算，可以通过$P(x_1|x_3, x_4, x_5)P(x_2|x_3, x_4, x_5)$的因子化进行。因此，当$x_3$，$x_4$，$x_5$被给定的话，$x_1$与$x_2$即为条件独立的。

就像目前为止所看到的那样，在马尔可夫网络中，图可以直观地表现变量之间的独立性，这样的模型在理论上是十分重要的。但对于每一个给定的图来说，都需要决定其最大团块集合，从而进行势函数的引入，这在实际应用方面会产生很多麻烦。按照统计力学的解释，多随机变量团块势的引入对应着哈密顿算子中加入的高次相互作用，因而没有必要采用太过复杂的概率分配模型，将马尔可夫网络简化为成对马尔可夫随机域（pair- wise Markov random field）更为方便。在这个模型中，对于最大团块的所有团块势$\psi_c(\mathbf{x}_c)$，只需考虑各团块中附带的边$i, j \in c$的势函数的乘积这一表示的特殊情况。因此，成对马尔可夫网络能由

$$P(\mathbf{x}) = \frac{1}{Z}\prod_{(i,j)\in\mathcal{E}}\psi_{(i,j)}(x_i, x_j), \quad Z = \sum_{\mathbf{x}}\prod_{(i,j)\in\mathcal{E}}\psi_{(i,j)}(x_i, x_j) \tag{10.20}$$

这样的乘积得到㊀。其中$\mathcal{E}$为图中所有边的集合。成对马尔可夫网络也不再是通常的网络，取而代之的是颇为简化的结构，并因为其简单性而具有有很多应用。实际上，下一节要讨论的玻尔兹曼机就是简化的马尔可夫网络的应用之一。

10.2　有/无隐性变量的玻尔兹曼机

10.2.1　没有隐性变量的玻尔兹曼机

概率机器学习模型——玻尔兹曼机，是与边没有方向的无向图相对应的概率模型。图10.6中给出了无向图的例子，其中在各节点$i \in \mathcal{N}$中分配了取值0或1的2值随机变量x_i，这个随机变量也叫节点的状态。玻尔兹曼机记述了这个图上的随机变量的同时概率分布。为了给出分布的具体情形，让我们来介绍一下连接各节点的边的意义。现在，假设2个节点i和j用边连接在一起，那么这条边记为(i, j)㊁。图中所有边的集合记为$\mathcal{E}$，因此有$(i, j) \in \mathcal{E}$。同神经网络一样，玻尔兹曼机的各条边也给出了

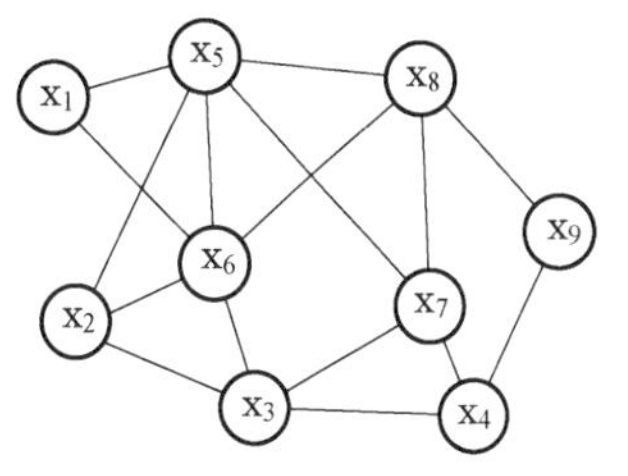

图10.6　玻尔兹曼机的一个例子

㊀ 对于图表中任意的边，只要至少包括在1个极大团块内的，则均会出现在这个积里。

㊁ 在此，由于图是没有方向的，所以边(j, i)表示的意义也是一样的。

权重参数w_{ij}。但是，由于图是无向的，所以权重的下标i、j的顺序也没有任何意义，也就是$w_{ij}=w_{ji}$。于是，由各节点的变量和各边的权重决定的能量函数为

$$\begin{aligned}\Phi(\boldsymbol{x},\boldsymbol{\theta})&=-\sum_{i\in\mathcal{N}}b_ix_i-\sum_{(i,j)\in\mathcal{E}}x_iw_{ij}x_j\\&=-\boldsymbol{b}^\top\boldsymbol{x}-\frac{1}{2}\boldsymbol{x}^\top\boldsymbol{W}\boldsymbol{x}\end{aligned}\tag{10.21}$$

其中，b_i为节点i的斜率。最后一行中的$\boldsymbol{W}$表示由w_{ij}形成的对称矩阵矩阵$\boldsymbol{W}$。加粗的小字表示向量，其中$\boldsymbol{b}=(b_1\quad b_2\quad\cdots)^\top$，$\boldsymbol{x}=(x_1\quad x_2\quad\cdots)^\top$。基于如下概率分布的能量模型就是玻尔兹曼机。

$$P(\boldsymbol{x}|\boldsymbol{\theta})=\frac{1}{Z(\boldsymbol{\theta})}\mathrm{e}^{-\Phi(\boldsymbol{x},\boldsymbol{\theta})},\quad Z(\boldsymbol{\theta})=\sum_{\boldsymbol{x}}\mathrm{e}^{-\Phi(\boldsymbol{x},\boldsymbol{\theta})}\tag{10.22}$$

借用统计物理学的术语，像这样用能量函数表示的分布称为吉布斯·玻尔兹曼分布(Gibbs Boltzmann distribution)。在此，将与权重和斜率有关的所有参数都记为$\boldsymbol{\theta}$。$Z(\boldsymbol{\theta})$被称作分配函数，P为规格化的概率分布，以此满足$\sum_{\boldsymbol{x}}P(\boldsymbol{x}|\boldsymbol{\theta})=1$。在这个定义中出现的关于$\boldsymbol{x}$的和是指关于这个向量的各成分变量，取所有实现值的和。因为当前的变量为 2 值变量，所以具体来说就是

$$\sum_{\boldsymbol{x}}f(\boldsymbol{x})=\sum_{x_1=0}^{1}\sum_{x_2=0}^{1}\cdots f(\boldsymbol{x})\tag{10.23}$$

随后将要介绍的即为关于玻尔兹曼机进行的机器学习，玻尔兹曼机的学习所采用的数据为通过式（10.22）的形式所给出的分布所决定的训练数据（观测数据）$\boldsymbol{x}^{(n)}$。也就是说，玻尔兹曼机$P(\boldsymbol{x}|\boldsymbol{\theta})$是以最接近数据的生成分布$P_{\text{data}}(\boldsymbol{x})$来进行参数调节的。这个学习过程与神经网络大不相同，所以以下将按顺序进行详细介绍。

参考 10.1　玻尔兹曼机与物理

玻尔兹曼机无非是将x_i看作自旋变量[㊀]时的伊辛模型的规范分布，斜率为磁场，权重为自旋的相互作用。但是，与通常用统计力学的思考模型不同，与磁场相互作用结合的常数值最好根据地点取不同的值。统计物理中，给出哈密顿算子（能量函数）时，决定了其分布，并以此计算自旋变量等物理量的期望值。但玻尔兹曼机的机器学习与这些相反，首先，给出系统的各种配位（取各种不同的物理量的值及其平均值），进行决定最容易实现给出的数据的哈密顿算子的参数的工作。因为是与伊辛模型的顺问题相反的过程，所以常常被称作伊辛逆问题。像这样的工作说起来与用实验物理学的解析相似。

㊀ 这里所说的二值变量为$x_i=0,1$。如果将它变换为$x_i=S_i+1/2$的话，变量S_i就可以改写为角动量。

10.2.2 具有隐性变量的玻尔兹曼机

到目前为止，我们都默认节点对应的变量也都全部对应观测数据。也就是说，心里一直认为的是变量x_1、x_2…全都对应着可观测量的情况。但是，在实际的观测数据中，经常会缺少一些信息。考虑到数据缺损的情况，为了提高推论能力而引入的是不对应直接观测数据的，被称为隐性变量（hidden variable）或潜在变量（latent variable）的随机变量。另一方面，对应观测数据的变量被称为可观测变量（visible variable），学习过程中所给出的观测值即对应着这样的变量。根据情况不同，隐性变量也能起着观测值的说明因子一样的作用。

图节点附带的随机变量$\boldsymbol{x}$分为可观测变量$\mathbf{v}=(\mathrm{v}_1 \quad \mathrm{v}_2 \quad \cdots)^\top$和隐性变量$\mathbf{h}=(\mathrm{h}_1 \quad \mathrm{h}_2 \quad \cdots)^\top$。也就是说，$\mathbf{x}=(\mathrm{v}_1 \quad \mathrm{v}_2 \quad \cdots \quad \mathrm{h}_1 \quad \mathrm{h}_2 \quad \cdots)^\top$。如图10.7所示就是有隐性变量的玻尔兹曼机的一个例子。本书中，涂成灰色的节点表示的是隐性变量。在有隐性变量的情况下，玻尔兹曼机的定义与之前的定义相同。

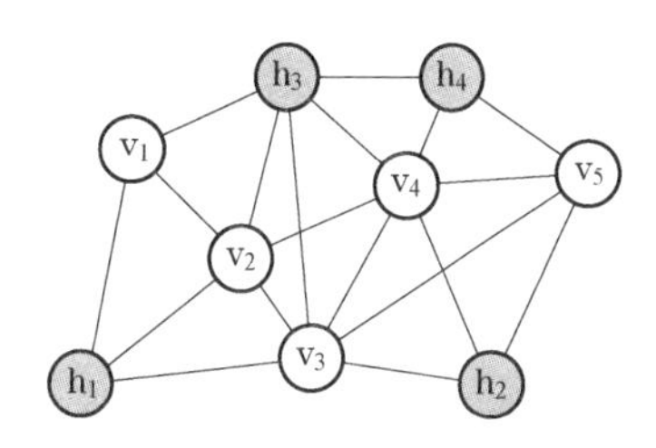

图10.7 具有隐性变量的玻尔兹曼机，灰色的节点为隐性变量

$$\Phi(\boldsymbol{x},\boldsymbol{\theta})=\Phi(\boldsymbol{v},\boldsymbol{h},\boldsymbol{\theta})=-\boldsymbol{b}^\top\boldsymbol{x}-\frac{1}{2}\boldsymbol{x}^\top\boldsymbol{W}\boldsymbol{x} \tag{10.24}$$

其能量函数的模型分布为

$$P(\boldsymbol{x}|\boldsymbol{\theta})=\frac{1}{Z(\boldsymbol{\theta})}\mathrm{e}^{-\Phi(\boldsymbol{x},\boldsymbol{\theta})} \tag{10.25}$$

但是，由于能量函数包含两种变量，所以详细地重写出来即为

$$\Phi(\boldsymbol{x},\boldsymbol{\theta})=-\boldsymbol{b}^\top\boldsymbol{v}-\boldsymbol{c}^\top\boldsymbol{h}-\frac{1}{2}\boldsymbol{v}^\top\boldsymbol{U}\boldsymbol{v}-\frac{1}{2}\boldsymbol{h}^\top\boldsymbol{V}\boldsymbol{h}-\boldsymbol{v}^\top\boldsymbol{W}\boldsymbol{h} \tag{10.26}$$

在此，引入隐性变量的原因不仅仅是因为考虑了数据的缺损，通过使用隐性变量还可以改善玻尔兹曼机的性能。一般来说，不能保证准备好的概率模型就是用来描述给定学习数据的好模型。这种情况下，无论怎么调整参数，生成分布都不是好的近似值。这是因为假定的模型分布的集合与学习数据之间有填不平的沟，模型的表达能力是有限的。在这种情况下，为了改善这一状况，将模型复杂化，使它能覆盖得更广泛一些就可以了；其次，还应该在原理上提高其表现能力。一说起复杂化，立刻就想起的是增加参数的数量，例如，可以考虑在玻尔兹曼机中引入3阶的相互作用来进行扩展。

$$\Phi^{(3)}(\boldsymbol{x},\boldsymbol{\theta})=-\sum_i b_i x_i-\frac{1}{2}\sum_{i,j}w_{ij}x_i x_j-\frac{1}{3!}\sum_{i,j,k}\lambda_{ijk}x_i x_j x_k \tag{10.27}$$

像这样，无论增加几个模型参数都是可能的，以此切实地扩大了可以覆盖的概率分布的变化。然而，我们进行机器学习的目的是为了实现性能的泛化，因此随意增加参数会造成过度学习的危险。

另一方面，通过引入隐性变量对模型进行的扩展，为其带来了较好的预测性能。为了观察到这一点，我们可以将其学习采用的边缘分布视作只是可观测变量被扩展的玻尔兹曼机。

$$P(\boldsymbol{v}|\boldsymbol{\theta})=\sum_{\boldsymbol{h}}P(\boldsymbol{v},\boldsymbol{h}|\boldsymbol{\theta})=\frac{1}{Z(\boldsymbol{\theta})}\sum_{\boldsymbol{h}}\mathrm{e}^{-\Phi(\boldsymbol{v},\boldsymbol{h},\boldsymbol{\theta})} \tag{10.28}$$

$$P(\boldsymbol{v}|\boldsymbol{\theta})=\frac{1}{Z(\boldsymbol{\theta})}\mathrm{e}^{-\tilde{\Phi}(\boldsymbol{v},\boldsymbol{\theta})} \tag{10.29}$$

其中，这个扩展模型$P(\boldsymbol{v}|\boldsymbol{\theta})$的能量函数为

$$\tilde{\Phi}(\boldsymbol{v},\boldsymbol{\theta})=-\log\sum_{\boldsymbol{h}}\mathrm{e}^{-\Phi(\boldsymbol{v},\boldsymbol{h},\boldsymbol{\theta})} \tag{10.30}$$

将上式右边扩展开的话，可以得出好几个关于可观测变量的高次项，所以就变成了复杂的能量函数。但是在这里必须注意的是，即使表现能量函数的项数是无穷的，独立参数的数量都是有限的。所有的能量函数项的系数只由原来的隐性变量的玻尔兹曼机的少数参数来决定。虽然分布被一般化了，但也可以说各个参数共享权重。由此看来，尽管它有很强的表现能力，但也要防止过度学习，使其成为一个性质优良的模型。

10.3　玻尔兹曼机的学习及计算量的爆发

用玻尔兹曼机进行机器学习，首先要准备与想要思考的问题相适应的图，这是我们必须“用脑”进行的步骤，之后才转移到学习。我们假设所给出的训练数据是从从未知的i.i.d.生成分布生成的，学习的过程就是要使得所准备的图所构成的玻尔兹曼机$P(\boldsymbol{x}|\boldsymbol{\theta})$接近这个生成分布[⊖]。也就是说，使参数$\boldsymbol{\theta}$最适合所给出的训练数据。为了达成这个目的，我们想出了很多个方法，但是在这里只介绍极大似然估计法和基于 KL 散度（Kullback- Leibler divergence）的这两种方法。

在后文中，我们将可观测变量记为$\mathbf{v}$，被观测的N个数据采用$n=1,2,\cdots,N$来标注，并记为$\boldsymbol{v}^{(n)}$。当以$\mathbf{x}$来表示时，表示将可观测变量与隐性变量合在一起的情况。

10.3.1　没有隐性变量的情况

首先，我们来看一下没有隐性变量的玻尔兹曼机的学习。数据解释的最好方法是通过合适参数的选择及最优推定来实现的，这种情况下采用的似然函数是由玻尔兹曼机的数据生成概率$\boldsymbol{v}^{(n)}$得到的，因此有

$$\tilde{L}(\boldsymbol{\theta})=\prod_{n=1}^{N}P(\boldsymbol{v}^{(n)}|\boldsymbol{\theta}) \tag{10.31}$$

⊖　由于假想的数据生成分布是未知的，我们因此采用接近数据经验分布的吉布斯分布来代替。

但是，由于假定数据的生成是i.i.d.的，所以各相关数据的似然函数采采用了因子化的形态。如果能够寻找到使其最大化的参数

$$\boldsymbol{\theta}^* = \underset{\boldsymbol{\theta}}{\operatorname{argmax}}\ \tilde{L}(\boldsymbol{\theta}) \tag{10.32}$$

的话，即可得到用可以最高概率生成给定的数据的玻尔兹曼机$P(\boldsymbol{x}|\boldsymbol{\theta}^*)$，这也就是我们想要的近似的生成分布。

此外，由于概率是一个 1 以下的非负实数，通过概率相乘得到的似然函数值也是一个 1 以下的非负实数。当这种概率相乘的数量很多的时候，似然函数值将变成一个非常小的非负实数。因此，为了在计算机上不引起下溢，通常考虑取其对数，采用对数的似然函数。

$$L(\boldsymbol{\theta}) \equiv \log \tilde{L}(\boldsymbol{\theta}) = \sum_{n=1}^{N} P\big(\boldsymbol{v}^{(n)}|\boldsymbol{\theta}\big) \tag{10.33}$$

这样一来，原来的乘积式就变成了求和式，算式也变得更加容易理解了。使得对数似然函数最大化的最佳$\boldsymbol{\theta}^*$值为如下方程的解。

$$\frac{\partial L(\boldsymbol{\theta})}{\partial b_i} = 0, \quad \frac{\partial L(\boldsymbol{\theta})}{\partial w_{ij}} = 0 \tag{10.34}$$

我们将权重和斜率结合在一起，并记为$\boldsymbol{\theta} = (\theta_I)^\top$，从而得到一个与上述表达式相同的 1 个表达式

$$\frac{\partial L(\boldsymbol{\theta})}{\partial \theta_I} = 0 \tag{10.35}$$

通过上式的求解即可以求出我们想要的参数值$\boldsymbol{\theta}^*$。为此，我们来进行这个极值表达式的求解。

根据玻尔兹曼机的定义，$\log P(\boldsymbol{v}|\boldsymbol{\theta}) = \boldsymbol{b}^\top \boldsymbol{v} + \frac{1}{2}\boldsymbol{v}^\top \boldsymbol{W} \boldsymbol{v} - \log Z$。将其对斜率进行偏微分的话，则有

$$\frac{\partial}{\partial b_i} \log P\big(\boldsymbol{v}|\boldsymbol{\theta}\big) = v_i - \sum_{\boldsymbol{v}'} P\big(\boldsymbol{v}'|\boldsymbol{\theta}\big) v_i' \tag{10.36}$$

在上述对数似然的梯度中，我们称右边第 1 项v_i为正相位（positive phase），该项也可由能量函数的微分来给出。右边第 2 项也可由分配函数的微分得到，我们称其为负相位（negative phase）。这个负相位是由所考虑的玻尔兹曼机$P\big(\boldsymbol{v}|\boldsymbol{\theta}\big)$模型来平均的，因此表示为

$$\langle \mathrm{v}_i \rangle_{\text{model}} = \sum_{\boldsymbol{v}} P\big(\boldsymbol{v}|\boldsymbol{\theta}\big) v_i \tag{10.37}$$

关于权重的梯度也同样给出正相位与负相位的 2 相，并记为

$$\frac{\partial}{\partial w_{ij}} \log P\big(\boldsymbol{v}|\boldsymbol{\theta}\big) = v_i v_j - \langle \mathrm{v}_i \mathrm{v}_j \rangle_{\text{model}} \tag{10.38}$$

回忆对数似然函数的定义的话，将$\boldsymbol{v} = \boldsymbol{v}^{(n)}$代入这个微分式，并将所有的数据项累加起来得到的就是似然函数的微分，因此可以表示为

$$\frac{1}{N}\frac{\partial L(\boldsymbol{\theta})}{\partial b_i}=\frac{1}{N}\sum_{n=1}^{N}v_i^{(n)}-\langle \mathrm{v}_i\rangle_{\text{model}} \tag{10.39}$$

$$\frac{1}{N}\frac{\partial L(\boldsymbol{\theta})}{\partial w_{ij}}=\frac{1}{N}\sum_{n=1}^{N}v_i^{(n)}v_j^{(n)}-\langle \mathrm{v}_i\mathrm{v}_j\rangle_{\text{model}} \tag{10.40}$$

其中，右边的第1项为正相位，第2项为负相位。这里所说的所谓正相位和负相位，与其说是各项的符号，不如说是通过梯度上升法的学习，表现了各项是如何对分布产生影响的[56]。

由于正相位是数据的平均值（数据的样本平均值），所以就表示为$\langle \mathrm{v}_i\rangle_{\text{data}}$，$\langle \mathrm{v}_i\mathrm{v}_j\rangle_{\text{data}}$。也就是说，数据平均值和模型平均值的定义为

$$\langle f(\mathbf{v})\rangle_{\text{data}}=\frac{1}{N}\sum_{n=1}^{N}f\big(\boldsymbol{v}^{(n)}\big),\quad \langle f(\mathbf{v})\rangle_{\text{model}}=\sum_{\boldsymbol{v}}P\big(\boldsymbol{v}|\boldsymbol{\theta}\big)f(\boldsymbol{v}) \tag{10.41}$$

同样地，最终梯度也可以表示为

$$\frac{1}{N}\frac{\partial L(\boldsymbol{\theta})}{\partial b_i}=\langle \mathrm{v}_i\rangle_{\text{data}}-\langle \mathrm{v}_i\rangle_{\text{model}} \tag{10.42}$$

$$\frac{1}{N}\frac{\partial L(\boldsymbol{\theta})}{\partial w_{ij}}=\langle \mathrm{v}_i\mathrm{v}_j\rangle_{\text{data}}-\langle \mathrm{v}_i\mathrm{v}_j\rangle_{\text{model}} \tag{10.43}$$

因此，我们将给出极值的形式整理如下。

公式 10.2 （玻尔兹曼机的学习方程）

$$\langle \mathrm{v}_i\rangle_{\text{data}}=\langle \mathrm{v}_i\rangle_{\text{model}} \tag{10.44}$$

$$\langle \mathrm{v}_i\mathrm{v}_j\rangle_{\text{data}}=\langle \mathrm{v}_i\mathrm{v}_j\rangle_{\text{model}} \tag{10.45}$$

这两个公式被称为玻尔兹曼机的学习方程（learning equation）。也就是在玻尔兹曼机和数据的样本分布之间，通过参数的调整，进而使得这两个通过期望值表示的统计量趋于一致。

该学习方程也可以采用经验分布来表示。经验分布$q(\boldsymbol{v})$的平均值实际也是数据样本的平均值。这是因为

$$\mathrm{E}_{q(\mathbf{v})}[f(\mathbf{v})]=\sum_{\boldsymbol{v}}f(\boldsymbol{v})\,q(\boldsymbol{v})=\frac{1}{N}\sum_{n=1}^{N}f\big(\boldsymbol{v}^{(n)}\big)=\langle f(\mathbf{v})\rangle_{\text{data}} \tag{10.46}$$

因此，学习方程中出现的数据平均值可以表示为

$$\langle \mathrm{v}_i\rangle_{\text{data}}=\mathrm{E}_{q(\mathbf{v})}[\mathrm{v}_i] \tag{10.47}$$

$$\langle \mathrm{v}_i\mathrm{v}_j\rangle_{\text{data}}=\mathrm{E}_{q(\mathbf{v})}[\mathrm{v}_i\mathrm{v}_j] \tag{10.48}$$

10.3.2 对数似然函数的凸性

至此，我们已经对玻尔兹曼机的学习原理进行了一个基本的介绍，接下来就其理论方面的问题进行进一步的分析。玻尔兹曼机的学习实际是通过其对数似然函数的梯度上升法来进行的，但是，在一般的机器学习模型中，不一定能保证目标函数只有一个极值，这就是所谓

的局部最优解的问题。在玻尔兹曼机中情况会是怎样的呢?

实际上，只有可观测变量的玻尔兹曼机才满足对数似然函数的凸性条件。

$$L(\boldsymbol{\theta}) = N\,\mathrm{E}_{q(\mathbf{v})}\left[\log P\big(\mathbf{v}|\boldsymbol{\theta}\big)\right] \tag{10.49}$$

因此，其极值也只有一个，不必担心梯度上升法会陷入“假的”局部最优解。由于这是一个比较容易证明的事实，因此在这里详细介绍一下。

如果一个对数似然函数是一个凸函数，则对于任意的实数$0 < p < 1$和参数$\boldsymbol{\theta}_1,\boldsymbol{\theta}_2$，下列的不等式成立。

$$p\,L(\boldsymbol{\theta}_1) + (1-p)\,L(\boldsymbol{\theta}_2) \leqslant L\big(p\boldsymbol{\theta}_1 + (1-p)\boldsymbol{\theta}_2\big) \tag{10.50}$$

其中，等号只有在$\boldsymbol{\theta}_1 = \boldsymbol{\theta}_2$时成立。下面来证明这个不等式。

玻尔兹曼机的分布是如式（10.22）那样通过能量函数Φ给出的，因此，要证明的不等式（10.50）的左边可以改写为

$$\begin{aligned}
&p\,L(\boldsymbol{\theta}_1) + (1-p)\,L(\boldsymbol{\theta}_2)\\
&= N\,\mathrm{E}_{q(\mathbf{v})}\left[p\,\log P\big(\mathbf{v}|\boldsymbol{\theta}_1\big) + (1-p)\,\log P\big(\mathbf{v}|\boldsymbol{\theta}_2\big)\right]\\
&= N\,\mathrm{E}_{q(\mathbf{v})}\left[\log P\big(\mathbf{v}|p\boldsymbol{\theta}_1 + (1-p)\boldsymbol{\theta}_2\big)\right] +\\
&\quad \log Z\big(p\boldsymbol{\theta}_1 + (1-p)\boldsymbol{\theta}_2\big) - p\,\log Z\big(\boldsymbol{\theta}_1\big) - (1-p)\,\log Z\big(\boldsymbol{\theta}_2\big)
\end{aligned} \tag{10.51}$$

又因为，玻尔兹曼机的能量函数是参数$\boldsymbol{\theta}$的 1 次函数，因此有

$$p\,\Phi\big(\mathbf{v}|\boldsymbol{\theta}_1\big) + (1-p)\,\Phi\big(\mathbf{v}|\boldsymbol{\theta}_2\big) = \Phi\big(\mathbf{v}|p\boldsymbol{\theta}_1 + (1-p)\boldsymbol{\theta}_2\big) \tag{10.52}$$

由于式（10.51）的第 3 行即为与要证明的不等式（10.50）的右边相同的项，所以之后需要证明的是其第 4 行为负。实际上，这一性质只需要高中数学的知识就能证明，亦即为经常被当做入学考试试题的赫尔德（Hölder）不等式[⊖]。

定理 10.3 （赫尔德（Hölder）不等式）

对任意正实数$a_v > 0,\, b_v > 0$，以下不等式成立：

$$\Big(\sum_v a_v\Big)^p \Big(\sum_v b_v\Big)^{1-p} \geqslant \sum_v (a_v)^p (b_v)^{1-p} \tag{10.53}$$

其中，只有对于某个正数λ，$(a_1, a_2, \ldots) = \lambda(b_1, b_2, \ldots)$时，等号才成立。

在此，将以$\boldsymbol{v}$为标注的数列$a_{\boldsymbol{v}} = \exp(-\Phi(\boldsymbol{v},\boldsymbol{\theta}_1))$，$b_{\boldsymbol{v}} = \exp(-\Phi(\boldsymbol{v},\boldsymbol{\theta}_2))$代入赫尔德不等式，且对不等式两边取对数，则能得到

$$p\,\log\sum_{\boldsymbol{v}} \mathrm{e}^{-\Phi(\boldsymbol{v},\boldsymbol{\theta}_1)} + (1-p)\,\log\sum_{\boldsymbol{v}} \mathrm{e}^{-\Phi(\boldsymbol{v},\boldsymbol{\theta}_2)} \geqslant \log\sum_{\boldsymbol{v}} \mathrm{e}^{-\Phi(\boldsymbol{v}|p\boldsymbol{\theta}_1+(1-p)\boldsymbol{\theta}_2)} \tag{10.54}$$

⊖ 在此给出的是赫尔德（Hölder）不等式的简单表示形式，其证明方法也有多种，但较著名的是采用加乘平均不等式$p\,x + (1-p)\,y \geqslant x^p y^{1-p}$，当$x = y$时其等号成立。但应用这个不等式，仅仅令$x = a_v, y = b_v$还不能证明，还稍微需要一些更多的想法。不管怎样，这个证明还是不难的，请读者加以证明。

这里又用到了式（10.52）。等号只有在$\boldsymbol{\theta}_1=\boldsymbol{\theta}_2$时成立。由于这个不等式中出现的各项只有分配函数的对数$\log Z(\boldsymbol{\theta})$，所以式（10.52）的第 4 行的取值均在 0 以下，亦即式（10.50）得到了证明。

像这样，因为由比较初等的不等式导出了目标函数的凸性，从而从理论上保证了玻尔兹曼机的梯度上升法一定收敛为真的最大值。这个证明的关键就是能量函数的线性（见式10.52）。这一性质是非线性模型以及有隐性变量的玻尔兹曼机所不满足的，因此凸性是在玻尔兹曼机中只有在没有隐性变量的情况下才成立的特殊性质。

10.3.3　梯度上升法和计算量

尽管得到了玻尔兹曼机的学习方程，但要想对其进行求解，在实际情况下几乎无法得到其解析解。因此，需要采用计算机来求出其近似的解，这就需要通过基于梯度上升法的迭代求解法，对数似然函数的梯度方向上进行参数的更新，在最终的收敛点处求出那个极大值点。

在这个梯度上升法中，每次更新参数都需要梯度的值，但那个值是从数据平均值和模型平均值的差中给出的，如式（10.42）和式（10.43）所示，因此需要进行这两个平均值的计算。在数据平均值方面，如果得到了学习数据的和的话就能够求得，所以计算并不是十分复杂。而且由于这个值与玻尔兹曼机的参数值没有什么关系，计算一次就能在梯度上升的时候一直使用。另一方面，由于模型平均值是玻尔兹曼机的分布平均值，所以必须计算所有状态相关的和

$$\langle f(\mathbf{v})\rangle_{\text{model}}=\sum_{v_1=0}^{1}\sum_{v_2=0}^{1}\cdots\sum_{v_{|\mathcal{V}|}=0}^{1}P(\boldsymbol{v}|\boldsymbol{\theta})f(\boldsymbol{v}) \tag{10.55}$$

因此，必须进行的加法运算次数是随着变量的数量$|\mathcal{V}|$增加，并且是呈$2^{|\mathcal{V}|}$的指数函数增加的。也就是说，玻尔兹曼机的期望值的计算量变得尤为庞大，计算量呈指数爆发，从而引起了所谓的组合爆发（combinatorial explosion）。例如，当有 100 个变量时，2^{100}次的加法运算采用时钟频率为 1GHz 的 CPU 进行的话，即使每秒可以计算的加法为 10 亿次，最终的计算也需要

$$\frac{2^{100}}{10^9\times60\times60\times24\times365}\text{年}\approx4\times10^{13}\text{年}$$

这差不多是 40 兆年。即使是用性能更好的 CPU，并同时使用多个，也改变不了需要巨大的计算时间的事实。而且，在玻尔兹曼机的梯度上升法中，由于要反复计算，每次参数更新都需要伴随着计算量爆发的模型平均值的重新计算。如果以这种方式进行的话，在计算完成之前太阳系都已经灭亡了。

在这样的玻尔兹曼机的学习中，如果不进一步引入近似法的话，一定会受到组合爆发问题的困扰[㊀]。正因为如此，在很长一段时间内，玻尔兹曼机作为机器学习的手段并没有被真

㊀ 这个问题的解决是采用似然函数梯度上升法进行学习的前提。但是，由梯度上升学习法的实践可知，还没有不引起组合爆发的先例。

正接受。但是近年来，发现了有效地计算玻尔兹曼机期望近似值的蒙特卡洛法（CD 法或 PCD 法）等，玻尔兹曼机忽然变成了一个实用的模型。特别是在 2006 年深层化的玻尔兹曼机的成功，点燃了到目前为止的继续深度学习研究的蓬勃发展的导火索。

10.3.4　通过散度的学习

刚才用极大似然估计推导出玻尔兹曼机的学习方程，同样的结果也可以推导出散度的观点。

KL 散度（D_{KL}）是测量 2 个概率分布之间的“距离”（与相似度相反）得到的量。由于它不是满足所有正确距离的公理，所以并不是真正的距离，但通过散度的最小化，能够使 2 个分布变得接近。以下我们将进行这种方法的探索。

要让玻尔兹曼机得到学习，当然是让其分布越接近观测数据的分布情形越好。所以要考虑数据的经验分布q与玻尔兹曼机P之间的散度。

$$D_{\mathrm{KL}}(q||P) = \sum_{\boldsymbol{v}} q(\boldsymbol{v}) \log \frac{q(\boldsymbol{v})}{P(\boldsymbol{v}|\boldsymbol{\theta})} \tag{10.56}$$

作为参数的选择，要采用使上述散度D_{KL}最小化的参数$\boldsymbol{\theta}^*$，也就是要给出最近似于生成分布的参数，实际上这导出的是与极大似然法相同的结果。为了能清楚地看到这一点，在此对散度稍稍做一下变形。

$$D_{\mathrm{KL}}(q||P) = \sum_{\boldsymbol{v}} q(\boldsymbol{v}) \log q(\boldsymbol{v}) - \sum_{\boldsymbol{v}} q(\boldsymbol{v}) \log P(\boldsymbol{v}|\boldsymbol{\theta}) \tag{10.57}$$

这样写的时候，右边第一项是经验分布的负熵，是与玻尔兹曼机的参数没有关系的量，因此使散度最小化是不奏效的。另一方面，右边第 2 项稍微重写一下的话，即为

$$-\sum_{\boldsymbol{v}} q(\boldsymbol{v}) \log P(\boldsymbol{v}|\boldsymbol{\theta}) = -\frac{1}{N}\sum_{n=1}^{N} \log P(\boldsymbol{v}^{(n)}|\boldsymbol{\theta}) = -\frac{1}{N}L(\boldsymbol{\theta}) \tag{10.58}$$

所以可以用对数似然函数来描述。也就是

$$D_{\mathrm{KL}}(q(\mathbf{v})||P(\mathbf{v}|\boldsymbol{\theta})) + \frac{1}{N}L(\boldsymbol{\theta}) = \mathrm{const} \tag{10.59}$$

所以可以知道散度的最小化与对数似然函数的最小化完全是同一个问题。因此，不论用什么方法取最优值，答案都是一致的。当然，散度最小化在指导学习方程中也与极大似然法相同。

10.3.5　有隐性变量的情况

接下来考虑一下具有不可观测的随机变量$\mathbf{h}$的情况。有隐性变量的玻尔兹曼机，其总变量$\mathbf{x} = (\mathbf{v}, \mathbf{h})$的同时分布记为$P(\mathbf{v}, \mathbf{h}|\boldsymbol{\theta})$。与没有隐性变量的情况相同，给出了吉布斯分布的形态。

$$P(\boldsymbol{v}, \boldsymbol{h}|\boldsymbol{\theta}) = \frac{1}{Z(\boldsymbol{\theta})} \mathrm{e}^{-\Phi(\boldsymbol{v},\boldsymbol{h},\boldsymbol{\theta})}, \quad Z(\boldsymbol{\theta}) = \sum_{\boldsymbol{v},\boldsymbol{h}} \mathrm{e}^{-\Phi(\boldsymbol{v},\boldsymbol{h},\boldsymbol{\theta})} \tag{10.60}$$

但我们能观测到的只有可观测变量v的值和其经验分布。为了将这些观测数据与玻尔兹曼机相比，首先要将同时分布边缘化，只思考可观测变量的分布。

$$P(\boldsymbol{v}|\boldsymbol{\theta}) = \sum_{\boldsymbol{h}} P(\boldsymbol{v}, \boldsymbol{h}|\boldsymbol{\theta}) \tag{10.61}$$

只有将这个可观测变量的边缘分布$P(\boldsymbol{v}|\boldsymbol{\theta})$接近经验分布$q(\boldsymbol{v})$时，学习才得以实现。因此，将对数似然函数进行最大化[⊖]。

$$L(\boldsymbol{\theta}) = \sum_{n=1}^{N} P(\boldsymbol{v}^{(n)}|\boldsymbol{\theta}), \quad \boldsymbol{\theta}^* = \underset{\boldsymbol{\theta}}{\operatorname{argmax}}\ L(\boldsymbol{\theta}) \tag{10.62}$$

这个极大似然估计算式的外表是与没有隐性变量的情况完全相同的，但是要注意，现在的分布$P(\boldsymbol{v}|\boldsymbol{\theta})$是通过隐性变量的边缘化得到的。将使对数似然函数最大化的$\boldsymbol{\theta}^*$仍然还是下列方程的解。

$$\frac{\partial L(\boldsymbol{\theta})}{\partial b_i} = 0, \quad \frac{\partial L(\boldsymbol{\theta})}{\partial w_{ij}} = 0 \tag{10.63}$$

可以将权重和斜率参数整合为$\boldsymbol{\theta} = (\theta_I)^\top = (b_i, w_{ij})^\top$，此时上述方程也可以表示为

$$\frac{\partial L(\boldsymbol{\theta})}{\partial \theta_I} = 0 \tag{10.64}$$

通过分布的对数似然函数来具体写出其微分的话，即有

$$\frac{\partial L(\boldsymbol{\theta})}{\partial \theta_I} = N \sum_{\boldsymbol{v}} q(\boldsymbol{v}) \frac{1}{P(\boldsymbol{v}|\boldsymbol{\theta})} \frac{\partial P(\boldsymbol{v}|\boldsymbol{\theta})}{\partial \theta_I} \tag{10.65}$$

右边采用的即为可观测变量的分布，在有隐性变量的情况下即为

$$P(\boldsymbol{v}|\boldsymbol{\theta}) = \sum_{\boldsymbol{h}} \frac{\exp\left(\boldsymbol{b}^\top \boldsymbol{x} + \frac{1}{2}\boldsymbol{x}^\top \boldsymbol{W} \boldsymbol{x}\right)}{Z(\boldsymbol{\theta})} \tag{10.66}$$

其中，$\boldsymbol{x}$是将可观测变量与隐性变量合在一起表示的。

$$x_i = \begin{cases} v_i & (i\text{为可观测变量的下标}) \\ h_i & (i\text{为不可观测变量的下标}) \end{cases} \tag{10.67}$$

将这个分布用参数进行微分的话，即有

$$\begin{aligned} \frac{\partial P(\boldsymbol{v}|\boldsymbol{\theta})}{\partial \theta_I} &= \sum_{\boldsymbol{h}} \frac{\partial}{\partial \theta_I} \left(\frac{\mathrm{e}^{\boldsymbol{b}^\top \boldsymbol{x} + \frac{1}{2}\boldsymbol{x}^\top \boldsymbol{W} \boldsymbol{x}}}{Z(\boldsymbol{\theta})} \right) \\ &= \sum_{\boldsymbol{h}} f_I(\boldsymbol{x}) P(\boldsymbol{v}, \boldsymbol{h}|\boldsymbol{\theta}) - \frac{1}{Z(\boldsymbol{\theta})} \frac{\partial Z(\boldsymbol{\theta})}{\partial \theta_I} P(\boldsymbol{v}|\boldsymbol{\theta}) \end{aligned} \tag{10.68}$$

但是在这里引入的 f_I是通过对吉布斯分布指数函数的指数项进行微分得到的量，所以根据斜率或权重，参数的取值如下。

⊖ 对于散度来说，自然是通过D_{KL}的最小化来实现的。

$$f_I(\boldsymbol{x}) \equiv -\frac{\partial\Phi(\boldsymbol{x},\boldsymbol{\theta})}{\partial\theta_I} = \begin{cases} x_i & \theta_I = b_i \\ x_i x_j & \theta_I = w_{ij} \end{cases} \tag{10.69}$$

将这个微分代入对数似然函数微分的话，要注意$P(\boldsymbol{v},\boldsymbol{h}|\boldsymbol{\theta})/P(\boldsymbol{v},|\boldsymbol{\theta}) = P(\boldsymbol{h}|\boldsymbol{v},\boldsymbol{\theta})$，以及$\sum_{\boldsymbol{v}} q(\boldsymbol{v}) = 1$，进而可以得到

$$\frac{\partial L(\boldsymbol{\theta})}{\partial\theta_I} = N\sum_{\boldsymbol{v},\boldsymbol{h}} f_I(\boldsymbol{x})q(\boldsymbol{v})P(\boldsymbol{h}|\boldsymbol{v},\boldsymbol{\theta}) - \frac{N}{Z(\boldsymbol{\theta})}\frac{\partial Z(\boldsymbol{\theta})}{\partial\theta_I} \tag{10.70}$$

其中，右边第 1 项为正相位，右边第 2 项为负相位。在此，将负相位改写为

$$\frac{1}{Z(\boldsymbol{\theta})}\frac{\partial Z(\boldsymbol{\theta})}{\partial\theta_I} = \sum_{\boldsymbol{x}} f_I(\boldsymbol{x})\frac{\mathrm{e}^{-\Phi(\boldsymbol{x},\boldsymbol{\theta})}}{Z(\boldsymbol{\theta})} = \sum_{\boldsymbol{x}} f_I(\boldsymbol{x})P(\boldsymbol{x}|\boldsymbol{\theta}) = \langle f_I(\mathbf{x})\rangle_{\text{model}} \tag{10.71}$$

运用从$Z(\boldsymbol{\theta}) =\sum_{\boldsymbol{x}} e^{-\Phi(\boldsymbol{x},\boldsymbol{\theta})}$中得出的性质，最终能得到如下的梯度。

$$\frac{1}{N}\frac{\partial L(\boldsymbol{\theta})}{\partial b_i} = \sum_{\boldsymbol{v},\boldsymbol{h}} x_i P(\boldsymbol{h}|\boldsymbol{v},\boldsymbol{\theta})q(\boldsymbol{v}) - \langle \mathrm{x}_i\rangle_{\text{model}} \tag{10.72}$$

$$\frac{1}{N}\frac{\partial L(\boldsymbol{\theta})}{\partial w_{ij}} = \sum_{\boldsymbol{v},\boldsymbol{h}} x_i x_j P(\boldsymbol{h}|\boldsymbol{v},\boldsymbol{\theta})q(\boldsymbol{v}) - \langle \mathrm{x}_i\mathrm{x}_j\rangle_{\text{model}} \tag{10.73}$$

因此，散度学习的方程即为如下的两个方程。

公式 10.4　（具有隐性变量的玻尔兹曼机的学习方程）

$$\mathrm{E}_{P(\mathbf{h}|\mathbf{v},\boldsymbol{\theta})q(\mathbf{v})}[\mathrm{x}_i] = \langle \mathrm{x}_i\rangle_{\text{model}} \tag{10.74}$$

$$\mathrm{E}_{P(\mathbf{h}|\mathbf{v},\boldsymbol{\theta})q(\mathbf{v})}[\mathrm{x}_i\mathrm{x}_j] = \langle \mathrm{x}_i\mathrm{x}_j\rangle_{\text{model}} \tag{10.75}$$

由于学习方程的右边是由负相位而得来的，自然包含着玻尔兹曼机相关的分配函数的组合爆发问题。另一方面，学习方程左边的正相位也是有些略显不习惯的形态。在有隐性变量的情况下，方程的左边不仅仅是样本的平均值，还考虑了从模型分布得到的条件分布的概率分布$P(\mathbf{h}|\mathbf{v},\boldsymbol{\theta})q(\mathbf{v})$的期望值。所以，作为给出的经验分布数据的频度的分布来表示的话，正相位的期望值为

$$\begin{aligned}\mathrm{E}_{P(\mathbf{h}|\mathbf{v},\boldsymbol{\theta})q(\mathbf{v})}[f_I(\mathbf{x})] &= \sum_{\boldsymbol{v},\boldsymbol{h}} f_I(\boldsymbol{x})P(\boldsymbol{h}|\boldsymbol{v},\boldsymbol{\theta})q(\boldsymbol{v}) \\ &= \frac{1}{N}\sum_{n=1}^{N}\sum_{\boldsymbol{h}} f_I(\boldsymbol{v}^{(n)},\boldsymbol{h})P(\boldsymbol{h}|\boldsymbol{v}^{(n)},\boldsymbol{\theta})\end{aligned} \tag{10.76}$$

可观测变量用在实现数据值$\boldsymbol{v}^{(n)}$时的条件分布来表示。因此，必须计算每个数据在分布$P(\boldsymbol{h}|\boldsymbol{v}^{(n)},\boldsymbol{\theta})$基础上的期望值，并对所有数据进行补充。在计算期望值中，因为必须加上隐性变量的全状态，所以伴有计算量爆发的困难。也就是说，由于学习方程的正相位也会引起组合爆发，比起没有隐性变量的情况，有隐性变量的玻尔兹曼机的学习更加困难。

除此之外，还有本质上的难点。没有隐性变量的情况下，玻尔兹曼机的对数似然函数是一个凸函数，因此能够保证通过梯度上升法找到函数的最大值。但是由于隐性变量的引入，

就会导致函数凸性的消失，一般来说就不能保证梯度上升法的迭代计算一定能达到函数的最大值。也就是说，与神经网络相同，产生了局部最优解的问题。

下一节将要介绍的马尔可夫链蒙特卡洛法可以回避这个严重的问题。

练习 10.1 即使是在有隐性变量的情况下，对于$\mathrm{x}_i=\mathrm{v}_i,\mathrm{x}_j=\mathrm{v}_j$，实现学习方程(10.74)和方程(10.75)左边表示的简化。

10.4 吉布斯采样和玻尔兹曼机

通过玻尔兹曼机学习方程的分析可以看出，朴素的学习法往往伴随着困难，因此，有必要为学习方程引入各种不同的近似方法。让我们一起来看几个例子。

首先要介绍的是蒙特卡洛法。在玻尔兹曼机中，由于产生了状态和计算的组合爆发，所以如果能通过期望值的近似估计来减少计算量的话，这将是一个不错的方法。为此，使用随机数概率分布的数值模仿，被称为蒙特卡洛（Monte Carlo，MC）法的随机数模仿从想要调查的分布中独立生成大量的随机样本，根据这些样本的平均值，得出近似于本来的分布期望值㊀。也就是说，想要估计有关分布$P(\mathbf{x})$的$f(\mathbf{x})$的期望值时，首先，从$P(\mathbf{x})$生成独立的样本$\{\boldsymbol{x}^{(1)},\boldsymbol{x}^{(2)},\cdots,\boldsymbol{x}^{(N)}\}$，然后采用如下式所示的样本平均值作为期望值的替代。

$$\frac{1}{N}\sum_{n=1}^{N}f\left(\boldsymbol{x}^{(n)}\right) \tag{10.77}$$

根据大数定律[56]，当样本数N趋于无穷大的极限值时，该平均值收敛于期望值㊁。

$$\frac{1}{N}\sum_{n=1}^{N}f\left(\boldsymbol{x}^{(n)}\right)\longrightarrow\sum_{\boldsymbol{x}}f(\boldsymbol{x})P(\boldsymbol{x}) \tag{10.78}$$

在玻尔兹曼机中，随着状态$\{\mathbf{x}_1,\mathbf{x}_2,\ldots\}$维数（图的节点数量）的增加，计算量则呈指数倍增加。即使是在这种计算量随着维数的增加而爆发的情况下，蒙特卡洛法的误差程度也不依赖于维数的大小。因此，在维数很大的情况下，蒙特卡洛法提供了特别有用的近似方法。在蒙特卡洛法中，根据生成样本具体手段的不同，也存在着各种不同的种类，随后将要介绍的即为蒙特卡洛法的一种——马尔可夫链蒙特卡洛法，其中被称作吉布斯采样的方法特别适用于玻尔兹曼机。

10.4.1 马尔可夫链

用马尔可夫链由于宽广地探索状态空间全部，从在这里能使用的马尔可夫链说明吧。

㊀ 样本的生成方法随后将详细进行介绍。

㊁ 这是根据强大数定律的必然收敛。

马尔可夫链蒙特卡洛（Markov Chain Monte Carlo Method，MCMC）法采用马尔可夫链，通过良好的样品生成策略，广泛地进行整个状态空间探索。在此，我们从被用到的马尔可夫链的介绍开始。由随机变量的时间序列构成的随机过程（stochastic process）$\mathbf{x}(0) \to \mathbf{x}(1) \to \mathbf{x}(2) \to \cdots \to \mathbf{x}(t) \to \mathbf{x}(t+1) \to \cdots$，意味着在各个时刻$t$，用变量$\mathbf{x}(t)$记述的概率现象的时间发展。随机过程满足“未来的状态只由现在的状态决定，与过去的履历无关”的马尔可夫性（Markov property）时，将之称为马尔可夫链（Markov chain）。如果再在数学上表示马尔可夫性的话，表示向第t步（也就是时刻t）迁移的条件概率满足如下性质。

$$P\big(\mathbf{x}(t)|\mathbf{x}(0),\mathbf{x}(1),\mathbf{x}(2),\ldots,\mathbf{x}(t-1)\big) = P\big(\mathbf{x}(t)|\mathbf{x}(t-1)\big) \tag{10.79}$$

也就是说，随机过程的转移要素是$P\big(\mathbf{x}(t)|\mathbf{x}(t-1)\big)$时，是只由 1 步之前的信息决定的。这个分布$P\big(\mathbf{x}(t)|\mathbf{x}(t-1)\big)$的形态不根据$t$变化而常常是同一个分布的叫均匀马尔可夫链（homo geneous Markov chain）。此后我们所考虑的链都是均匀的，而且这个条件概率$P\big(\mathbf{x}(t)|\mathbf{x}(t-1)\big)$被称作转移概率（transition probability）或推移概率。

在马尔可夫过程中，在各步（各个时刻）中概率分布$P\big(\boldsymbol{x}(t)\big)$是按下式进行转移的。

$$P\big(\boldsymbol{x}(t)\big) = \sum_{\boldsymbol{x}(t-1)} P\big(\boldsymbol{x}(t)|\boldsymbol{x}(t-1)\big)\, P\big(\boldsymbol{x}(t-1)\big) \tag{10.80}$$

一般来说，分布$P\big(\boldsymbol{x}(t)\big)$在各步数中的分布不同，因此应该标注上正确的步数，记为$P^{(t)}\big(\boldsymbol{x}(t)\big)$，但在以下的内容中，为了避免混乱，就均做了省略。这个关于转移的算式，仅仅遵循从边缘分布$P\big(\boldsymbol{x}(t)\big)$得到的结果和马尔可夫性。

$$\begin{aligned} P\big(\boldsymbol{x}(t)\big) &= \sum_{\boldsymbol{x}(t-1)} \sum_{\boldsymbol{x}(t-2)} \cdots \sum_{\boldsymbol{x}^{(1)}} P\big(\boldsymbol{x}(1),\boldsymbol{x}(2),\ldots,\boldsymbol{x}(t)\big) \\ &= \sum_{\boldsymbol{x}(t-1)} \cdots \sum_{\boldsymbol{x}(1)} P\big(\boldsymbol{x}(t)|\boldsymbol{x}(1),\ldots,\boldsymbol{x}(t-1)\big)\, P\big(\boldsymbol{x}(1),\ldots,\boldsymbol{x}(t-1)\big) \\ &= \sum_{\boldsymbol{x}(t-1)} P\big(\boldsymbol{x}(t)|\boldsymbol{x}(t-1)\big) \sum_{\boldsymbol{x}(t-2)} \cdots \sum_{\boldsymbol{x}(1)} P\big(\boldsymbol{x}(1),\ldots,\boldsymbol{x}(t-1)\big) \end{aligned} \tag{10.81}$$

而且，在马尔可夫链方面，通过反复使用式（10.79）的马尔可夫性及链规则（A.14），从而可以知道其同时分布的形态为

$$\begin{aligned} &P\big(\mathbf{x}(1),\mathbf{x}(2),\ldots,\mathbf{x}(t-1),\mathbf{x}(t)\big) \\ &= P\big(\mathbf{x}(t)|\mathbf{x}(1),\mathbf{x}(2),\ldots,\mathbf{x}(t-1)\big)\, P\big(\mathbf{x}(1),\mathbf{x}(2),\ldots,\mathbf{x}(t-1)\big) \\ &= P\big(\mathbf{x}(t)|\mathbf{x}(t-1)\big)\, P\big(\mathbf{x}(1),\mathbf{x}(2),\ldots,\mathbf{x}(t-1)\big) \\ &= \cdots \\ &= P\big(\mathbf{x}(t)|\mathbf{x}(t-1)\big) P\big(\mathbf{x}(t-1)|\mathbf{x}(t-2)\big)\cdots P\big(\mathbf{x}(2)|\mathbf{x}(1)\big)\, P\big(\mathbf{x}(1)\big) \end{aligned} \tag{10.82}$$

最后一行的表达式即为如图 10.8 所示的那样，是用一条直线连接的线形图的有向图模型。

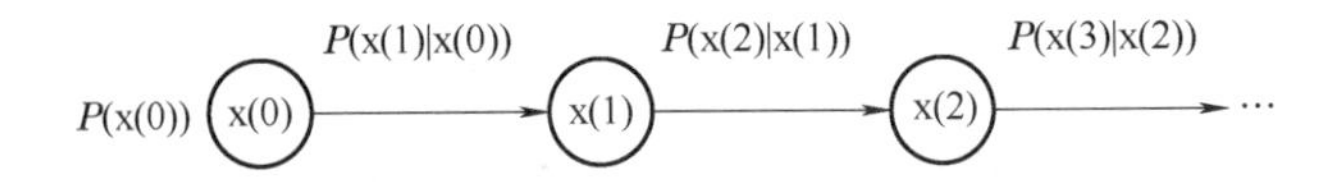

图 10.8　马尔可夫链有向图模型

10.4.2　Google 与马尔可夫链

马尔可夫链是一个有着更广泛应用的数理模型。例如，Google 网页的检索排名系统的网页排名（PageRank）[㊀]，就是采用马尔可夫链设计的。

世界上所有的网页都是以 $\alpha = 1,2,3,\ldots,p$ 这样的自然数进行 α 标注的。在某个时刻 t，某个访问者（随机网上冲浪）访问网页 α 的概率为 $P\big(\mathbf{x}(t)=\alpha\big)$，在 t 之前的时刻 $t-1$，如其访问其他各种网页的概率为 $P\big(\mathbf{x}(t-1)=1,2,3,\ldots\big)$ 的话，则其从其他网页 $\beta=1,2,3,\ldots$ 沿着链随机跳转到网页 α 的转移概率为 $P\big(\alpha|\beta\big)$。此时，概率 $P\big(\mathbf{x}(t)=\alpha\big)$ 可表示为

$$P\big(\mathbf{x}(t)=\alpha\big) = \sum_{\beta=1,2,\ldots} P\big(\alpha|\beta\big)P\big(\mathbf{x}(t-1)=\beta\big) \tag{10.83}$$

因此，我们在漫不经心地上网（随机网上冲浪）的时候，在很多情况下，从某一网页跳转到其他网页的时候，与几分钟以前所看的是哪个网页无关，而是依据随机过程链来进行去向的选择的。而且还要注意的是，这里模型化的随机冲浪指的不是某个特定人的网络访问，而是对每个使用网络人的网络访问活动进行了平均。这个马尔可夫链的稳定分布（将在下一节进行介绍）的值 $P(\alpha)$ 即为给各网页的重要性打分的分值，也被称作网页的排名。

尽管有一些跑题，但我还是要对网页排名再做一下介绍。到目前为止，有关随机冲浪的转移概率 $P\big(\alpha|\beta\big)$ 的决定方法还没有做任何介绍，我们先介绍一下迈伊亚（C. D. Meyer）的 $P\big(\alpha|\beta\big)$ 模型以及布林（S. M. Brin）和佩奇（L. E. Page）所给出的修正。在他们的模型中，在页面 β 有链接 $\{\alpha \in \mathcal{A}_\beta\}$ 的情况下，如果有比例 $0 \leqslant d < 1$ 的冲浪跳转到链接的网址，则其余 $(1-d)$ 的比例是完全随机地（从喜欢的书签选择、随便进入地址）跳转到任意网页。由于比例 d 的按照链接网址到其他网页的跳转，会改变每一个链接的网页 $\alpha \in \mathcal{A}_\beta$ 的转移概率。由这种改变而决定的转移概率 $P\big(\alpha|\beta\big)$，如果记为 $G_{\alpha\beta}$ 的话，即有

$$G_{\alpha\beta} = \frac{d}{|\mathcal{A}_\beta|}\delta(\alpha \in \mathcal{A}_\beta) + (1-d)\frac{1}{p} \tag{10.84}$$

其中，如果从α链接进去时，$\delta(\alpha \in \mathcal{A}_\beta)$为 1，否则为 0[㊁]，$|\mathcal{A}_\beta|$为网页$\beta$所具有的链接总数。另一方面，如果页面$\beta$连 1 个链接都没有的时候（也就是$\mathcal{A}_\beta = \phi$时），则所有网页随机跳转的概率相同。如果当前世界上有p个页面，则该情况下的跳转概率自然就是

㊀ 2016 年的 3 月结束了网页排名信息向公众的展示。

㊁ $\frac{1}{|\mathcal{A}_\beta|}\delta(\alpha \in \mathcal{A}_\beta)$被称为关于$\alpha\beta$的超级链接队列。

$$G_{\alpha\beta} = \frac{1}{p} \tag{10.85}$$

像这样被制作出来的矩阵$\boldsymbol{G} = (G_{\alpha\beta})$称为谷歌矩阵（Google matrix），谷歌矩阵只适应于收敛的马尔可夫链。虽然其收敛值为下一节将要介绍的稳定分布$P^{(\infty)}(\alpha)$，但该值也就是网页的排名。

在实际情况中，由于我们是顺着自己所关心的内容进行各种链接的跳转的，所以这里所介绍的谷歌矩阵模型还是太过于单一了，目前已经有各种不同的扩展模型被提出。

10.4.3　稳定分布

在诸如上述网页排名的例子中，可以采用整数$\alpha = 1, 2, \cdots$来标记随机变量可取的各种状态。因此，（尽管对计数法有一些滥用）可将时刻t各种状态的实现概率记为$P\big(\mathbf{x}(t){=}1\big)$, $P\big(\mathbf{x}(t) = 2\big), P\big(\mathbf{x}(t) = 3\big), \cdots$，可以制作出如下的向量。

$$\boldsymbol{\pi}^{(t)} = \begin{pmatrix} P\big(\mathbf{x}(t) = 1\big) \\ P\big(\mathbf{x}(t) = 2\big) \\ P\big(\mathbf{x}(t) = 3\big) \\ \vdots \end{pmatrix} \tag{10.86}$$

这个向量被称为状态概率分布（state probability distribution）。而且从状态β向状态α的转移概率$P\big(\mathbf{x}(t) = \alpha|\mathbf{x}(t-1) = \beta\big)$也可以写成$\alpha$，$\beta$分量的矩阵$\boldsymbol{T}$。

$$\boldsymbol{T} = (T_{\alpha\beta}) \equiv \Big(P\big(\mathbf{x}(t) = \alpha|\mathbf{x}(t-1) = \beta\big)\Big) \tag{10.87}$$

该矩阵也被称为转移概率矩阵（transition probability matrix）。于是，从描述转移的算式（10.80）可以知道状态概率分布的线形方程为

$$\boldsymbol{\pi}^{(t)} = \boldsymbol{T}\,\boldsymbol{\pi}^{(t-1)} \tag{10.88}$$

由于我们所考虑的是均匀的马尔可夫链，因此矩阵$\boldsymbol{T}$与步数t无关，上式最终可以表示为

$$\boldsymbol{\pi}^{(t)} = (\boldsymbol{T})^t\,\boldsymbol{\pi}^{(0)} \tag{10.89}$$

当$t \to \infty$时，如果这个转移矩阵$(\boldsymbol{T})^t$收敛为某个有限矩阵的话，则可以期待马尔可夫链的分布$\boldsymbol{\pi}^{(t)}$也收敛于某个（平衡）分布。

$$\boldsymbol{\pi}^{(t)}(\mathbf{x}) \to \boldsymbol{\pi}^{(\infty)}(\mathbf{x}) \tag{10.90}$$

像这样的分布应该已经不再因为$\boldsymbol{T}$的作用而发生变化。之所以这么说，是因为收敛值应该满足平衡条件$\boldsymbol{\pi}^{(\infty)} = \boldsymbol{T}\,\boldsymbol{\pi}^{(\infty)}$。将$\boldsymbol{\pi}^{(\infty)}$的第$\alpha$个分量记为$P^{(\infty)}(\alpha)$的话，则这个稳定方程的条件可表示为

$$P^{(\infty)}(\alpha) = \sum_{\beta} T_{\alpha\beta}\, P^{(\infty)}(\beta) \tag{10.91}$$

在此，我们将不再随着转移矩阵变化的这种分布称作不变分布（invariant distribution）或平稳分布（equilibriun distribution）。实际上，不是所有的马尔可夫链都会收敛为平稳分

布，只有当满足以下两个条件时，才可以向平稳分布收敛。

规约性（irreducibility）：无论当前处于何种状态，都能通过有限的步数转移到其他的任意状态，也就是说，$\boldsymbol{T}$不能再分解为更小的子矩阵。

非周期性（aperiodicity）：链状态不会陷入某种循环。

尽管如果转移矩阵能满足以上这 2 个条件就能找到收敛分布，但这些都是难以处理的条件。因此经常被采用的是如式（10.92）所示的被称为细致平衡条件，所给出的分布P是平稳分布的充分条件。

（细致平衡条件）

$$T_{\beta\alpha}P(\alpha)=T_{\alpha\beta}P(\beta) \tag{10.92}$$

因此，对于给定的转移矩阵$\boldsymbol{T}$，如果能找出满足细致平衡条件的P的话，则其所对应的链即为一个收敛的平稳分布。将细致平衡条件的两边通过β进行展开的话，由于$\sum_\beta T_{\alpha\beta}=1$，立刻就能得到平稳分布的条件$P(\alpha)=\sum_\beta T_{\alpha\beta}P(\beta)$。因此可知，这是平稳分布的一个充分条件。

练习 10.2

假设世界上只有 5 个分别用 1，2，3，4，5 标注的网页。根据网络的分析，将随机的访问者从页面i跳转到页面j的转移概率作为谷歌矩阵的项（j,i），可以得到如下所示的值。这时，请用 2 种方法求出各个页面 1，2，3，4，5 的页面排名（另外，请学有余力的读者思考一下，这个谷歌矩阵表示了一个怎样的网页链结构?）。

$$\begin{pmatrix} \frac{1}{20} & \frac{19}{80} & \frac{1}{20} & \frac{1}{5} & \frac{1}{20} \\ \frac{3}{10} & \frac{1}{20} & \frac{17}{40} & \frac{1}{5} & \frac{1}{20} \\ \frac{3}{10} & \frac{19}{80} & \frac{1}{20} & \frac{1}{5} & \frac{17}{40} \\ \frac{3}{10} & \frac{19}{80} & \frac{1}{20} & \frac{1}{5} & \frac{17}{40} \\ \frac{1}{20} & \frac{19}{80} & \frac{17}{40} & \frac{1}{5} & \frac{1}{20} \end{pmatrix}$$

10.4.4　马尔可夫链蒙特卡洛法

在我们完成了马尔可夫链的介绍后，终于可以开始思考马尔可夫链蒙特卡洛法了。如果以某个分布$P(\mathbf{x})$使用蒙特卡洛法进行样本生成，则由于分布$P(\mathbf{x})$本身是复杂的，所以从中直接随机取样是不容易的。取而代之的是，可以将这个分布变成有稳定分布的马尔可夫链。这时，不是通过分布$P(\mathbf{x})$本身，而是让收敛于此的马尔可夫链$P^{(t)}(\mathbf{x})$进行样本生成，这就是 MCMC 方法。首先通过链不停地移动一段时间之后，样本就变成从稳定分布中进行采样了。

这里用到的马尔可夫链，一般来说是采用细致平衡条件设计的。实际上，设计收敛得早的（高速混合的）马尔可夫链的部分是最难的，但本书中不深入讨论了。

MCMC有各种不同的实现方法，比如Metropolis Hasting法、切片取样法等。下面以玻尔兹曼机为目标，介绍一种称作吉布斯采样的方法。

10.4.5 吉布斯采样与玻尔兹曼机

吉布斯采样（Gibbs sampling）是一种使用非常简单的方法设计的马尔可夫链，所以链中的采样算法也很简单，并提供了一种十分通用的程序算法。这里所考虑的是像玻尔兹曼机那样，从多个变量的随机分布$\vec{\mathrm{x}}=(\mathbf{x}_1,\mathbf{x}_2,\cdots,\mathbf{x}_M)$中的采样。这时，因为从同时分布$P(\mathbf{x}_1,\mathbf{x}_2,\cdots,\mathbf{x}_M)$中对$(\boldsymbol{x}_1,\boldsymbol{x}_2,\cdots,\boldsymbol{x}_M)$进行抽样很不容易，所以，从下式所示的条件分布中，对应于每个i都取样一个$\boldsymbol{x}_i$，这就是吉布斯采样。

$$P(\mathbf{x}_i|\mathbf{x}_1,\mathbf{x}_2,\cdots,\mathbf{x}_{i-1},\mathbf{x}_{i+1},\cdots,\mathbf{x}_M) \tag{10.93}$$

此时，采样的顺序可以任意确定（用i标记）。也就是说，链$(\mathbf{x}_1(t),\mathbf{x}_2(t),\cdots,\mathbf{x}_M(t))$不是一口气形成的，而是通过按照$\cdots\rightarrow\mathbf{x}_M(t-1)\rightarrow\mathbf{x}_1(t)\rightarrow\mathbf{x}_2(t)\rightarrow\cdots$的顺序，逐一顺序地转移得到的吉布斯链（Gibbs chain）。像这样，采用MCMC方法将多个变量分布的采样工作分解为小块的蒙特卡洛法可以使条理十分清晰，像这样的采样方法可以用于能确定条件概率分布形态的情况下。由于没有必要进行一般的概述，所以在此介绍一下玻尔兹曼机的例子。

首先要注意的事实是玻尔兹曼机具有满足局部马尔可夫性的性质。将玻尔兹曼机除了节点i以外的变量值表示为$\boldsymbol{x}_{-i}=(x_1,x_2,\cdots,x_{i-1},x_{i+1},\cdots)^\top$。所以根据条件概率的定义，当节点$i$之外的实现值用$\boldsymbol{x}_{-i}$给出时，x的完全条件分布（fully conditional distribution）即为

$$P(x_i|\boldsymbol{x}_{-i},\boldsymbol{\theta})=\frac{P(\boldsymbol{x},\boldsymbol{\theta})}{\sum_{x_i=0,1}P(\boldsymbol{x},\boldsymbol{\theta})}=\frac{\mathrm{e}^{-\Phi(\boldsymbol{x},\boldsymbol{\theta})}}{\sum_{x_i=0,1}\mathrm{e}^{-\Phi(\boldsymbol{x},\boldsymbol{\theta})}} \tag{10.94}$$

分母和分子中出现的因子$\mathrm{e}^{-\Phi}$除了依赖x_i的项$\exp(b_ix_i+\sum_{j\in\mathcal{N}_i}w_{ij}x_ix_j)$之外都被约分了，最终这个概率可以简单地写成

$$P(x_i|\boldsymbol{x}_{-i},\boldsymbol{\theta})=\frac{\mathrm{e}^{\left(b_i+\sum_{j\in\mathcal{N}_i}w_{ij}x_j\right)x_i}}{1+\mathrm{e}^{b_i+\sum_{j\in\mathcal{N}_i}w_{ij}x_j}}=\frac{\mathrm{e}^{\lambda_ix_i}}{1+\mathrm{e}^{\lambda_i}} \tag{10.95}$$

式中，$\mathcal{N}_i$是与i直接连接的节点的集合。而且为了简单起见，在此引入了以下这种助记符号

$$\lambda_i=b_i+\sum_{j\in\mathcal{N}_i}w_{ij}x_j \tag{10.96}$$

这里的量仅仅是从i周围的状态中局部地被决定的，与受到周围的状态校正的斜率类似。从结果中可以明白的是，原本如果仅知道除了i之外的所有的状态$\boldsymbol{x}_{-i}$的话应该不能决定的条件概率，实际的情况是$P(x_i|\boldsymbol{x}_{-i},\boldsymbol{\theta})=P(x_i|x_{j\in\mathcal{N}_i},\boldsymbol{\theta})$只从周围的节点$j\in\mathcal{N}_i$的状态就可以决定了。也就是说，变量之间的相互关系只是局部的，因此玻尔兹曼机满足的性质是局部的马尔可夫性。

由于像这样的局部马尔可夫性，只要$\mathcal{N}_i$的状态被决定，x_i就是与其他变量相独立的了。也就是说，x_i和$\{\mathrm{x}_j|j \notin \{\mathcal{N}_i, i\}\}$是以$\{\mathrm{x}_j|j \in \mathcal{N}_i\}$为条件而满足条件独立性的。因此，式（10.97）所示的概率是只从与i相连的$\mathcal{N}_i$的信息就可以计算的，因此也是十分高效率的计算㊀。

$$P(x_i = 1|\boldsymbol{x}_{-i}, \boldsymbol{\theta}) = \sigma(\lambda_i), \quad P(x_i = 0|\boldsymbol{x}_{-i}, \boldsymbol{\theta}) = 1 - \sigma(\lambda_i) = \sigma(-\lambda_i) \tag{10.97}$$

因为分布的形态简单，所以以此进行的x_i抽样也很简单。正如以下介绍的那样，在所有变量中依次采用这种条件独立性进行的抽样，这就是吉布斯采样。

在此，首先介绍一下以$P(x_i = 1|\boldsymbol{x}_{-i}, \boldsymbol{\theta}) = \sigma(\lambda_i)$进行的$x_i$的采样方法。为此，首先在区间［0，1］上产生一系列的（类）随机数。如果这些随机数的值小于等于$\sigma(\lambda_i)$的话，则$x_i = 1$；如果超出$\sigma(\lambda_i)$的话，则$x_i = 0$，以此获得随机变量x的采样值。于是如图 10.9 所示的那样，立刻可以看出，用这种方法采样的值都服从$P(x_i|\boldsymbol{x}_{-i}, \boldsymbol{\theta})$分布。

接下来，我们以上述知识为基础介绍吉布斯采样的算法。将模型分布的随机变量$\mathbf{x} = (\mathrm{x}_1, \mathrm{x}_2, \ldots, \mathrm{x}_M)^\top$分解成$M$个单变量，则根据模型分布得到的条件概率 $P(x_i|\boldsymbol{x}_{-i}, \boldsymbol{\theta})$能够给出如式（10.98）所示的吉布斯链。

$$\begin{aligned}
&\big(\mathrm{x}_1(0), \mathrm{x}_2(0), \mathrm{x}_3(0), \ldots, \mathrm{x}_M(0)\big) \\
\rightarrow &\big(\mathrm{x}_1(1), \mathrm{x}_2(0), \mathrm{x}_3(0), \ldots, \mathrm{x}_M(0)\big) \\
\rightarrow &\big(\mathrm{x}_1(1), \mathrm{x}_2(1), \mathrm{x}_3(0), \ldots, \mathrm{x}_M(1)\big) \\
\rightarrow &\ldots \\
\rightarrow &\big(\mathrm{x}_1(t), \ldots, \mathrm{x}_{i-1}(t), \mathrm{x}_i(t-1), \mathrm{x}_{i+1}(t-1), \ldots, \mathrm{x}_M(t-1)\big) \\
\rightarrow &\big(\mathrm{x}_1(t), \ldots, \mathrm{x}_{i-1}(t), \mathrm{x}_i(t), \mathrm{x}_{i+1}(t-1), \ldots, \mathrm{x}_M(t-1)\big) \\
\rightarrow &\ldots
\end{aligned} \tag{10.98}$$

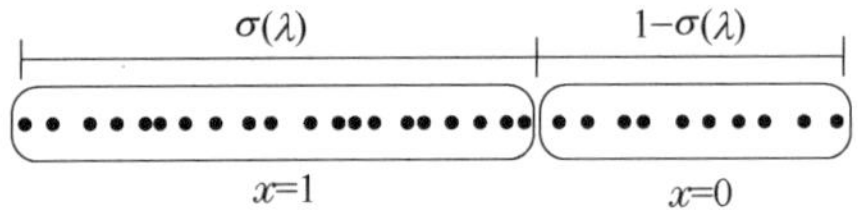

σ(λ)　1−σ(λ)

x=1　x=0

图 10.9　服从$P\,(x = 1) = \sigma(\lambda)$的伯努利分布的随机取样（分别与$P\,(x = 1)$和$P\,(x = 0)$相对应的 1 和 0，如随机数一样分布在 2 个区间上，区间上上方的变量则分别对应于$P\,(x = 1)$和$P\,(x = 0)$的概率分布）

如下述的介绍可知，这个吉布斯链是使原来的模型分布$P(\mathbf{x}|\boldsymbol{\theta})$保持为平稳分布的马尔可夫链，吉布斯采样是从这个链中进行样本抽取的㊁。在几乎没有初期条件信息的情况下，使这个链充分运转之后，可以将其样本看作是从近似的模型分布（平稳分布）中抽取的样本。

㊀ 在这里$\sigma(\cdot)$为 sigmoid 函数。

㊁ 因为玻尔兹曼机的局部马尔可夫性，使得这个过程所进行的每个变量的抽取均成为一个有效的计算。

在此，将这个过程整理为以下的算法。

算法 10.1 吉布斯采样

1）对全部变量$\boldsymbol{x}$进行随机的初始化，赋予其初始值$\boldsymbol{x}(0)$。

2）在各个时刻$t=1,2,\cdots$反复进行下列操作。

- 从分布$P\big(\mathrm{x}_1|x_2(t-1),x_3(t-1),\cdots,x_M(t-1)\big)$中抽取$x_1(t)$的样本值；

$$\vdots$$

- 从分布$P\big(\mathrm{x}_i|x_1(t),\cdots,x_{i-1}(t),x_{i-1}(t-1),\cdots,x_M(t-1)\big)$中抽取$x_i(t)$的样本值；

$$\vdots$$

- 从分布$P\big(\mathrm{x}_M|x_1(t),x_2(t),\cdots,x_{M-1}(t)\big)$中抽取$x_M(t)$的样本值；

依次以上述过程得到的值作为样本$\boldsymbol{x}(t)$的值。

像这样，一边移动i和t，一边进行采样，从而使得

$$x_i(t)\sim P\big(\mathrm{x}_i|x_1(t),\cdots,x_{i-1}(t),x_{i-1}(t-1),\cdots,x_M(t-1)\big) \tag{10.99}$$

如此反复进行，从而得到样本$\boldsymbol{x}(t)=\big(x_1(t),x_2(t),\cdots,x_M(t)\big)$的过程即为是吉布斯采样。如将所得到的样本序列视为马尔可夫链的话，可以得到的样本序列为

$$\boldsymbol{x}(0)\to\boldsymbol{x}(1)\to\boldsymbol{x}(2)\to\cdots \tag{10.100}$$

根据 MCMC 法的思想，经过足够的时间以后，所得到的$\boldsymbol{x}(T)$可以作为稳定分布的样本来使用。为了保证这一点，吉布斯链的稳定分布表示了实际的原来分布（玻尔兹曼机）$P(\mathbf{x}|\boldsymbol{\theta})$。由于一般的多变量的证明比较繁琐，所以在这里仅证明$M=2$的情况。推广到多个变量的一般化证明，也仅仅是用到的纸面不同而已，所以请各自尝试进行。首先，将以下$M=2$的吉布斯链看作马尔可夫链的话，则

$$\begin{aligned}&\big(x_1(0),x_2(0)\big)\to\big(x_1(1),x_2(0)\big)\to\big(x_1(1),x_2(1)\big)\to\\&\cdots\to\big(x_1(t),x_2(t)\big)\to\big(x_1(t+1),x_2(t)\big)\to\big(x_1(t+1),x_2(t+1)\big)\to\cdots\end{aligned} \tag{10.101}$$

因为链的结构，转移概率变成

$$T\big(\boldsymbol{x}(t+1)|\boldsymbol{x}(t)\big)=P\big(x_2(t+1)|x_1(t+1)\big)\,P\big(x_1(t+1)|x_2(t)\big) \tag{10.102}$$

因此，如果在时刻t，$\boldsymbol{x}(t)$随着玻尔兹曼机的分布$P(\boldsymbol{x}(t))$而改变，则下一个时刻的分布可以写为

$$\begin{aligned}&\sum_{\boldsymbol{x}(t)}T\big(\boldsymbol{x}(t+1)|\boldsymbol{x}(t)\big)P\big(\boldsymbol{x}(t)\big)\\&=\sum_{x_1(t),x_2(t)}P\big(x_2(t+1)|x_1(t+1)\big)\,P\big(x_1(t+1)|x_2(t)\big)\,P\big(x_1(t),x_2(t)\big)\\&=P\big(x_2(t+1)|x_1(t+1)\big)\sum_{x_1(t)}P\big(x_1(t)\big)\sum_{x_2(t)}P\big(x_1(t+1)|x_2(t)\big)\,P\big(x_2(t)|x_1(t)\big)\end{aligned} \tag{10.103}$$

上式最后一行，是使用了将玻尔兹曼分布改写为用条件分布和边缘化分布的乘法公式$P\big(x_1(t),x_2(t)\big)=P\big(x_2(t)|x_1(t)\big)P\big(x_1(t)\big)$而得到的结果。注意到一般的马尔可夫性

$P(x_1(t+1)|x_2(t)) = P(x_1(t+1)|x_2(t), x_1(t))$，同时按照全概率法则[1]，将这个表达式进一步变形，进一步使用马尔可夫性$P(x_1(t+1)|x_1(t)) = P(x_1(t+1))$的话，就变成了

$$\begin{aligned} &= P(x_2(t+1)|x_1(t+1)) \sum_{x_1(t)} Pv(x_1(t))\, P(x_1(t+1)|x_1(t)) \\ &= P(x_2(t+1)|x_1(t+1))\, P(x_1(t+1)) \sum_{x_1(t)} P(x_1(t)) \\ &= P(x_1(t+1), x_2(t+1)) \end{aligned} \tag{10.104}$$

由此可以看出，即使在下一个时刻也同样遵从相同的玻尔兹曼分布，并且这就是表现了平衡性的稳定方程式。像这样就可以具体地确定上面给出的吉布斯链的平稳分布就是玻尔兹曼机。

最后介绍一下马尔可夫链的应用中通常应该注意的问题。马尔可夫链达到平衡、看起来像给出了平稳分布之前的那个持续运行的阶段，我们称之为老化（burn-in）。在t较小的时候，链的运行会受到初期状态信息的影响，但经过充足的时间（转移步数）之后链会稳定于平衡状态。像这样，使老化期间的t经过足够的时间以后，实际上就可以将其$\boldsymbol{x}(t)$作为样本来采用了。因此，在实际应用中，很多时候马尔可夫链成为了一种计算成本很高的方法。但是，因为它是一种通用性强的样本生成方法，而且没有可以替代的其他有效方法，所以被广泛应用于很多领域。

除此之外，马尔可夫链还有一个普遍的问题。链从失去初期状态的信息至达到平衡所需要的时间我们称其为混合时间（mixing time）或老化时间（burn-in time），但在链给出的时候，一般也没有估算混合时间的有效方法。也就是说，理论上没有能够有效地判定老化的方便方法。因此，在实际中是同感各种不同的统计量，并用经验确认其达到平衡的。鉴于详细的内容在专门的蒙特卡洛法教科书中有深入的介绍，在此就不做扩展介绍了。

由于蒙特卡洛法是通过样本分布的平均值来实现样本期望值的近似的，因此马尔可夫链必须生成大量的样本。经过老化后的链，在抽取 1 个样本$\boldsymbol{x}(t)$后，不能紧接着就抽取第 2 个样本。这是因为紧接着的样本与$\boldsymbol{x}(t)$之间的相关性太强了，就不是独立的样本了。因此，要设定足够的时间以后再进行第 2 个样本的抽取，并重复以上相同的过程。像这样从 1 根链上有一定间隔地依次生成样本的方法叫单链（single chain）。这个方法有个难点，就是在样本全部备齐之前要耗费很多时间。而且还有一种情况，就是因为受到预定的计算时间的制约，使得样本采样的间隔设置得不够充分，就有可能疑虑样本之间是不是真实独立的。

与此相对的多链（multiple chain）是从大量随机初始值独立运行的多重链中逐一采样的独立样本，因此样本之间的独立性是完全有保证的。但取而代之的问题是，由于多个链的老化需要，会花费更多的计算成本。有时会因为计算成本的问题儿不设置充分的混合时间，难说不会损害趋向平衡的收敛。

实际上，上述的这 2 种方法是两个极端的情况。在机器学习中经常采用这两者的折中，

[1] 所谓全概率法则（law of total probability）即为$P(A|C) = \sum_B P(A|B,C)P(B|C)$。

也就是根据独立性和收敛性的要求，对需要的链的数量进行一个粗略的估算，并采用这样的多链来分别进行多个样本的抽取。在深度学习中，通常仅制作与小批量数据中的样本数量相对应的链，并从中进行多个样本的抽取。

10.5　平均场近似

此前我们所介绍的都是采用数值逼近的蒙特卡洛法，现在我们开始转转到多个当前被提倡的理论近似法的介绍。在各种不同的近似方法中，因为十分简单而闻名的近似法是从统计物理中得来的平均场近似（mean-field approximation）。为了理解这个近似法的思想，我们首先思考一下为什么玻尔兹曼机的计算会非常复杂。

玻尔兹曼机的期望值计算复杂性是因为各节点附带的随机变量之间有复杂的关联。作为伊辛模型来解释的话，因为自旋之间有相互作用，所以变成了复杂得多体问题。担负起这种相互作用处理的是能量函数（哈密顿算子）中混合了不同节点的权重项。

$$-\sum_{i,j} w_{ij} x_i x_j \tag{10.105}$$

如果这些权重都是 0 的话，玻尔兹曼机的分布就简化为如下所示的独立单变量分布的积。

$$P(\boldsymbol{x}|\boldsymbol{\theta}) = \frac{1}{Z(\boldsymbol{b})} \mathrm{e}^{\sum_i b_i x_i} = \prod_i \frac{\mathrm{e}^{b_i x_i}}{1+\mathrm{e}^{b_i}} \tag{10.106}$$

也就是说，玻尔兹曼机的计算又回到了简单的单体问题（用单变量概率分布来计算）。于是在平均场近似中，与像期望值计算飞跃性地简化一样的玻尔兹曼机不同，首先要准备各个变量独立分布的模型（测试分布）集合。然后在这个测试分布集合中寻找更加接近玻尔兹曼机的模型，并以此作为玻尔兹曼机的近似来采用。当然，$w_{ij}=0$的分布太过简单，并不是最佳的问题答案。那么，如何进行答案的探讨才会更好呢?

首先，测试分布是所有变量均独立情况下的分布，因此一般可以将其分布形态表示为

$$Q(\boldsymbol{x}) = \prod_i Q_i(x_i) \tag{10.107}$$

其中，$Q_i(x_i)$是对于单变量的某个概率分布，但还不知道$Q_i(x_i)$具体的形态。这个函数的形态是由其分布$Q(\boldsymbol{x})$更加接近玻尔兹曼机的条件决定的。为了满足这个条件，最好将其 DKL 散度最小化。在此，我们首先考虑测试分布Q和玻尔兹曼机P的距离。

$$D_{\mathrm{KL}}(Q||P) = \sum_{\boldsymbol{x}} Q(\boldsymbol{x}) \log \frac{Q(\boldsymbol{x})}{P(\boldsymbol{x}|\boldsymbol{\theta})} \tag{10.108}$$

要注意的是，$D_{\mathrm{KL}}(Q||P)$的最小值必须使概率Q_i在满足式（10.109）所示条件的基础上来进行搜寻[㊀]。

㊀ 初看起来好象要使概率$Q(\boldsymbol{x})$满足这样的条件略显有些牵强，但实际上这是一个独立全变量的各Q_i的规格化问题。

$$\sum_{x_i=0,1} Q_i(x_i) = 1 \tag{10.109}$$

这种具有约束条件的最优化问题正是拉格朗日未定系数法求解的经典问题。因此，我们需要对下列拉格朗日函数$\mathcal{L}$进行最小化。

$$\mathcal{L}[Q_i;\Lambda_i] = D_{\mathrm{KL}}(Q||P) + \sum_i \Lambda_i \left(\sum_{x_i=0,1} Q_i(x_i) - 1 \right) \tag{10.110}$$

其中，Λ_i为拉格朗日未定系数。将该拉格朗日函数$\mathcal{L}$用这个未定系数进行变分的话，得到的欧拉·拉格朗日方程自然再现了原来的条件。

$$0 = \frac{\partial \mathcal{L}}{\partial \Lambda_i} = \sum_{x_i=0,1} Q_i(x_i) - 1 \tag{10.111}$$

同时，用$Q_i(x_i)$对该拉格朗日函数$\mathcal{L}$变分得到的欧拉·拉格朗日方程为

$$\begin{aligned} 0 &= \frac{\delta \mathcal{L}}{\delta Q_i(x_i)} \\ &= \left(\sum_{\boldsymbol{x}_{-i}} \prod_{j(\neq i)} Q_j(x_j) \right) \left(\sum_k \log Q_k(x_k) - \log P(\boldsymbol{x}|\boldsymbol{\theta}) + 1 \right) + \Lambda_i \end{aligned} \tag{10.112}$$

如果能解开这两个方程式的话，就可以得到我们要寻找的分布。

为了求出分布的形态，首先，在式（10.112）右边括号内出现的第1项中，将$k=i$的部分用条件（10.111）做如下变形

$$\sum_{\boldsymbol{x}_{-i}} \prod_{j(\neq i)} Q_j(x_j) \log Q_i(x_i) = \log Q_i(x_i) \prod_{j(\neq i)} \left(\sum_{x_j} Q_j(x_j) \right) = \log Q_i(x_i) \tag{10.113}$$

在$k \neq i$的部分，由于取所有出现的随机变量的期望值，最终仅成为了一个与随机变量无关的常数。而且，再通过玻尔兹曼机具体形式的代入，即可得到如下的表达式。

$$\begin{aligned} &\sum_{\boldsymbol{x}_{-i}} \prod_{j(\neq i)} Q_j(x_j) \log P(\boldsymbol{x}|\boldsymbol{\theta}) \\ &= \sum_{\boldsymbol{x}_{-i}} \prod_{j(\neq i)} Q_j(x_j) \left(\sum_k b_k x_k + \sum_{(j,k)} w_{jk} x_j x_k - \log Z \right) \\ &= \left(b_i + \sum_{j \in \mathcal{N}_i} w_{ij} \mu_j \right) x_i + \sum_{j(\neq i)} b_j \mu_j + \sum_{(j,k)|j,k \neq i} w_{jk} \mu_j \mu_k - \log Z \end{aligned} \tag{10.114}$$

其中，最后一行中不依赖x_i的项是由$Q_{j\neq i}$的形态决定的常数。同时，我们还引入了有关测试分布随机变量的平均值，即所谓的平均场（mean-field）。

$$\mu_j = \sum_{\boldsymbol{x}} x_j Q(\boldsymbol{x}) = \sum_{x_j=0,1} x_j Q_j(x_j) \tag{10.115}$$

将其代入式（10.113）和式（10.115）的话，可以将平均场近似的方程（10.112）变换

为式（10.116）所示的简单结构。

$$0 = \log Q_i(x_i) - \left(b_i + \sum_{j \in \mathcal{N}_i} w_{ij} \mu_j \right) x_i + \text{const} + \Lambda_i \tag{10.116}$$

其中，const 是与随机变量无关的，只由测试分布的函数形态计算得出的常数。因此，由这个方程式的解得到的测试分布形态为

$$Q_i(x_i) \propto \mathrm{e}^{-\Lambda_i} \, \mathrm{e}^{\left(b_i + \sum_{j \in \mathcal{N}_i} w_{ij} \mu_j \right) x_i} \tag{10.117}$$

其中，拉格朗日未定系数Λ_i是不固定的，由此产生的比例系数可以实现如式（10.118）所示的规格化条件。

$$\sum_{x_i} Q_i(x_i) = 1 \tag{10.118}$$

从而可以得到如式（10.119）所示的最终分布。

$$Q_i(x_i) = \frac{\mathrm{e}^{\left(b_i + \sum_{j \in \mathcal{N}_i} w_{ij} \mu_j \right) x_i}}{1 + \mathrm{e}^{b_i + \sum_{j \in \mathcal{N}_i} w_{ij} \mu_j}} \tag{10.119}$$

参照式（10.95）可以发现，这就是玻尔兹曼机的条件分布，近似为“所关注的i之外的随机变量可替换的平均值”的分布。在统计物理中，通常所说的平均场近似，就是来自于这个替换的简单方法。但是在这里，为了明确近似的意义，采用了稍显“严密”的引入方法。如果必须采用不是这里所介绍的方法的话，关于使用简便法时必须注意的问题，则请大家自己试着考察一下。由于以上的计算，实现平均场近似的分布形即为

$$Q(\boldsymbol{x}) = \prod_i \frac{\mathrm{e}^{\left(b_i + \sum_{j \in \mathcal{N}_i} w_{ij} \mu_j \right) x_i}}{1 + \mathrm{e}^{b_i + \sum_{j \in \mathcal{N}_i} w_{ij} \mu_j}} \tag{10.120}$$

其中，$\mu_{j(\neq i)}$式是由式（10.119）通过x_i的分布，由i以外的节点的期望值给出的。由于这个期望值是未知的，因此最终的这个分布还是确定不了。另一方面，这个分布期望值的计算还必须通过如式（10.119）所示的分布才能进行。如此以来，我们就会陷入无解的循环。我们注意到，在如式（10.119）所示的分布中，x_i的分布是由节点$\mathrm{x}_{j(\neq i)}$的期望值决定的，而$\mathrm{x}_{j(\neq i)}$的分布是由含有x_i的节点$\mathrm{x}_{k(\neq j)}$的期望值决定的。为了不让这些定义在整体上产生矛盾，就要求分布式（10.119）所给出的x_i期望值一定要和其他节点分布中出现的平均场μ_i一致。因此，我们在分布式（10.119）的基础上，给出如下计算x_i期望值μ_i的条件。

$$\mu_i = \frac{\mathrm{e}^{b_i + \sum_{j \in \mathcal{N}_i} w_{ij} \mu_j}}{1 + \mathrm{e}^{b_i + \sum_{j \in \mathcal{N}_i} w_{ij} \mu_j}} \tag{10.121}$$

这个表达式被称为自洽方程或平均场方程。如将其右边用 sigmoid 函数表示的话，则可以整理为如下的方程。

公式 10.5（自洽方程）

$$\mu_i = \sigma\left(b_i + \sum_{j \in \mathcal{N}_i} w_{ij}\mu_j\right) \tag{10.122}$$

在物理学的伊辛模型的学习中，自洽方程中出现的函数是 tanh(•)，与之相对的玻尔兹曼机是 sigmoid 函数。在此，由于x_i是取 0 或 1 的 2 值变量，所以两者之间没有本质的区别。

因为这个自洽方程正是由所有平均场的μ_i值决定的方程，通过这个方程的求解就可以得到分布的具体值。但是，由于这是一个非线性的联立方程式，还不能从解析的角度进行求解，因此我们需要通过数值的方法来求解。通常采用常规的逐次迭代的方法来进行，也就是先从如式（10.123）所示的期望值的随机初始值开始。

$$\mu_1(0), \mu_2(0), \cdots, \mu_M(0) \tag{10.123}$$

将其按照$t = 1, 2, 3, \cdots$的顺序，反复代入到式（10.124）中，进行计算。

$$\mu_i(t) = \sigma\left(b_i + \sum_{j \in \mathcal{N}_i} w_{ij}\,\mu_j(t-1)\right) \tag{10.124}$$

通过上述的反复迭代，最终将计算得到的收敛结果的值$\mu_i(T \gg 1)$作为平均场方程的数值解。

以上是均匀场近似的推导。归根结底，这个近似是由式（10.122）和式（10.120）给出的独立分布，是作为玻尔兹曼机的代替使用的近似方法。这种近似法能显著简化期望值的计算，例如其对于学习方程中出现的期望值仅做了如式（10.125）所示的近似。

$$\langle \mathrm{x}_i \rangle_{\text{model}} \approx \mu_i, \quad \langle \mathrm{x}_i \mathrm{x}_j \rangle_{\text{model}} \approx \mu_i \mu_j \tag{10.125}$$

由于所有变量都是独立的，所以可以进行只有单变量情况下的分布$Q_i(x_i)$的计算。用物理的语言来说，就是将伊辛模型的多体问题近似为单体问题的集合。但是作为简单化的代价，失去了变量间的相互关系，因此平均场近似并不是十分精准的近似法。因此，稍微降低独立性要求的、提高精确度的贝特近似法和聚类变分法也被提出。

练习 10.3

在有隐性变量的情况下，根据平均场近似的思想，思考如何对学习方程（10.74）和方程（10.75）的左边进行简化的近似。

10.6 受限玻尔兹曼机

从之前的介绍我们可以看到，为了提高玻尔兹曼机的性能而引入了隐性变量，但因此也使计算量爆发的问题变得更加尖锐。但即便如此，也还是难以舍弃隐性变量所带来的性能。因此，我们可以对玻尔兹曼机施加一些限制，从而来缓解隐性变量带来的问题的突出程度。

受限玻尔兹曼机（Restricted Boltzmann Machine，RBM）是一个图结构受到强制限定的具有隐性变量的玻尔兹曼机，其结构如图 10.10 所示。其中可观测变量用白色圆圈表示，隐性变量用灰色圆圈表示㊀。RBM 禁止可观测变量之间及隐性变量之间的相互作用，因此，图 10.10 中只有白色圆圈与灰色圆圈之间的连接。施加这个限制的能量函数如式（10.126）所示。

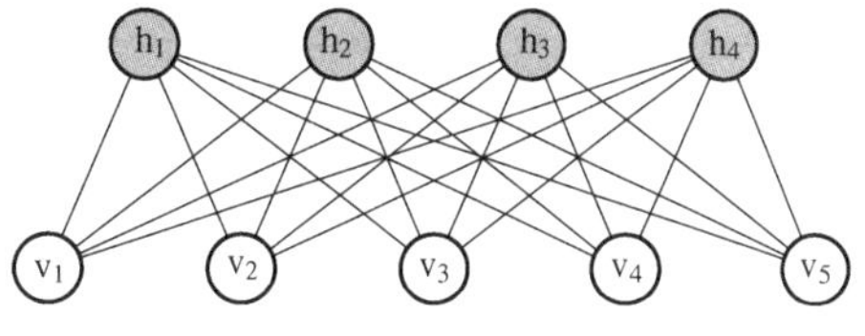

图 10.10　受限玻尔兹曼机的一个例子

$$\Phi(\boldsymbol{v},\boldsymbol{h},\boldsymbol{\theta}) = -\boldsymbol{b}^\top\boldsymbol{v} - \boldsymbol{c}^\top\boldsymbol{h} - \boldsymbol{v}^\top\boldsymbol{W}\boldsymbol{h} \tag{10.126}$$

其同时分布如式（10.127）所示。

$$P(\boldsymbol{v},\boldsymbol{h}|\boldsymbol{\theta}) = \frac{1}{Z(\boldsymbol{\theta})}\mathrm{e}^{-\Phi(\boldsymbol{v},\boldsymbol{h},\boldsymbol{\theta})}, \quad Z(\boldsymbol{\theta}) = \sum_{\boldsymbol{v},\boldsymbol{h}}\mathrm{e}^{-\Phi(\boldsymbol{v},\boldsymbol{h},\boldsymbol{\theta})} \tag{10.127}$$

由于权重项的减少，使得其能量函数的形变得很简洁，以下我们开始证明这个制约在计算上的诸多优点。众所周知，尽管其图结构受到了强制限定，但只要增加隐性变量的数量，就能以任意期望的精确度来实现分布的近似[57]。

RBM 的一个显著的性质是由图的结构带来的条件独立性。如果尝试计算固定隐性变量时的可观测变量的分布，由乘法公式可得

$$P(\boldsymbol{v}|\boldsymbol{h},\boldsymbol{\theta}) = \frac{P(\boldsymbol{v},\boldsymbol{h}|\boldsymbol{\theta})}{\sum\limits_{\boldsymbol{v}}P(\boldsymbol{v},\boldsymbol{h}|\boldsymbol{\theta})} = \frac{\mathrm{e}^{\boldsymbol{b}^\top\boldsymbol{v}+\boldsymbol{v}^\top\boldsymbol{W}\boldsymbol{h}}}{\sum\limits_{\boldsymbol{v}}\mathrm{e}^{\boldsymbol{b}^\top\boldsymbol{v}+\boldsymbol{v}^\top\boldsymbol{W}\boldsymbol{h}}} \tag{10.128}$$

但由于$\boldsymbol{b}^\top\boldsymbol{v}+\boldsymbol{v}^\top\boldsymbol{W}\boldsymbol{h}$是$v_i$的一次函数，因此其右边的分式可以改写成因子乘积的形式。结果得到如式（10.129）所示的条件分布。

$$P(\boldsymbol{v}|\boldsymbol{h},\boldsymbol{\theta}) = \frac{\prod\limits_i \mathrm{e}^{b_iv_i+\sum\limits_j w_{ij}h_jv_i}}{\prod\limits_i \sum_{v_i=0,1}\mathrm{e}^{b_iv_i+\sum\limits_j w_{ij}h_jv_i}} = \prod_i \frac{\mathrm{e}^{(b_i+\sum\limits_j w_{ij}h_j)v_i}}{1+\mathrm{e}^{b_i+\sum\limits_j w_{ij}h_j}} \tag{10.129}$$

同理，变量 v_i 的分布的因子化表示的结果为 $P(v_i|\boldsymbol{h},\boldsymbol{\theta}) = \mathrm{e}^{(b_i+\sum_j w_{ij}h_j)v_i}/(1+\mathrm{e}^{b_i+\sum_j w_{ij}h_j})$㊁。也就是说，在固定了隐性变量的值以后，可观测变量只是独立的变量，也就是所谓的条件独立性。这种独立性之所以成立，也可以从 RBM 的图结构中可以看出，可观测变量之间没有直接联系，它们的相互联系必须要借助于隐性变量间接进行。

从图结构来看，同样的性质对于隐性变量也是成立的。实际上由完全相同的计算可以确

㊀ 根据文献的不同，也有着色与此相反的情况，需加以注意。

㊁ 同时，其边缘分布也有着如$P(\boldsymbol{h}|\boldsymbol{\theta}) \propto \prod_i(1+\mathrm{e}^{b_i+\sum_j w_{ij}h_j})$所示的简单结构。

认其如式（10.130）所示的条件独立性。

$$P(\boldsymbol{h}|\boldsymbol{v},\boldsymbol{\theta})=\frac{P(\boldsymbol{v},\boldsymbol{h}|\boldsymbol{\theta})}{\sum_{\boldsymbol{h}} P(\boldsymbol{v},\boldsymbol{h}|\boldsymbol{\theta})}=\prod_j \frac{\mathrm{e}^{(c_j+\sum_i w_{ij}v_i)h_j}}{1+\mathrm{e}^{c_j+\sum_i w_{ij}v_i}} \tag{10.130}$$

变量h_j的分布的因子化表示的结果为$P(v_j|\boldsymbol{h},\boldsymbol{\theta}) = \mathrm{e}^{(c_j+\sum_i w_{ij}v_i)h_j}/(1+\mathrm{e}^{c_j+\sum_i w_{ij}v_i})$。这些单变量的条件分布为式（10.97）中出现的 sigmoid 函数给出的伯努利分布。如下式所示。

$$P(v_i=1|\boldsymbol{h},\boldsymbol{\theta})=\sigma(\lambda_i^v),\quad P(h_j=1|\boldsymbol{v},\boldsymbol{\theta})=\sigma(\lambda_j^h) \tag{10.131}$$

其中，

$$\lambda_i^v=b_i+\sum_j w_{ij}h_j,\quad \lambda_j^h=c_j+\sum_i w_{ij}v_i \tag{10.132}$$

在 RBM 中，由于条件独立性，其分布$P(\boldsymbol{v}|\boldsymbol{h},\boldsymbol{\theta})$与$P(\boldsymbol{h}|\boldsymbol{v},\boldsymbol{\theta})$可以由上述单变量伯努利分布的乘积给出。

条件独立性是在实际应用中发挥重要作用的特性。之所以这么说，是因为在固定了其中一个层的变量后，即使不进行任何近似，其余层的所有变量都是独立的，所以可以期望计算有飞跃性的简化。另外，如后文所述，通过活用条件独立性，RBM 的吉布斯采样也非常容易实现。

10.6.1 受限玻尔兹曼机的学习

此前已经推导出了普通玻尔兹曼机似然函数的梯度和学习方程，在此将其进行相应的特殊化，就能得到受限玻尔兹曼机的公式了。

在 RBM 中，其学习也会得到简化。用于学习的对数似然函数的梯度的一般公式如式（10.72）和式（10.73）所示。在此分别对应于可观测变量和隐性变量，将其斜率$\{b_i\}$进行拆分，分别改记为b_i和c_j。则 RBM 中，可将偏置b_i方向的梯度表示为

$$\begin{aligned}\frac{1}{N}\frac{\partial L(\boldsymbol{\theta})}{\partial b_i}&=\sum_{\boldsymbol{v}} v_i\, q(\boldsymbol{v})\sum_{\boldsymbol{h}} P(\boldsymbol{h}|\boldsymbol{v},\boldsymbol{\theta})-\langle \mathrm{v}_i\rangle_{\text{model}}\\&=\frac{1}{N}\sum_{n=1}^{N} v_i^{(n)}-\langle \mathrm{v}_i\rangle_{\text{model}}\end{aligned} \tag{10.133}$$

式中，$\langle\cdot\rangle_{\text{model}}$是在$P(\mathbf{v},\mathbf{h}|\boldsymbol{\theta})$之下的平均值。上式最后一行的得出用到了$\sum_{\boldsymbol{h}} P(\boldsymbol{h}|\boldsymbol{v},\boldsymbol{\theta})=1$。另外，斜率$c_j$方向的梯度，采用式（10.46）则可以得到

$$\frac{1}{N}\frac{\partial L(\boldsymbol{\theta})}{\partial c_j}=\frac{1}{N}\sum_{n=1}^{N}\sum_{\boldsymbol{h}} h_j P(\boldsymbol{h}|\boldsymbol{v}^{(n)},\boldsymbol{\theta})-\langle \mathrm{h}_j\rangle_{\text{model}} \tag{10.134}$$

其中，右边第 1 项运用条件独立性的话，可以简化如下：

$$\begin{aligned}\sum_{\boldsymbol{h}} h_j P(\boldsymbol{h}|\boldsymbol{v}^{(n)},\boldsymbol{\theta})&=\sum_{h_j} h_j P(h_j|\boldsymbol{v}^{(n)},\boldsymbol{\theta})\prod_{j'(\neq j)}\left(\sum_{h_{j'}} P(h_{j'}|\boldsymbol{v}^{(n)},\boldsymbol{\theta})\right)\\&=P(h_j=1|\boldsymbol{v}^{(n)},\boldsymbol{\theta})\end{aligned} \tag{10.135}$$

因此，得到如式（10.136）所示的梯度。

$$\frac{1}{N}\frac{\partial L(\boldsymbol{\theta})}{\partial c_j}=\frac{1}{N}\sum_{n=1}^{N}P\big(h_j=1|\boldsymbol{v}^{(n)},\boldsymbol{\theta}\big)-\langle \mathrm{h}_j\rangle_{\text{model}} \tag{10.136}$$

最后，对于权重的梯度，通过条件独立性的计算，可以归结为式（10.137）这一简单的形式。

$$\begin{aligned}\frac{1}{N}\frac{\partial L(\boldsymbol{\theta})}{\partial w_{ij}}&=\frac{1}{N}\sum_{n=1}^{N}v_i^{(n)}\sum_{\boldsymbol{h}}h_jP\big(\boldsymbol{h}|\boldsymbol{v}^{(n)},\boldsymbol{\theta}\big)-\langle \mathrm{v}_i\mathrm{h}_j\rangle_{\text{model}}\\&=\frac{1}{N}\sum_{n=1}^{N}v_i^{(n)}P\big(h_j=1|\boldsymbol{v}^{(n)},\boldsymbol{\theta}\big)-\langle \mathrm{v}_i\mathrm{h}_j\rangle_{\text{model}}\end{aligned} \tag{10.137}$$

由于梯度上升法是通过更新量$\Delta\boldsymbol{\theta}=\eta/N\times\partial L(\boldsymbol{\theta})/\partial\boldsymbol{\theta}$使参数接近极大值的，因此得到如下所示的更新量。

公式 10.6　（受限玻尔兹曼机的梯度上升法）

$$\Delta b_i=\eta\left(\frac{1}{N}\sum_{n=1}^{N}v_i^{(n)}-\langle \mathrm{v}_i\rangle_{\text{model}}\right) \tag{10.138}$$

$$\Delta c_j=\eta\left(\frac{1}{N}\sum_{n=1}^{N}P\big(h_j=1|\boldsymbol{v}^{(n)},\boldsymbol{\theta}\big)-\langle \mathrm{h}_j\rangle_{\text{model}}\right) \tag{10.139}$$

$$\Delta w_{ij}=\eta\left(\frac{1}{N}\sum_{n=1}^{N}v_i^{(n)}P\big(h_j=1|\boldsymbol{v}^{(n)},\boldsymbol{\theta}\big)-\langle \mathrm{v}_i\mathrm{h}_j\rangle_{\text{model}}\right) \tag{10.140}$$

其中，右边第一项可以称为正相位的期望值，第二项可以称为负相位的期望值。我们将以上的计算结果归结为学习方程的话，则可得到公式 10.7。

公式 10.7　（受限玻尔兹曼机的学习方程）

$$\frac{1}{N}\sum_{n=1}^{N}v_i^{(n)}=\langle \mathrm{v}_i\rangle_{\text{model}} \tag{10.141}$$

$$\frac{1}{N}\sum_{n=1}^{N}P\big(h_j=1|\boldsymbol{v}^{(n)},\boldsymbol{\theta}\big)=\langle \mathrm{h}_j\rangle_{\text{model}} \tag{10.142}$$

$$\frac{1}{N}\sum_{n=1}^{N}v_i^{(n)}P\big(h_j=1|\boldsymbol{v}^{(n)},\boldsymbol{\theta}\big)=\langle \mathrm{v}_i\mathrm{h}_j\rangle_{\text{model}} \tag{10.143}$$

尽管有隐性变量的存在，但我们还是得到了如上左边所示非常紧凑的方程。一般来说，在有隐性变量的情况下，左边会出现由状态和引起的组合爆发。但在 RBM 中，由于计算简单，左边出现的状态和不存在组合爆发的问题。最终，学习方程的左边只需要通过与训练数据相关的总和就可以轻松进行评估。之所以如此，还是因为条件独立性的存在。

但是，由于右侧还是模型的期望值，仍然存在玻尔兹曼机特有的组合爆发问题。因此，RBM 的学习使用了各种不同的近似法，特别是吉布斯采样法及其变种的采用。所以在下一节将介绍吉布斯采样法，同样也因为条件独立性而得到了简单化。

10.6.2　块状化的吉布斯采样

所谓吉布斯采样，一般是指从完全条件分布$P\left(x_i|\boldsymbol{x}_{-i},\boldsymbol{\theta}\right)$中逐一抽取变量样本的 MCMC。这个分布的计算，必须要有除了要抽取的变量之外的所有状态$\boldsymbol{x}_{-i}$。此前我们已经介绍了，局部马尔可夫性可以减轻这种计算的计算量。在 RBM 中，由于由图结构带来的局部马尔可夫性是成立的，因此让我们来应用一下。

RBM 的显著性质即为如下所示的条件独立性。

$$P(\boldsymbol{v}|\boldsymbol{h},\boldsymbol{\theta})=\prod_i P(v_i|\boldsymbol{h},\boldsymbol{\theta}),\quad P(\boldsymbol{h}|\boldsymbol{v},\boldsymbol{\theta})=\prod_j P(h_j|\boldsymbol{v},\boldsymbol{\theta}) \tag{10.144}$$

该条件独立性也表现出了一种局部马尔可夫性。之所以这么说，是因为可观测变量$\boldsymbol{v}$在隐性变量固定后是完全独立的。因此，给出隐性变量的所有实现值以后，可观测变量的采样只是从每个$P(v_i|\boldsymbol{h},\boldsymbol{\theta})$中抽取独立的各个成分$v_i$。而且，对隐性变量来说也是同样的。那么，只有在可视层和隐性层交替进行吉布斯采样才能实现在没有任何相互关系的简单分布中采样。我们将这种采样称作块状化吉布斯采样（blocked Gibbs sampling）。

在此对块状化吉布斯采样的顺序做一个略微详细的介绍。首先，随机选择取自$\{0,1\}$的 2 值作为各个变量的初始值$\boldsymbol{v}(0)$，并从初始值进行分布$P\left(h_j|\boldsymbol{v}(0),\boldsymbol{\theta}\right)$的计算，从中抽取的$h_j$的值为$h_j(0)\in\{0,1\}$。然后将这些收集到的所有以$j$为标记的$\boldsymbol{h}(0)$记为$\boldsymbol{h}(0)$。请注意，因为条件独立性，$\boldsymbol{h}(0)$确实是来自$P\left(\boldsymbol{h}|\boldsymbol{v}(0),\boldsymbol{\theta}\right)$的样本。接下来进行分布$P\left(v_i|\boldsymbol{h}(0),\boldsymbol{\theta}\right)$的计算，从中抽取$v_i(1)\in\{0,1\}$作为$\boldsymbol{v}(1)$。同理，这也是从$P\left(\boldsymbol{v}|\boldsymbol{h}(0),\boldsymbol{\theta}\right)$中抽取的样本。像这样，重复进行$\boldsymbol{h}(t)\sim P\left(\boldsymbol{h}|\boldsymbol{v}(t),\boldsymbol{\theta}\right)$和$\boldsymbol{v}(t+1)\sim P\left(\boldsymbol{v}|\boldsymbol{h}(t),\boldsymbol{\theta}\right)$的抽样操作。于是，通过如下所示的取样工作，得到相应的样本序列。

$$\begin{aligned}
&\boldsymbol{h}(0)\sim P\left(\mathbf{h}|\boldsymbol{v}(0),\boldsymbol{\theta}\right)\\
&\boldsymbol{v}(1)\sim P\left(\mathbf{v}|\boldsymbol{h}(0),\boldsymbol{\theta}\right)\\
&\boldsymbol{h}(1)\sim P\left(\mathbf{h}|\boldsymbol{v}(1)),\boldsymbol{\theta}\right)\\
&\vdots\qquad\quad\ \vdots\\
&\boldsymbol{v}(t)\sim P\left(\mathbf{v}|\boldsymbol{h}(t-1),\boldsymbol{\theta}\right)\\
&\boldsymbol{h}(t)\sim P\left(\mathbf{h}|\boldsymbol{v}(t)),\boldsymbol{\theta}\right)\\
&\vdots
\end{aligned}$$

$$\boldsymbol{v}(0)\to\boldsymbol{h}(0)\to\boldsymbol{v}(1)\to\boldsymbol{h}(1)\to\boldsymbol{v}(2)\to\boldsymbol{h}(2)\to\boldsymbol{v}(3)\to\cdots$$

并且与通常的 MCMC 相同，在链充分运行之后，通过链样本值$\left(\boldsymbol{v}(T),\boldsymbol{h}(T)\right)$的多次采用，将能实现样本平均对模型平均的近似。

但是吉布斯采样一般有一个问题，即如果不能充分确保老化时间T的话，所实现的近似的精确度就会很糟糕。这种情况在受限玻尔兹曼机中也一样，如果仅采用这样的实现的话则会相当占用计算资源。但是我们知道，在 RBM 的情况下可以使用称作对比散度法（CD 法）的吉布斯采样的改良版。这个 CD 法不仅可以用非常简单的算法实现，还能因为快速计算而发挥惊人的高效率。因此，实际中采用较多的并不是块状化吉布斯采样，而是广泛使用 CD 法及其改良版。所以下一节将详细介绍 CD 法。

练习 10.4

请思考，在这里介绍的块状化吉布斯采样是不是具有稳定分布受限玻尔兹曼机$P(\boldsymbol{v},\boldsymbol{h}|\boldsymbol{\theta})$的马尔可夫链？

10.7　对比散度法及其理论

对比散度法（Contrastive Divergence method，CD 法）是一种通过大胆的近似而具有高性能的吉布斯采样的梯度上升参数更新法，在性能得到了飞跃改善的同时，算法也非常简单。

目前，我们对 CD 法良好表现的缘由以及算法的理论来源已经有了一定程度的了解，相关内容随后再进行介绍。在此，我们首先给出 CD 法的正式定义。总体来说，CD 法是一种微修正的吉布斯采样法，是一个 T 级的对比散度法（CD-T 法），进行如式（10.145）所示的权重参数w_{ij}的更新。

$$\Delta w_{ij} \propto \mathrm{E}_{P(\boldsymbol{h}|\boldsymbol{v}^{(n)},\boldsymbol{\theta})}[v_i^{(n)}\mathrm{h}_j] - \mathrm{E}_{P(\mathbf{h}|\boldsymbol{v}(T),\boldsymbol{\theta})}[\mathrm{v}_i\mathrm{h}_j] \tag{10.145}$$

在此，其比例系数即为学习率η。在这里我们考虑由 1 个特定样本$\boldsymbol{v}^{(n)}$开始进行训练样本抽取的情况。在使用多个样本进行批量学习时，在采用多个样本进行的小批量学习时，通过小批量的更新来进行训练样本平均值的训练。因此也可以说，所得到的是经验分布的样本平均值。一方面，从严密的梯度计算的结果来看，式（10.45）右边的正相位没有任何改变；另一方面，其负相位仍然是 MCMC 的模型近似平均值，只是其采样与块状化吉布斯链的采样多少有些不同而已。总之，其训练样本是来自数据经验分布$q(\mathbf{v})$的采样，并将通过随机选择的训练样本$\boldsymbol{v}^{(n)}$作为链的初始值，亦即$\boldsymbol{v}(0)=\boldsymbol{v}^{(n)}$。所抽取训练样本的序列如下

$$\begin{aligned}
&\boldsymbol{v}(0) \sim q(\boldsymbol{v})\\
&\boldsymbol{h}(0) \sim P\big(\mathbf{h}|\boldsymbol{v}^{(n)},\boldsymbol{\theta}\big)\\
&\boldsymbol{v}(1) \sim P\big(\mathbf{v}|\boldsymbol{h}(0),\boldsymbol{\theta}\big)\\
&\boldsymbol{h}(1) \sim P\big(\mathbf{h}|\boldsymbol{v}(1)),\boldsymbol{\theta}\big)\\
&\vdots\\
&\boldsymbol{h}(T-1) \sim P\big(\mathbf{h}|\boldsymbol{v}(T-1)),\boldsymbol{\theta}\big)\\
&\boldsymbol{v}(T) \sim P\big(\mathbf{v}|\boldsymbol{h}(T-1),\boldsymbol{\theta}\big)
\end{aligned}$$

而且如后所述，尽管这个链的运行不是很长，但也能得到足够的实用数据。而且在实际应用的过程中，对于负相位的期望值部分采用了更加简单的形式。关于该部分的内容稍后再进行介绍。

此时，我们要进行的是略微详细地看一下，在 CD 法中梯度上升法是如何根据吉布斯采样进行修正和更新的。首先，如前所述的那样，其第一个修正点是取吉布斯链的初始值。在之前的吉布斯采样中，将各个成分随机分配为 0 或 1 的 2 值向量设定为初始值$\boldsymbol{v}(0)$。但在 CD 法中，链的初始值是从训练数据中选 1 个样本作为初始值$\boldsymbol{v}(0)=\boldsymbol{v}^{(n)}$的。因此，CD 法所采用的链为

$$\boldsymbol{v}^{(n)} \to \boldsymbol{h}(0) \to \boldsymbol{v}(1) \to \boldsymbol{h}(1) \to \cdots \to \boldsymbol{v}(T)$$

像这样，通过链的T步运行所抽取的样本值$\boldsymbol{v}(T)$进行的梯度更新我们称为 CD-T 法。实际上，为了节约计算成本，最好采用较小的T进行运行，即使$T=1$，在性能上也不会出现什么问题。因此，由于并不是使用稳定分布的样本，所以 CD 法在梯度上升法中，采用的是负相位的推定量有偏差的近似方法。另外，在此需要注意的是，CD-T 法只进行了$\boldsymbol{v}(T)$的采样，且不直接使用隐性变量$\boldsymbol{h}(T)$的样本值，取而代之的是取$P(\mathbf{h}|\boldsymbol{v}(T),\boldsymbol{\theta})$的平均值。这也是与通常的块状化吉布斯采样不同的地方。而且，在吉布斯采样中，$\mathrm{E}_{P(\mathbf{v},\mathbf{h})}[\cdots]$是通过采样样本的平均值来近似的。但在 CD 法中却不需要使用$\boldsymbol{v}(T)$以外的样本。实际进行的是，在式（10.146）的右边，不需要采用平均值表示的$\mathrm{E}_{P(\boldsymbol{v}(T)|\boldsymbol{v}^{(n)})}[\cdots]$，大胆地用一个样本的值来取代位于分布左侧的期望值，从而得到了如式（10.146）所示的 CD 法的参数更新。

$$\Delta w_{ij} \propto v_i^{(n)} P\big(h_j=1|\boldsymbol{v}^{(n)},\boldsymbol{\theta}\big) - v_i(T)P\big(h_j=1|\boldsymbol{v}(T),\boldsymbol{\theta}\big) \tag{10.146}$$

CD 法在 1 次参数更新中只使用 1 个 MCMC 样本，但是期待通过反复进行的梯度上升法的参数更新，能够间接获得与多次抽样同样的效果。

在此，我们将使用训练样本$\boldsymbol{v}^{(n)}$进行的关于权重以及权重以外的参数全部汇总，则得到如公式 10.8 所示的结果。

公式 10.8　CD 法的梯度上升法

$$\Delta b_i = \eta\left(v_i^{(n)} - v_i(T)\right) \tag{10.147}$$

$$\Delta c_j = \eta\left(P\big(h_j=1|\boldsymbol{v}^{(n)},\boldsymbol{\theta}\big) - P\big(h_j=1|\boldsymbol{v}(T),\boldsymbol{\theta}\big)\right) \tag{10.148}$$

$$\Delta w_{ij} = \eta\left(v_i^{(n)} P\big(h_j=1|\boldsymbol{v}^{(n)},\boldsymbol{\theta}\big) - v_i(T)P\big(h_j=1|\boldsymbol{v}(T),\boldsymbol{\theta}\big)\right) \tag{10.149}$$

在通过样本$\boldsymbol{v}^{(n_t)}$计算的$\Delta\boldsymbol{\theta}^{(t)}$，将参数更新为$\boldsymbol{\theta}^{(t+1)} \leftarrow \boldsymbol{\theta}^{(t)} + \Delta\boldsymbol{\theta}^{(t)}$以后，重新选择训练样本$\boldsymbol{v}^{(n_{t+1})}$，再进行同样的$\boldsymbol{\theta}^{(t+2)} \leftarrow \boldsymbol{\theta}^{(t+1)} + \Delta\boldsymbol{\theta}^{(t+1)}$更新，如此不断地重复这个操作。因此，这是一种在线学习，需要注意的是，右边的第 1 项和第 2 项也使用同样的训练样本$\boldsymbol{v}(0)=\boldsymbol{v}^{(n)}$。

下面，对运行中经常使用的变异进行总结和介绍。首先介绍参数的更新式的变异。根据文献的不同，也有不使用$v_i(T)$，而是直接使用链中的样本$\boldsymbol{h}(T-1)$进行运行的情况。此时，更新式的变异如式（10.150）所示。

$$\Delta w_{ij} \propto v_i^{(n)} P\big(h_j = 1|\boldsymbol{v}^{(n)}, \boldsymbol{\theta}\big) - P\big(v_i = 1|\boldsymbol{h}(T-1), \boldsymbol{\theta}\big) P\big(h_j = 1|\boldsymbol{v}(T), \boldsymbol{\theta}\big) \quad (10.150)$$

另外，与神经网络时的情况一样，也可以根据实际情况和目的要求在$\Delta\boldsymbol{\theta}$上添加权重衰减$\lambda\boldsymbol{\theta}$和动量等正则化项。关于这一部分的详细技术内容在 Hinton 自己的辅导书[58]中有很详细的介绍，有兴趣的读者可以参考。此外，CD 法仅采用单链就足够实用了，若想使用小批量梯度上升法，则只需要采用数量与小批量的样本数相同的多链即可。总之，将当前小批量中的各个数据作为多链的初始值，并进行多链的运行。然后根据各个链分别得到的$\boldsymbol{v}(T)$进行$\Delta^{CD} w_{ij}$的计算，并将其值的平均值用于梯度的更新。这等同于在经验分布中对$\boldsymbol{v}^{(n)}$进行平均计算。小批量的大小会因问题而不同，一般最多使用 100 个样本左右的小批量。

在此，我们介绍了一般的 CD-T法。实际上令人吃惊的是，在$T=1$的情况下，即使几乎不让链运行，CD-T法也充分发挥了作用，并显示出了它的实用性[59]。正如预想的那样，T的值越大，学习的收敛性就越好。即使使用小的T，得到的参数的更新方向与正确的梯度方向也没有太大的差别。因此，即使$T=1$，也可以表现出十分不错的性能。

到现在为止一直讨论的 CD 法的特性是大幅削减了以往的吉布斯采样中需要的计算量。与神经网络相比，玻尔兹曼机的研究长期下降的原因之一是采样需要的计算成本很高。但是由于 CD 法使学习的成本大幅下降，因此大大推进了玻尔兹曼机的研究。在本节的剩余部分，我们继续对 CD 法再进行一些讨论。在这些完成之后，终于可以在下一节转向深层化的玻尔兹曼机的讨论。

10.7.1　对比散度法为什么行得通*

通过大胆地采用吉布斯采样来进行梯度上升法的近似实现，我们得到了 CD 法这种简单的参数更新方法。但是，为什么这样简单的学习法则能很好地发挥作用呢，这一点仍然充满迷雾。关于这些疑问，目前已经有几个理论性的解释，所以在此进行一下介绍[60]。在本节中，将说明通过对数似然函数梯度的近似值，实际上是可以得到对比散度的。

对于极大似然法本有的梯度上升法，在此采用了如式（10.151）所示的基于对数似然函数的梯度来进行$w_{ij} \leftarrow w_{ij} + \eta\, \partial L/\partial w_{ij}$的参数更新。

$$\frac{\partial L(\boldsymbol{\theta})}{\partial w_{ij}} = \frac{\partial \log P\big(\boldsymbol{v}^{(n)}|\boldsymbol{\theta}\big)}{\partial w_{ij}} \quad (10.151)$$

现在，我们考虑只使用 1 个训练样本的方法。以下为了简单起见，对分布$P(\mathbf{v}|\boldsymbol{\theta})$表示中的$\boldsymbol{\theta}$依存性做了部分省略。在与极大似然估计法相对的 CD 法中，考虑如式（10.152）所示以训练样本$\boldsymbol{v}^{(n)}$为初始值$\boldsymbol{v}(0)$的链。

$$\begin{aligned} &P\big(\boldsymbol{h}(0), \boldsymbol{v}(1), \cdots, \boldsymbol{h}(T-1), \boldsymbol{v}(T)|\boldsymbol{v}(0)\big) \\ &= P\big(\boldsymbol{h}(0)|\boldsymbol{v}(0)\big)\, P\big(\boldsymbol{v}(1)|\boldsymbol{h}(0)\big) \cdots P\big(\boldsymbol{h}(T-1)|\boldsymbol{v}(T-1)\big) P\big(\boldsymbol{v}(T)|\boldsymbol{h}(T-1)\big) \end{aligned} \quad (10.152)$$

最后，使用从分布$P(\boldsymbol{v}(T)|\boldsymbol{h}(T-1))$中抽取的$\boldsymbol{v}(T)$来进行梯度上升法的近似实现。为了观察两者的关系，在此将对数似然改写为

$$\begin{aligned}\log P(\boldsymbol{v}(0)) &= \log \frac{P(\boldsymbol{v}(0))}{P(\boldsymbol{h}(0))} \frac{P(\boldsymbol{h}(0))}{P(\boldsymbol{v}(1))} \frac{P(\boldsymbol{v}(1))}{P(\boldsymbol{h}(1))} \cdots \frac{P(\boldsymbol{h}(T-1))}{P(\boldsymbol{v}(T))} P(\boldsymbol{v}(T)) \\ &= \log P(\boldsymbol{v}(T)) + \sum_{t=0}^{T-1} \left(\log \frac{P(\boldsymbol{v}(t))}{P(\boldsymbol{h}(t))} + \log \frac{P(\boldsymbol{h}(t))}{P(\boldsymbol{v}(t+1))} \right) \end{aligned} \tag{10.153}$$

再将和项$\sum_t$中出现的概率分布的比值用乘法定理$P(\boldsymbol{h}(t)|\boldsymbol{v}(t))P(\boldsymbol{v}(t)) = P(\boldsymbol{v}(t)|\boldsymbol{h}(t))P(\boldsymbol{h}(t))$重新写出，从而得到

$$\begin{aligned}\log P(\boldsymbol{v}(0)) = \log P(\boldsymbol{v}(T)) + \\ \sum_{t=0}^{T-1} \left(\log \frac{P(\boldsymbol{v}(t)|\boldsymbol{h}(t))}{P(\boldsymbol{h}(t)|\boldsymbol{v}(t))} + \log \frac{P(\boldsymbol{h}(t)|\boldsymbol{v}(t+1))}{P(\boldsymbol{v}(t+1)|\boldsymbol{h}(t))} \right)\end{aligned} \tag{10.154}$$

因此，对于如式（10.151）所给出的权重梯度，使用这个表达式来进行变形的话，可以得到如式（10.155）所示的权重梯度。

$$\begin{aligned}&\frac{\partial \log P(\boldsymbol{v}(0))}{\partial w_{ij}} \\ &= \frac{\partial \log P(\boldsymbol{v}(T))}{\partial w_{ij}} + \sum_{t=0}^{T-1} \frac{\partial}{\partial w_{ij}} \left(\log \frac{P(\boldsymbol{v}(t)|\boldsymbol{h}(t))}{P(\boldsymbol{h}(t)|\boldsymbol{v}(t))} + \log \frac{P(\boldsymbol{h}(t)|\boldsymbol{v}(t+1))}{P(\boldsymbol{v}(t+1)|\boldsymbol{h}(t))} \right)\end{aligned} \tag{10.155}$$

这个公式只是在形式上使用了引入的$\boldsymbol{v}(t)$和$\boldsymbol{h}(t)$所进行的数学上的改写，所以对任意的序列

$$\boldsymbol{v}(0) \to \boldsymbol{h}(0) \to \boldsymbol{v}(1) \to \boldsymbol{h}(1) \to \cdots \to \boldsymbol{v}(T)$$

式（10.151）仍然成立。也就是说，在$P(\boldsymbol{h}(0), \boldsymbol{v}(1), \cdots, \boldsymbol{h}(T-1), \boldsymbol{v}(T)|\boldsymbol{v}(0))$的加权平均值下，同样的表达式也成立。因此，通过这个概率分布的加权，对从$\boldsymbol{v}(0)$到生成的$\boldsymbol{v}(T)$之间所有可能的样本列进行取和的话

$$\boldsymbol{h}(0) \to \boldsymbol{v}(1) \to \boldsymbol{h}(1) \to \cdots \to \boldsymbol{v}(T)$$

则可以得到如式（10.156）所示的期望值公式。

$$\begin{aligned}\frac{\partial \log P(\boldsymbol{v}(0))}{\partial w_{ij}} &= \mathrm{E}\left[\left. \frac{\partial \log P(\boldsymbol{v}(T))}{\partial w_{ij}} \right| \boldsymbol{v}(0) \right] \\ &+ \sum_{t=0}^{T-1} \mathrm{E}\left[\left. \frac{\partial}{\partial w_{ij}} \left(\log \frac{P(\boldsymbol{v}(t)|\boldsymbol{h}(t))}{P(\boldsymbol{h}(t)|\boldsymbol{v}(t))} + \log \frac{P(\boldsymbol{h}(t)|\boldsymbol{v}(t+1))}{P(\boldsymbol{v}(t+1)|\boldsymbol{h}(t))} \right) \right| \boldsymbol{v}(0) \right]\end{aligned} \tag{10.156}$$

这个期望值就是分布$P(\boldsymbol{h}(0), \boldsymbol{v}(1), \cdots, \boldsymbol{h}(T-1), \boldsymbol{v}(T)|\boldsymbol{v}(0))$本有的分布期望。

实际上，如果仔细思考参数微分性质的话，这个结果还会更简单一些。之所以这么说，是由于对一般的概率分布参数族$P(\mathbf{x}|\boldsymbol{\theta})$，如式（10.157）所示的性质成立。

$$\mathrm{E}_{P(\mathbf{x}|\boldsymbol{\theta})}\left[\frac{\partial \log P(\mathbf{x}|\boldsymbol{\theta})}{\partial \boldsymbol{\theta}} \right] = \sum_{\boldsymbol{x}} \frac{\partial P(\boldsymbol{x}|\boldsymbol{\theta})}{\partial \boldsymbol{\theta}} = \frac{\partial}{\partial \boldsymbol{\theta}} \sum_{\boldsymbol{x}} P(\boldsymbol{x}|\boldsymbol{\theta}) = \frac{\partial}{\partial \boldsymbol{\theta}} 1 = 0 \tag{10.157}$$

所以，在上述表达式的和项中，出现的诸如式（10.158）所示的 2 种分解log项会自动消失。

$$
\mathrm{E}\left[\left.\frac{\partial \log P\big(\boldsymbol{h}(t)|\boldsymbol{v}(t)\big)}{\partial w_{ij}}\right|\boldsymbol{v}(0)\right]=0
$$
$$
\mathrm{E}\left[\left.\frac{\partial \log P\big(\boldsymbol{v}(t+1)|\boldsymbol{h}(t)\big)}{\partial w_{ij}}\right|\boldsymbol{v}(0)\right]=0 \tag{10.158}
$$

这个结果的导出，也用到了正在思考的分布$P\big(\boldsymbol{h}(0),\cdots,\boldsymbol{v}(T)|\boldsymbol{v}(0)\big)$、$P\big(\boldsymbol{h}(t)|\boldsymbol{v}(t)\big)$和$P\big(\boldsymbol{v}(t+1)|\boldsymbol{h}(t)\big)$的期望值。因此，也考虑了如式（10.157）所示的这个性质，最终得出了如式（10.159）所示的结果。

$$
\frac{\partial \log P\big(\boldsymbol{v}(0)\big)}{\partial w_{ij}}=\mathrm{E}\left[\left.\frac{\partial \log P\big(\boldsymbol{v}(T)\big)}{\partial w_{ij}}\right|\boldsymbol{v}(0)\right]+
\sum_{t=0}^{T-1}\mathrm{E}\left[\left.\frac{\partial \log P\big(\boldsymbol{v}(t)|\boldsymbol{h}(t)\big)}{\partial w_{ij}}+\frac{\partial \log P\big(\boldsymbol{h}(t)|\boldsymbol{v}(t+1)\big)}{\partial w_{ij}}\right|\boldsymbol{v}(0)\right] \tag{10.159}
$$

其中，右边的第 1 项看起来是为 0 的，因为该项只能是$\boldsymbol{v}(T)$量的期望值，如式（10.160）所示。

$$
\begin{aligned}
&\mathrm{E}\left[\frac{\partial \log P\big(\boldsymbol{v}(T)\big)}{\partial w_{ij}}|\boldsymbol{v}(0)\right]\\
&=\sum_{\boldsymbol{v}(T)}\left(\sum_{\boldsymbol{v}(0)}\sum_{\boldsymbol{h}(0)}\cdots\sum_{\boldsymbol{h}(T-1)}P\big(\boldsymbol{h}(0),\boldsymbol{v}(1),\cdots,\boldsymbol{h}(T-1),\boldsymbol{v}(T)|\boldsymbol{v}(0)\big)\right)\frac{\partial \log P\big(\boldsymbol{v}(T)\big)}{\partial w_{ij}}\\
&=\mathrm{E}_{P\left(\boldsymbol{v}(T)|\boldsymbol{v}(0)\right)}\left[\frac{\partial \log P\big(\boldsymbol{v}(T)\big)}{\partial w_{ij}}|\boldsymbol{v}(0)\right]
\end{aligned} \tag{10.160}
$$

这个期望值可以采用第T步的边缘分布概率$P(\boldsymbol{v}(T)|\boldsymbol{v}(0))$的期望值来代替。因此，如果使链充分运行，达到$T\to\infty$的平衡状态时，这个分布$P(\boldsymbol{v}(T)|\boldsymbol{v}(0))$就与初始分布无关，并收敛为稳定分布$P\big(\boldsymbol{v}(\infty)\big)$。因此就变成了如式（10.161）所示的结果。

$$
\mathrm{E}_{P(\boldsymbol{v}(T)|\boldsymbol{v}(0))}\left[\left.\frac{\partial \log P\big(\boldsymbol{v}(T)\big)}{\partial w_{ij}}\right|\boldsymbol{v}(0)\right]\to\mathrm{E}_{P(\boldsymbol{v}(\infty))}\left[\left.\frac{\partial \log P\big(\boldsymbol{v}(\infty)\big)}{\partial w_{ij}}\right|\boldsymbol{v}(0)\right]=0 \tag{10.161}
$$

最终成为 0 的原因还是由于具有如式（10.157）所示的性质。因此，这个初项在老化期之后是可以被忽略的量，所以可以假定其为一个小的可忽略的值。于是，得出了对于对数似然函数梯度的近似表达式，如式（10.162）所示。

$$
\begin{aligned}
&\frac{\partial \log P\big(\boldsymbol{v}(0)\big)}{\partial w_{ij}}\\
&\approx\sum_{t=0}^{T-1}\mathrm{E}\left[\left.\frac{\partial \log P\big(\boldsymbol{v}(t)|\boldsymbol{h}(t)\big)}{\partial w_{ij}}+\frac{\partial \log P\big(\boldsymbol{h}(t)|\boldsymbol{v}(t+1)\big)}{\partial w_{ij}}\right|\boldsymbol{v}(0)\right]
\end{aligned} \tag{10.162}
$$

式（10.162）所给出的内容也正是CD法所进行的工作。在这个近似中被忽略的第1项是作为负相位近似的CD法所具有的斜率部分。

下面，我们来看一下将这个近似公式应用于受限玻尔兹曼机的情况。回想一下，RBM的分布是满足条件独立性的，所以其条件分布可以从式（10.131）所示的单变量分布的信息中得到。除此之外，由于该分布是变量只取0或1值的伯努利分布，所以这个分布的完整形可以写成式（10.163）和式（10.164）的形式。

$$P\big(\boldsymbol{v}|\boldsymbol{h},\boldsymbol{\theta}\big)=\prod_i \sigma\big(\lambda_i^v\big)^{v_i}\big(1-\sigma\big(\lambda_i^v\big)\big)^{1-v_i} \tag{10.163}$$

$$P\big(\boldsymbol{h}|\boldsymbol{v},\boldsymbol{\theta}\big)=\prod_j \sigma\big(\lambda_j^h\big)^{h_j}\big(1-\sigma\big(\lambda_j^h\big)\big)^{1-h_j} \tag{10.164}$$

将这些伯努利分布的对数函数对权重w_{ij}进行微分，并将其应用于近似式（10.162）中。在进行这些微分计算时，可以使用从sigmoid函数的微分性质$\sigma'(\lambda)=\sigma(\lambda)\big(1-\sigma(\lambda)\big)$开始，从而可以得到式（10.165）。

$$\frac{\partial}{\partial w}\left[\log\left(\sigma(\lambda)^x\big(1-\sigma(\lambda)\big)^{1-x}\right)\right]=\big(x-\sigma(\lambda)\big)\frac{\partial\lambda}{\partial w} \tag{10.165}$$

因此，如果适用这个性质的话，分布的对数函数的梯度即为

$$\frac{\partial\log P\big(\boldsymbol{v}(t)|\boldsymbol{h}(t),\boldsymbol{\theta}\big)}{\partial w_{ij}}=\big(v_i(t)-P\big(v_i=1|\boldsymbol{h}(t),\boldsymbol{\theta}\big)\big)\,h_j(t) \tag{10.166}$$

$$\frac{\partial\log P\big(\boldsymbol{h}(t)|\boldsymbol{v}(t+1),\boldsymbol{\theta}\big)}{\partial w_{ij}}=\big(h_j(t)-P\big(h_j=1|\boldsymbol{v}(t+1),\boldsymbol{\theta}\big)\big)v_i(t+1) \tag{10.167}$$

使用这个结果，可以将近似公式的$\sum_t$中出现的两项具体写出，从而得到式（10.168）。

$$\begin{aligned}&\mathrm{E}\Big[v_i(t)h_j(t)-P\big(v_i=1|\boldsymbol{h}(t),\boldsymbol{\theta}\big)h_j(t)+v_i(t+1)h_j(t)-\\&\qquad v_i(t+1)P\big(h_j=1|\boldsymbol{v}(t+1),\boldsymbol{\theta}\big)|\boldsymbol{v}(0)\Big]\\&=\mathrm{E}\Big[v_i(t)h_j(t)-v_i(t+1)P\big(h_j=1|\boldsymbol{v}(t+1),\boldsymbol{\theta}\big)|\boldsymbol{v}(0)\Big]\end{aligned} \tag{10.168}$$

需要注意的是，左边的第2、3项是相互抵消的。其原因是，这个期望值是在分布$P\big(\boldsymbol{h}(0),\boldsymbol{v}(1),\cdots,\boldsymbol{h}(T-1),\boldsymbol{v}(T)|\boldsymbol{v}(0)\big)$的基础上的，其中对与$v_i(t+1)$相关的期望值有效的是随机过程中的因子$P\big(v_i(t+1)|\boldsymbol{h}(t),\boldsymbol{\theta}\big)$。因此，在这个期望值中可以用$P\big(v_i=1|\boldsymbol{h}(t),\boldsymbol{\theta}\big)$来替换伯努利随机变量$v_i(t+1)$，结果即为第2项和第3项相互抵消。再考虑剩余的两个项，如将其在和项$\sum_t$中与相邻的项组成一对的话，则成为如式（10.169）所示的形式。

$$\begin{aligned}&\mathrm{E}\Big[v_i(t-1)h_j(t-1)-v_i(t)P\big(h_j=1|\boldsymbol{v}(t),\boldsymbol{\theta}\big)+\\&\qquad v_i(t)h_j(t)-v_i(t+1)P\big(h_j=1|\boldsymbol{v}(t+1),\boldsymbol{\theta}\big)|\boldsymbol{v}(0)\Big]\end{aligned} \tag{10.169}$$

该式在采用分布$P\big(h_j(t)|\boldsymbol{v}(t),\boldsymbol{\theta}\big)$的期望值的基础上，可以再次引起同样的抵消，因此在

这 4 项中，只剩下第 1 项和最后 1 项。反复进行这种抵消的话，最后在$\sum_t$中留存下来的只有两端的两项。这样最终可以得到的结果如下：

$$\begin{aligned}\frac{\partial \log P\big(\boldsymbol{v}(0)\big)}{\partial w_{ij}} &\approx \mathrm{E}\Big[v_i(0)h_j(0) - v_i(T)P\big(h_j=1|\boldsymbol{v}(T),\boldsymbol{\theta}\big)|\boldsymbol{v}(0)\Big] \\ &= v_i(0)P\big(h_j=1|\boldsymbol{v}(0),\boldsymbol{\theta}\big) - \mathrm{E}\Big[v_i(T)P\big(h_j=1|\boldsymbol{v}(T),\boldsymbol{\theta}\big)|\boldsymbol{v}(0)\Big] \end{aligned} \tag{10.170}$$

请注意，因为这个第 1 项是只依赖于链最初的变量$\boldsymbol{h}(0)$的量，所以吉布斯链的同时分布中的期望值$\mathrm{E}[\cdots]$最终也会成为$P\big(\boldsymbol{h}(0)|\boldsymbol{v}(0),\boldsymbol{\theta}\big)$之下的期望值。另一方面，由于第 2 项只依赖于链最后的变量$\boldsymbol{v}(T)$，所以基于与式（10.160）完全相同的理由，将其替换为边缘概率分布$P\big(\boldsymbol{v}(T)|\boldsymbol{v}(0)\big)$的期望值，这个期望值不是由$P\big(\boldsymbol{v}(T)|\boldsymbol{v}(0)\big)$生成的 MCMC 样本的样本平均值。如果只用 1 个 MCMC 样本$\boldsymbol{v}(T)$来表示的话，这一项就是 CD 法中出现的负相位$v_i(T)P\big(h_j=1|\boldsymbol{v}(T),\boldsymbol{\theta}\big)$。因此，所得到的结果正是 CD 法中的参数更新公式。

练习 10.5

对于斜率参数b_i,c_j，请用同样的方法推导出 CD 法的更新规则。

10.7.2　对比散度的最小化*

接下来，让我们从特殊目标函数的最优化这一观点介绍对比散度法，实际上原本的对比散度法的引入就是从这个观点开始的。

首先，被称为对比散度的目标函数定义如下

$$\mathrm{CD}_k(\boldsymbol{\theta}) = \mathrm{D}_{\mathrm{KL}}\big(q(\mathbf{v})||P^{(\infty)}(\mathbf{v}|\boldsymbol{\theta})\big) - \mathrm{D}_{\mathrm{KL}}\big(P^{(k)}(\mathbf{v}|\boldsymbol{\theta})||P^{(\infty)}(\mathbf{v}|\boldsymbol{\theta})\big) \tag{10.171}$$

其中，在散度的参数中出现的分布$P^{(k)}(\mathbf{v}|\boldsymbol{\theta})$是使初始分布为$P(\mathbf{h}|\mathbf{v},\boldsymbol{\theta})q(\mathbf{v})$的吉布斯链进行$k$步运行后的分布$P^{(k)}(\mathbf{v},\mathbf{h}|\boldsymbol{\theta})$边缘化计算结果，$P^{(\infty)}(\mathbf{v},\mathbf{h}|\boldsymbol{\theta})$为稳定分布。因此，从初始分布的经验分布$P^{(0)}(\mathbf{v}|\boldsymbol{\theta})=q(\mathbf{v})$开始，吉布斯分布逐渐接近稳定分布$P^{(\infty)}(\mathbf{v},\mathbf{h}|\boldsymbol{\theta})$，因此这个作为散度差值的对比散度通常取 0 以上的值。

$$\mathrm{CD}_k(\boldsymbol{\theta}) \geqslant 0 \tag{10.172}$$

在（非周期性的）吉布斯链的情况下，当$P^{(0)}(\mathbf{v}|\boldsymbol{\theta})=P^{(k)}(\mathbf{v}|\boldsymbol{\theta})$时，等号成立。这是因为，通过这个等号对转移概率的多次作用，对于任意自然数n，$P^{(0)}(\mathbf{v}|\boldsymbol{\theta})=P^{(nk)}(\mathbf{v}|\boldsymbol{\theta})$都成立。但由于链中没有周期性这一假设，所以对于所有的时刻t，只有当$P^{(0)}(\mathbf{v}|\boldsymbol{\theta})=P^{(t)}(\mathbf{v}|\boldsymbol{\theta})=P^{(\infty)}(\mathbf{v}|\boldsymbol{\theta})$时这个条件才成立。

让我们用梯度上升法来进行CD_k最大值的寻找。根据 KL 散度的定义，CD_k的梯度可以表示为

$$\begin{aligned}\frac{\partial \mathrm{CD}_k(\boldsymbol{\theta})}{\partial w_{ij}} = \frac{\partial}{\partial w_{ij}}\sum_{\boldsymbol{v}}\Bigg(& q(\boldsymbol{v})\log P^{(\infty)}(\boldsymbol{v}|\boldsymbol{\theta}) - P^{(k)}(\boldsymbol{v}|\boldsymbol{\theta})\log P^{(k)}(\boldsymbol{v}|\boldsymbol{\theta}) + \\ & P^{(k)}(\boldsymbol{v}|\boldsymbol{\theta})\log P^{(\infty)}(\boldsymbol{v}|\boldsymbol{\theta})\Bigg)\end{aligned} \tag{10.173}$$

首先，我们来看一下右边从微分稳定分布的边缘化$P^{(\infty)}(\mathbf{v},\boldsymbol{\theta})$得到的项。由于$P^{(\infty)}$是隐性变量对玻尔兹曼机的分布进行边缘化的结果，使用式（10.68）和乘法定理，就变成了式（10.174）的形式。

$$\frac{\partial \log P(\boldsymbol{v}|\boldsymbol{\theta})}{\partial w_{ij}} = \sum_{\boldsymbol{h}} v_i h_j P(\boldsymbol{h}|\boldsymbol{v},\boldsymbol{\theta}) - \frac{1}{Z(\boldsymbol{\theta})}\frac{\partial Z(\boldsymbol{\theta})}{\partial w_{ij}} \tag{10.174}$$

所以CD_k的梯度中出现的项可以表示为

$$\begin{aligned}&\sum_{\boldsymbol{v}}\left(-q(\boldsymbol{v})+P^{(k)}(\boldsymbol{v}|\boldsymbol{\theta})\right)\frac{\partial \log P(\boldsymbol{v}|\boldsymbol{\theta})}{\partial w_{ij}}\\&=\sum_{\boldsymbol{v},\boldsymbol{h}}\left(-v_i h_j P(\boldsymbol{h}|\boldsymbol{v},\boldsymbol{\theta})q(\boldsymbol{v})+v_i h_j P(\boldsymbol{h}|\boldsymbol{v},\boldsymbol{\theta})P^{(k)}(\boldsymbol{v}|\boldsymbol{\theta})\right)\end{aligned} \tag{10.175}$$

因为正在思考的吉布斯分布的转移概率也是一个玻尔兹曼机，所以式（10.175）右边第二项的分布就变成了$P(\boldsymbol{h}|\boldsymbol{v},\boldsymbol{\theta})P^{(k)}(\boldsymbol{v}|\boldsymbol{\theta}) = P^{(k)}(\boldsymbol{v},\boldsymbol{h}|\boldsymbol{\theta})$。

接下来考虑在CD_k的梯度中，微分作用于分布$P^{(k)}(\mathbf{v}|\boldsymbol{\theta})$得到的项。这个来源于$-\mathrm{D}_{\mathrm{KL}}\left(P^{(k)}(\mathbf{v}|\boldsymbol{\theta})||P^{(\infty)}(\mathbf{v}|\boldsymbol{\theta})\right)$部分的项，表现出如式（10.176）所示的梯度。

$$\sum_{\boldsymbol{v}}\frac{\partial \log P^{(k)}(\boldsymbol{v}|\boldsymbol{\theta})}{\partial w_{ij}}\left(\log\frac{P^{(\infty)}(\boldsymbol{v}|\boldsymbol{\theta})}{P^{(k)}(\boldsymbol{v}|\boldsymbol{\theta})}-1\right) \tag{10.176}$$

因此，如果结合以上 2 个结果的话，CD_k的梯度就可以取如式（10.177）所示的形。

$$\begin{aligned}\frac{\partial \mathrm{CD}_k(\boldsymbol{\theta})}{\partial w_{ij}} =&\mathrm{E}_{P(\mathrm{h}_j|\mathbf{v},\boldsymbol{\theta})q(\mathbf{v})}\left[\mathrm{v}_i\mathrm{h}_j\right]-\mathrm{E}_{P(\mathbf{v},\mathbf{h}|\boldsymbol{\theta})}\left[\mathrm{v}_i\mathrm{h}_j\right]+\\&\sum_{\boldsymbol{v}}\frac{\partial \log P^{(k)}(\boldsymbol{v}|\boldsymbol{\theta})}{\partial w_{ij}}\left(\log\frac{P^{(\infty)}(\boldsymbol{v}|\boldsymbol{\theta})}{P^{(k)}(\boldsymbol{v}|\boldsymbol{\theta})}-1\right)\end{aligned} \tag{10.177}$$

如果忽略第 3 项的话，右边的结果即为 CD 法的参数更新式。根据 Hinton 团队的论述，由于这个第 3 项的值在实验中很小，所以即使只保留前面的两项，近似的值也不会有什么差别[59,61]。像这样，CD 法实际上是近似于对比散度的目标函数的梯度上升的学习法。

在此需要注意的是，CD 法始终是近似地表示对比散度的梯度的。实际上，众所周知，CD 法的更新规则不能表示某种函数严密的梯度，因此，梯度上升法收敛的地方不仅不是真正的参数最佳值；另外理论上来说，梯度的更新还可能会产生振荡，以至于不能进行收敛。但是，在实践中这样的方法是没有问题的，这是因为在采用 CD 法进行某种程度的近似学习之后，如果花费计算成本用精确的极大似然法再学习的话，可以实现参数的调优。

10.7.3 持续对比散度法（PCD 法）

在基于 CD 法的在线学习中，对参数$\boldsymbol{\theta}$进行一次更新后，重新选择一个训练样本（或者小批量），计算与之相关的更新量 $\Delta\boldsymbol{\theta}$，再次进行参数的更新。反复进行这样的操作的话，则每次更新时就必须用新的训练样本将马尔可夫链初始化并重新运行。所以无论链的运行时间有多长，也不能保证其达到平衡状态，其采样也不是从稳定分布中进行的采样。因此可以采用持续的对比散度法（persistent contrastive divergence，PCD），该方法中马尔可夫链运行过一次后并不进行初始化，以此持续运行，并反复进行梯度的更新[62]。也就是将 CD 法中使用的样本值$\boldsymbol{v}^{(0)}$原封不动地用于下一个马尔可夫链的初始值。因此，如果采用如式（10.178）所示的 CD 法第t轮参数更新表示形式的话，则第t轮采用的（第n_t个）训练样本$\boldsymbol{v}^{(n_t)}$的 PCD-T 法，不依赖该训练样本持续运行的马尔可夫链中的（第$t\times T$步的）样本$\boldsymbol{v}(tT)$，与 CD 法类似的更新量可以表示为如式（10.179）所示的形式。

$$w_{ij}^{(t+1)} \longleftarrow w_{ij}^{(t)} + \Delta w_{ij}^{(t)} \tag{10.178}$$

$$\Delta w_{ij}^{(t)} \propto v_i^{(n_t)} P\big(h_j = 1|\boldsymbol{v}^{(n_t)}, \boldsymbol{\theta}\big) - v_i(tT) P\big(h_j = 1|\boldsymbol{v}(tT), \boldsymbol{\theta}\big) \tag{10.179}$$

在此需要注意的是，这个马尔可夫链并不是均匀的，在每个T级中采用转移概率$P\big(\boldsymbol{h}|\boldsymbol{v}, \boldsymbol{\theta} + \Delta\boldsymbol{\theta}^{(t)}\big)$和$P\big(\boldsymbol{v}|\boldsymbol{h}, \boldsymbol{\theta} + \Delta\boldsymbol{\theta}^{(t)}\big)$来进行参数的更新。

PCD 法所基于的思想是如果学习率不大的话，参数值也不会有急剧的更新，也就是说模型分布的值$P(\boldsymbol{v}, \boldsymbol{h}|\boldsymbol{\theta} + \Delta\boldsymbol{\theta})$也变化不多。因此，从前一个更新过程分布中抽取的样本与从更新后的分布中抽取的样本没有太大变化。因此，期待根据之前阶段的样本初始化的吉布斯链也立即混合。另外，由于同样的原因，已经达到稳定分布的链在参数更新后也还处于稳定分布中，因此可以得到好的样本。像这样尽量采用持续运行的链的方法就是 PCD 法。

除了 PCD 之外，为了加快吉布斯链的混合，还提出了引入新的参数的高速持续对比散度法（Fast Persistent Contrastive Divergence，FPCD）[63]及复制交换法（并行回火）等方法。

10.8　深度信念网络

在机器学习领域，长期以来，能够保证目标函数凸性的简单模型的研究占据了主流。由于局部最优解的问题，学习极为困难的神经网络等被认为是不实用、不现实的方法而不被关注。但是到了 2006 年，Hinton 团队在深度神经网络学习中取得了成功。这个模型的成功引发了当前的深度学习，这个被深度化的体系结构就是接下来要介绍的深度信念网络。

深度信念网络（Deep Belief Network，DBN）是具有如图 10.11 所示的图结构的多层概率模型，图中给出的是隐性层（灰色）有 4 层的情况，但一般情况下所考虑的L层为$\boldsymbol{h}^{(1)}, \boldsymbol{h}^{(2)}, \cdots, \boldsymbol{h}^{(L)}$。另外，各层节点的数量也不必是相同的。这个模型的图结构特征是，除了最上层以外，从上到下的其他层都是有向图。而且，最上面只有 2 层是像玻尔兹曼机一样的无向图[⊖]。另外，在同层的节点之间没有连接。因此，DBN 是贝叶斯网络（sigmoid 信念网络）和受限玻尔兹曼机组成的混合模型。这个图结构所给出的图模型的分布如式（10.180）所示。

⊖ 如最上层也是完全一样的有向图的话，我们称这样的模型 sigmoid 信念网络（sigmoid belief network）。

$$P(\boldsymbol{v},\boldsymbol{h}^{(1)},\boldsymbol{h}^{(2)},\ldots,\boldsymbol{h}^{(L)}|\boldsymbol{\theta})$$
$$=\left(\prod_{\ell=0}^{L-2}P(\boldsymbol{h}^{(\ell)}|\boldsymbol{h}^{(\ell+1)},\boldsymbol{W}^{(\ell+1)})\right)P(\boldsymbol{h}^{(L-1)},\boldsymbol{h}^{(L)}|\boldsymbol{W}^{(L)}) \tag{10.180}$$

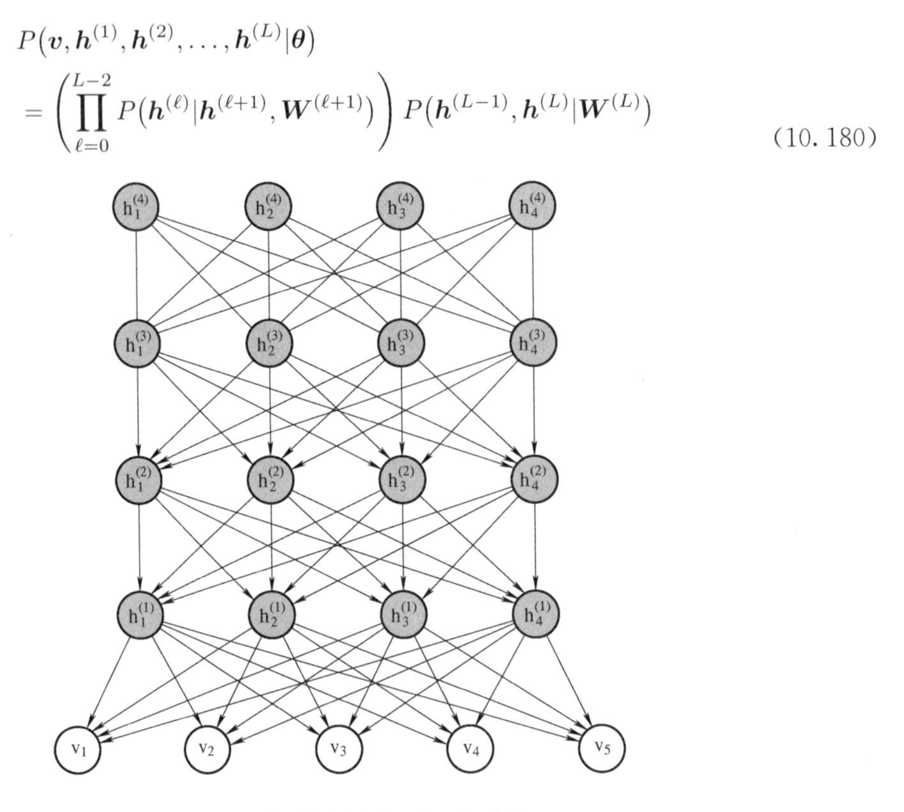

图 10.11　深度信念网络的一个例子

其中，$\boldsymbol{W}^{(\ell)}$为连接$\ell-1$层和ℓ层的权重矩阵。我们将所有层的这些参数进行整理，并记为$\boldsymbol{\theta}$。为了简单起见，在此对斜率进行了省略，必要的时候当然也可以引入斜率参数。而且，最底层的可视层记为第 0 层，也就是说$\boldsymbol{v}=\boldsymbol{h}^{(0)}$。

当我们说起 DBN 时，不仅指的是这个图结构，也包括其概率模型中出现的因子$P(\boldsymbol{h}^{(\ell)}|\boldsymbol{h}^{(\ell+1)},\boldsymbol{W}^{(\ell+1)})$等的具体分布形式，下面我们就对这个具体的分布形式作一下介绍。首先，关于最上段的 2 层$(\boldsymbol{h}^{(L-1)},\boldsymbol{h}^{(L)})$，我们可以将其看作为由这 2 层形成的受限玻尔兹曼机，其同时分布如式（10.181）所示。

$$P(\boldsymbol{h}^{(L-1)},\boldsymbol{h}^{(L)}|\boldsymbol{W}^{(L)})=\frac{1}{Z(\boldsymbol{W}^{(L)})}\mathrm{e}^{\sum_j\sum_k w_{jk}^{(L)}h_j^{(L-1)}h_k^{(L)}} \tag{10.181}$$

其次是对于中间层的条件概率，这个用到了 sigmoid 函数中给出的伯努利分布，如式（10.182）所示。

$$P(h_j^{(\ell)}=1|\boldsymbol{h}^{(\ell+1)},\boldsymbol{W}^{(\ell+1)})=\sigma\left(b_j^{(\ell)}+\sum_k w_{jk}^{(\ell+1)}h_k^{(\ell+1)}\right) \tag{10.182}$$

这个分布表示的是在给定了上层变量值的情况下，以多大的概率生成下层的变量值。也就是说，DBN 是一个从上层到下层的生成模型。另外，由于上层的变量$\boldsymbol{h}^{(\ell)}$是深层的说明因子，所以给出了对于输入$\boldsymbol{v}$的深层表现。

10.8.1　DBN 的预学习

DBN 以及后述的 DBM 等深度体系结构的学习，在原理上也是通过极大似然估计来进行的。也就是说，通过如式（10.183）所示的可观测变量的边缘分布的似然函数的对数函数（如式（10.184）所示）的最大化来进行的。

$$P(\boldsymbol{v}|\boldsymbol{\theta}) = \sum_{\boldsymbol{h}^{(1)}} \cdots \sum_{\boldsymbol{h}^{(L)}} P(\boldsymbol{v}, \boldsymbol{h}^{(1)}, \ldots, \boldsymbol{h}^{(L)}|\boldsymbol{\theta}) \tag{10.183}$$

$$\boldsymbol{\theta}^* = \underset{\boldsymbol{\theta}}{\operatorname{argmax}}\ \mathrm{E}_{q(\mathbf{v})}\left[P(\mathbf{v}|\boldsymbol{\theta})\right] \tag{10.184}$$

但是，这种简单的方法有 2 个问题，即由组合爆发引起的计算量和陷入局部最优解的危险。因此，所要采取的策略为，在学习开始的时候，首先就要采取已准备好的初始值。也就是说，学习的过程可分为以下两个步骤。

（1）预学习：查找参数的优质初始值，并设定其值。

（2）调优：用梯度下降法等进行参数的微调。

在此，先介绍一下预学习。

DBN 的预学习是通过分层的贪心学习法（greedy layer- wise training）进行的。总的来说，这个方法就是将多层模型中各个相邻的 2 层构成的层对看作一个孤立的 RBM，并对每个层对进行 RBM 的学习和参数值的更新。如图 10.12 所示，从下层到上层依次进行这样的操作。于是，将最终从各层对学习中得到的更新后的参数作为预学习的结果。当然，除了最上面的 2 层外，在其他层中取出的 2 层的层对，也是构不成 RBM 的。但是，近似地将其视为与 RBM 相同的分布并进行更新，据此可以得到用于正式学习的良好初始值。

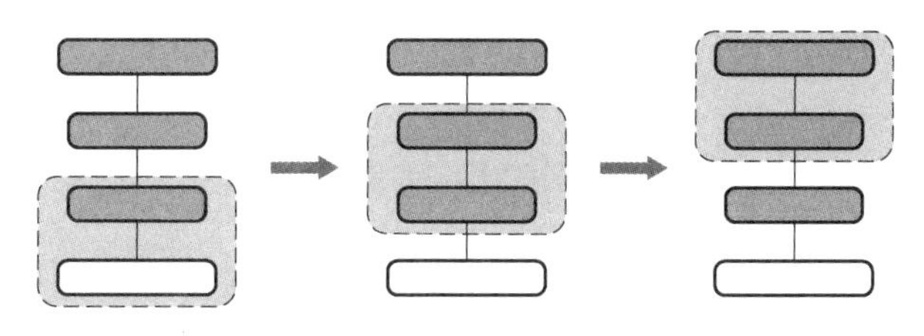

图 10.12　深度信念网络的预学习

信念网络存在着由于去解释效应（explaining away effect）而带来的困难。用一句话来说，当给出图 10.13 所示的网络时，即使$\boldsymbol{h}^{(\ell)}$的各成分变量原本是独立的，但在给出$\boldsymbol{h}^{(\ell-1)}$后，进行推论的后验概率$P\big(\boldsymbol{h}^{(\ell)}|\boldsymbol{h}^{(\ell-1)}\big)$却不是条件独立的，而是复杂分布的效果。在 DBN 中，从上往下的条件分布由式（10.182）的 sigmoid 函数给出，形状简单。但是逆向的条件概率则是如式（10.185）～式（10.187）所示，呈现出难以计算的复杂形式。

$$P\big(\boldsymbol{h}^{(\ell)}|\boldsymbol{h}^{(\ell-1)},\boldsymbol{\theta}\big)=\frac{P\big(\boldsymbol{h}^{(\ell)},\boldsymbol{h}^{(\ell-1)}|\boldsymbol{\theta}\big)}{P\big(\boldsymbol{h}^{(\ell)}|\boldsymbol{\theta}\big)} \tag{10.185}$$

$$P\big(\boldsymbol{h}^{(\ell)},\boldsymbol{h}^{(\ell-1)}|\boldsymbol{\theta}\big)=\sum_{\boldsymbol{h}^{(1)}}\cdots\sum_{\boldsymbol{h}^{(\ell-2)}}\sum_{\boldsymbol{h}^{(\ell+1)}}\cdots\sum_{\boldsymbol{h}^{(L)}}P\big(\boldsymbol{h}^{(1)},\ldots,\boldsymbol{h}^{(L-1)},\boldsymbol{h}^{(L)}|\boldsymbol{\theta}\big) \tag{10.186}$$

$$P\big(\boldsymbol{h}^{(\ell)}|\boldsymbol{\theta}\big)=\sum_{\boldsymbol{h}^{(1)}}\cdots\sum_{\boldsymbol{h}^{(\ell-1)}}\sum_{\boldsymbol{h}^{(\ell+1)}}\cdots\sum_{\boldsymbol{h}^{(L)}}P\big(\boldsymbol{h}^{(1)},\ldots,\boldsymbol{h}^{(L-1)},\boldsymbol{h}^{(L)}|\boldsymbol{\theta}\big) \tag{10.187}$$

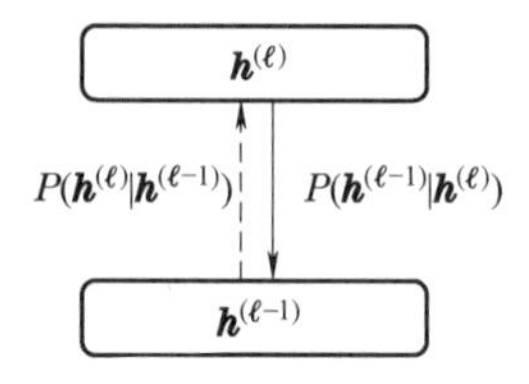

图 10.13 推论经过（左面的虚线）和生成经过（右面的实线）

特别是为了边缘化，必须取得大量的状态和，会发生计算量的爆发。因此，DBN 也很难评价自下而上的条件概率，这在学习和推论中也会引起困难。因此，在学习中，将 2 层的对看作 RBM，其后验概率也用如式（10.188）和式（10.189）所示的 sigmoid 概率来近似。

$$P\big(\boldsymbol{h}^{(\ell)}|\boldsymbol{h}^{(\ell-1)},\boldsymbol{\theta}\big)\approx Q\big(\boldsymbol{h}^{(\ell)}|\boldsymbol{h}^{(\ell-1)},\boldsymbol{W}^{(\ell)}\big)=\prod_{j}Q\big(h_j^{(\ell)}|\boldsymbol{h}^{(\ell-1)},\boldsymbol{W}^{(\ell)}\big) \tag{10.188}$$

$$Q\big(h_j^{(\ell)}=1|\boldsymbol{h}^{(\ell-1)},\boldsymbol{W}^{(\ell)}\big)=\sigma\left(\sum_{l}w_{lj}^{(\ell)}h_l^{(\ell-1)}\right) \tag{10.189}$$

经过之前的介绍和准备，现在我们来谈一谈预学习的算法。首先，预学习前的参数初始值全部设定为 0。

$$w_{ij}^{(\ell)}\longleftarrow 0 \tag{10.190}$$

然后使用训练数据$\{\boldsymbol{v}^{(n)}\}$，从下层开始提高权重参数。

1. $\boldsymbol{v}$和$\boldsymbol{h}^{(1)}$的 2 层

首先，只取出$(\boldsymbol{v},\boldsymbol{h}^{(1)})$，并将其看作 RBM。这 2 层的预学习中忽视其他层。由于$(\boldsymbol{v},\boldsymbol{h}^{(1)})$看作为 RBM，所以它们的同时分布也近似于 RBM。

$$P(\boldsymbol{v},\boldsymbol{h}^{(1)}|\boldsymbol{\theta})\approx Q(\boldsymbol{v},\boldsymbol{h}^{(1)}|\boldsymbol{W}^{(1)}) \tag{10.191}$$

在该 RBM 中，适用使用训练数据$\{\boldsymbol{v}^{(n)}\}$的学习，并进行权重$\boldsymbol{W}^{(1)}$的更新。在实际的学习中，与 RBM 的学习相同，也可以使用 CD 法等。这是预学习的第 1 步。

2. $\boldsymbol{h}^{(1)}$和$\boldsymbol{h}^{(2)}$的 2 层

结束了$\boldsymbol{v}$和$\boldsymbol{h}^{(1)}$ 2 层的学习之后，接下来只关注层对$(\boldsymbol{h}^{(1)},\boldsymbol{h}^{(2)})$，再次将其视为一个 RBM，但假设$\boldsymbol{h}^{(1)}$为可视层。如式（10.192）所示。

$$P(\boldsymbol{h}^{(1)},\boldsymbol{h}^{(2)}|\boldsymbol{\theta})\approx Q(\boldsymbol{h}^{(1)},\boldsymbol{h}^{(2)}|\boldsymbol{W}^{(2)}) \tag{10.192}$$

然后和刚才一样，通过 CD 法对该 RBM 进行学习，实现权重$\boldsymbol{W}^{(2)}$的更新。

那么，为了进行这个学习，应该怎么准备设定为“可视层”$\boldsymbol{h}^{(1)}$的训练数据比较好呢？因为玻尔兹曼机$Q(\boldsymbol{v},\boldsymbol{h}^{(1)}|\boldsymbol{W}^{(1)})$已经过了学习，因此将训练数据$\{\boldsymbol{v}^{(n)}\}$代入到$\boldsymbol{v}$时，如式（10.193）所示从后验概率$Q(\boldsymbol{h}^{(1)}|\boldsymbol{v},\boldsymbol{W}^{(1)})$中取样的值可作为上层的训练数据。

$$\hat{\boldsymbol{h}}^{(1,n)} \sim Q(\mathrm{h}^{(1)}|\boldsymbol{v}^{(n)},\boldsymbol{W}^{(1)}) \tag{10.193}$$

训练数据$\{\hat{\boldsymbol{h}}^{(1,n)}\}$的制作，所使用的是如式（10.194）所示的条件独立的后验概率。

$$Q(\boldsymbol{h}^{(1)}|\boldsymbol{v}^{(n)},\boldsymbol{W}^{(1)}) = \prod_j Q(h_j^{(1)}|\boldsymbol{v}^{(n)},\boldsymbol{W}^{(1)}) \tag{10.194}$$

由于该概率分布是由式（10.189）的 sigmoid 概率给出的，因此采样即为如式（10.195）所示的简单形式。

$$\hat{h}_j^{(1,n)} \sim Q(h_j^{(1)}|\boldsymbol{v}^{(n)},\boldsymbol{W}^{(1)}) \tag{10.195}$$

也可以不采用采样，使用由式（10.196）所示的平均场的近似值。

$$\hat{h}_j^{(1,n)} = Q(h_j^{(1)}=1|\boldsymbol{v}^{(n)},\boldsymbol{W}^{(1)}) \tag{10.196}$$

由此制作的假想的训练数据$\{\hat{\boldsymbol{h}}^{(1,n)}\}$，对应着如式（10.197）所示的分布，这是从对可视层一般的经验分布$q(\boldsymbol{v})$开始决定对隐性层的“经验分布”。

$$q^{(1)}(\boldsymbol{h}^{(1)}) = \sum_{\boldsymbol{v}} Q(\boldsymbol{h}^{(1)}|\boldsymbol{v},\boldsymbol{W}^{(1)})\,q(\boldsymbol{v}) \tag{10.197}$$

3. $\boldsymbol{h}^{(\ell)}$和$\boldsymbol{h}^{(\ell+1)}$的 2 层

对于上层的层对$(\boldsymbol{h}^{(\ell)},\boldsymbol{h}^{(\ell+1)})$，依次重复进行$\ell=2$，$\ell=3$，$\ell=4$的相同学习。将层对$(\boldsymbol{h}^{(\ell)},\boldsymbol{h}^{(\ell+1)})$视为如式（10.198）所示的 2 层的 RBM，并通过按照式（10.199）抽取的训练数据进行学习，实现权重$\boldsymbol{W}^{(\ell+1)}$的更新。

$$P(\boldsymbol{h}^{(\ell)},\boldsymbol{h}^{(\ell+1)}|\boldsymbol{\theta}) \approx Q(\boldsymbol{h}^{(\ell)},\boldsymbol{h}^{(\ell+1)}|\boldsymbol{W}^{(\ell+1)}) \tag{10.198}$$

$$\hat{\boldsymbol{h}}^{(\ell,n)} \sim Q(\mathrm{h}^{(\ell)}|\boldsymbol{h}^{(\ell-1,n)},\boldsymbol{W}^{(\ell)}) \tag{10.199}$$

通过将 DBN 分解为 RBM 所进行的学习，最终实现了如式（10.200）所示的所有权重的更新。

$$\boldsymbol{W}^{(1)},\quad \boldsymbol{W}^{(2)},\cdots,\boldsymbol{W}^{(L)} \tag{10.200}$$

这就是 DBN 的预学习，通过预学习获得的权重值，将成为在 DBN 整体学习中的良好初始值。

10.8.2　DBN 的调优

DBN 的调优（fine-tuning）是指，将预学习中得到的参数值作为初始值，将 DBN 的所有层一起同时进行学习的工作。通过预学习，在参数中已经粗略地编入了训练数据的信息。因此，通过加入全层的学习，可以进行参数的微调，进而提高性能。由于预学习给出了良好的初始值，所以虽然是多层模型，但可以期待学习有效地进行。

这种微调有几种方法，这里介绍的是将 DBN 转化为顺序传播神经网络的方法。首先，

对预学习后的 DBN 的近似后验概率$P(\boldsymbol{h}^{(\ell-1)}|\boldsymbol{h}^{(\ell)},\boldsymbol{\theta}) \approx Q(\boldsymbol{h}^{(\ell-1)}|\boldsymbol{h}^{(\ell)},\boldsymbol{W}^{(\ell)})$使用平均场近似。于是，可以给出如式（10.201）的h_j^ℓ的平均场$\mu_j^{(\ell)}$的自洽方程。

$$h_j^{(\ell)} = \sigma\left(b_j^{(\ell)} + \sum_l w_{lj}^{(\ell)} h_l^{\ell-1}\right) \tag{10.201}$$

由此可以看出，这也是激活函数为 sigmoid 的顺序传播神经网络的传播方式。其输入为来自可视层的输入$\boldsymbol{x}=\boldsymbol{v}$，第 1 层节点$j$的输出与平均场$u_j^{(\ell)} = h_j^{(\ell)}$相对应。因此，可以通过将其看作顺序传播的神经网络，采用误差反向传播法进行学习。

准确地说，如图 10.14 所示，原本为从上到下的生成过程$P(\boldsymbol{h}^{(\ell-1)}|\boldsymbol{h}^{(\ell)},\boldsymbol{W}^{(\ell)})$，将其展开为神经网络，并进行位置的置换，自然成为了一个自编码器。图 10.15a 所示的是一个具有 2 个隐性层的 DBN 的情况。有底色的层是为了制作自编码器而增加的层。另外，在自编码器中使用了权重共享正则化。在该自编码器中使用训练数据，实施基于误差反向传播法的无监督学习。这样进行的权重的更新即为 DBN 的调优，同时将更新后的参数值用于 DBN 中。

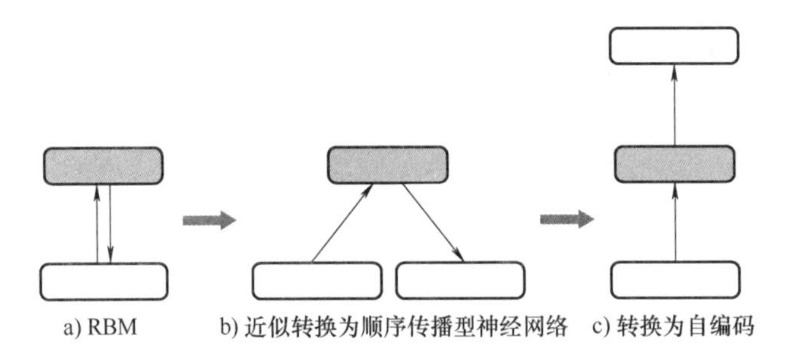

图 10.14 RBM 的转换

如果不想构成自编码器，也可以如图 10.15b 所示的那样，（根据想要解决的问题）通过 softmax 层等的添加，实现一个分类器等。DBN 的最上层和新添加的层之间的权重使用随机初始化的值。然后使用训练数据，在这个顺序传播神经网络中进行有监督的学习，学习结果可以直接以顺序传播神经网络使用。也就是说，现在的情况是将 DBN 作为神经网络的预学习来使用。另外，即使是在之前的自编码器中，也可以不将学习结果引回到 DBN，而直接以自编码器来使用。

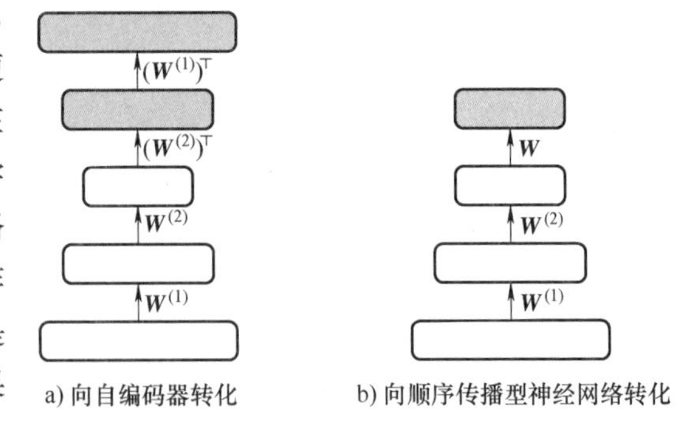

图 10.15 转化方式

10.8.3 从 DBN 的抽样

由于机器学习中的 DBN 是一个生成分布的模型，所以在经过学习以后，可以考虑从这个模型来生成可视层变量的实现值。此时，需要对每层进行重复的采样。因此，首先在最上 2 层的 RBM 中，以块状化吉布斯链进行短暂的运行，以进行样本$\boldsymbol{h}^{(L-1)}$的抽取。如式（10.202）所示。

$$\boldsymbol{h}^{(L-1)} \sim P\big(\mathrm{h}^{(L-1)}|\mathrm{h}^{(L)}, \boldsymbol{W}^{(L)}\big) \tag{10.202}$$

在下层，向下层的条件分布是由如式（10.182）的条件独立的 sigmoid 概率给出的，因此可以进行如式（10.203）所示的简单重复采样。

$$\boldsymbol{h}^{(\ell-1)} \sim P\big(\mathrm{h}^{(\ell-1)}|\mathrm{h}^{(\ell)}, \boldsymbol{W}^{(\ell)}\big) \tag{10.203}$$

由此最终可以得到可视层的样本$\boldsymbol{v}$。这种方法被称为传承采样（ancestral sampling）和原始采样。

10.8.4 采用 DBN 的推论

有向图模型中的推论是指，对于给定的输入值，逆着图像的箭头进行上层说明因子（隐性变量）值的计算工作。为此就需要从下层到上层的条件概率，也就是后验概率，如式（10.124）所示。

$$P\big(\boldsymbol{h}^{(\ell)}|\boldsymbol{h}^{(\ell-1)}, \boldsymbol{\theta}\big) \tag{10.204}$$

但是与用于传承采样的从上层到下层的条件概率的情况不同，在此想要的后验概率为了实现说明的效果，因此情况非常复杂。另外，在原理上来说，$P\big(\boldsymbol{h}^{(\ell)}|\boldsymbol{h}^{(\ell-1)}, \boldsymbol{\theta}\big)$可以通过 DBN 分布的边缘化来计算，但该工作伴随着如式（10.185）～式（10.187）所示的大量的状态和，因此由于计算量的爆发，为了推论而进行这样的计算是不现实的。因此，即使在推论的时候，也采用 sigmoid 概率来进行上层条件分布的近似，从而使抽样变得容易。此外，对于仅由最上的 2 层构成的 RBM，即使不进行近似也可以通过 sigmoid 给出条件独立的概率。

10.9 深度玻尔兹曼机

DBN 是将有向图和无向图相结合的 RBM，是一种多少有一些人为的多层体系结构。作为更自然的模型，例如让所有的连接都是无向的，可以考虑深层化的 RBM。图 10.16 所示的这种模型称为深度玻尔兹曼机（Deep Boltzmann Machine，DBM）。

DBM 的图结构只是从 DBN 的图中去除了方向，因此是一个完全的无向图，并且也只是具有特殊结合模式的玻尔兹曼机的一个例子。也就是说，由式（10.205）所示的能量函数给出的吉布斯分布是 DBM 的模型分布，如式（10.206）所示。

$$\Phi\big(\boldsymbol{v}, \boldsymbol{h}^{(1)}, \cdots, \boldsymbol{h}^{(L)}, \boldsymbol{\theta}\big) = -\sum_{i,j} w_{ij}^{(1)} v_i h_j^{(1)} - \sum_{\ell=2}^{L} \sum_{jk} w_{jk}^{(\ell)} h_j^{(\ell-1)} h_k^{(\ell)} \tag{10.205}$$

$$P\big(\boldsymbol{v}, \boldsymbol{h}^{(1)}, \cdots, \boldsymbol{h}^{(L)}|\boldsymbol{\theta}\big) = \frac{1}{Z(\boldsymbol{\theta})} e^{-\Phi(\boldsymbol{v}, \boldsymbol{h}^{(1)}, \cdots, \boldsymbol{h}^{(L)}, \boldsymbol{\theta})} \tag{10.206}$$

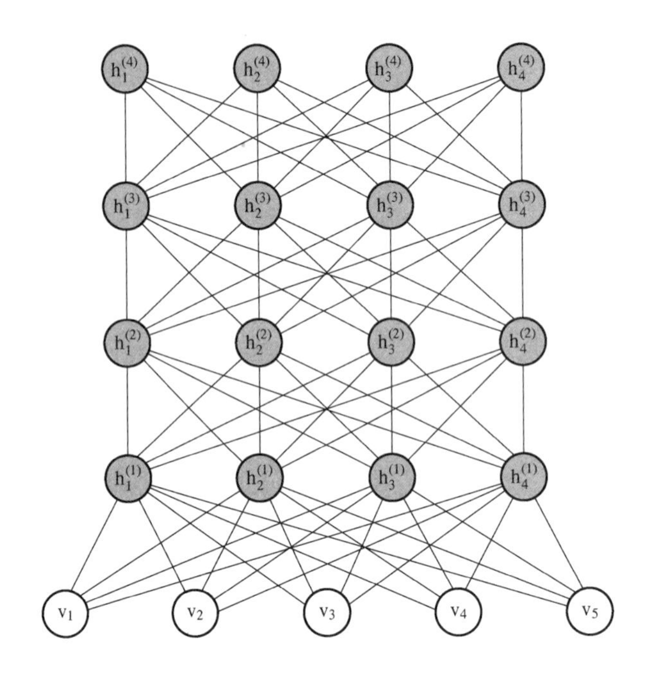

图 10.16 深度玻尔兹曼机

在此，为了简单起见，对斜率进行了省略。当然，在需要的时候也可以重新引入该斜率。另外，其第 0 层为可视层，即$\boldsymbol{v}=\boldsymbol{h}^{(0)}$。

DBM 与 RBM 一样，没有同层内节点的结合。而且，只在相邻的层之间存在结合，所以具有局部的马尔可夫性，各变量的完全条件分布如式（10.207）～式（10.209）所示。

$$P\big(v_i=1|\boldsymbol{h}^{(1)},\boldsymbol{\theta}\big)=\sigma\left(\sum_j w_{ij}^{(1)}h_j^{(1)}\right) \tag{10.207}$$

$$P\big(h_j^{(\ell)}=1|\boldsymbol{h}^{(\ell-1)},\boldsymbol{h}^{(\ell+1)},\boldsymbol{\theta}\big)=\sigma\left(\sum_l w_{lj}^{(\ell)}h_l^{(\ell-1)}+\sum_k w_{jk}^{(\ell+1)}h_k^{(\ell+1)}\right) \tag{10.208}$$

$$P\big(h_j^{(L)}=1|\boldsymbol{h}^{(L-1)},\boldsymbol{\theta}\big)=\sigma\left(\sum_l w_{lj}^{(L)}h_l^{(L-1)}\right) \tag{10.209}$$

对于中间层来说，由于与上、下层的结合，因此在参数中出现了 2 种类型的项。

10.9.1 DBM 的预学习

在 DBM 的学习中也和 DBN 一样，使用分层的贪心学习法进行预学习。使用的技术细节与 DBN 的情况相同，但也有一个很大的不同点，那就是在预学习时不直接使用原来的 DBM 图，而是使用扩展后的图来进行参数的更新。如图 10.17 所示，其扩展方法是在可视层和最上层分别加上复制的层块，从而使其倍增。但是由于新增加的复制连接与原始的层共享权重，所以并不增加独立参数的数量。另外，没有进行复制新增的中间层结合权重的数量变为原来的 2 倍。乍一看这是一种人为的扩展，但是这个扩展是有意义的，随后我们就会对其进行介绍。但是，不管怎样，将这种新的玻尔兹曼机的每 2 层看作一个 RBM，并使之从下层到上层学习的过程与 DBN 没有区别。最终，将通过预学习得到的更新的参数值作为与原来图相对应的 DBM 参数，如式（10.210）所示。

$$\boldsymbol{W}^{(1)}, \boldsymbol{W}^{(2)}, \cdots, \boldsymbol{W}^{(L)} \tag{10.210}$$

在此，就各层的学习，详细看一下这个预学习工作的意义，如图 10.18 所示。

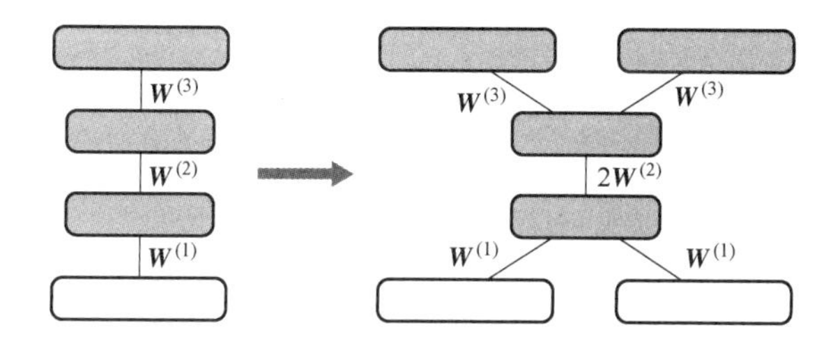

图 10.17 DBM（左面），以事前学习之间像右一样地被双重化做的模型能调换

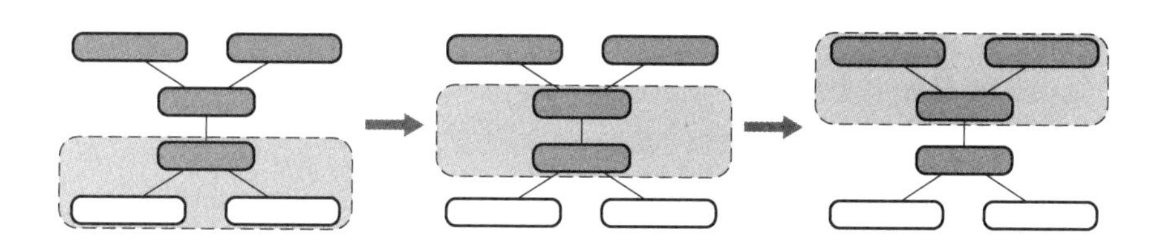

图 10.18 DBM 各层对进行的贪心法预学习

1. $\boldsymbol{v}$和$\boldsymbol{h}^{(1)}$的 2 层

首先来看一下$(\boldsymbol{v}, \boldsymbol{h}^{(1)})$层对。式（10.211）和式（10.212）给出了这 2 层变量的完全条件分布。

$$P\left(h_j^{(1)} = 1|\boldsymbol{v}, \boldsymbol{h}^{(1)}, \boldsymbol{\theta}\right) = \sigma\left(\sum_i w_{ij}^{(1)} v_i + \sum_k w_{jk}^{(2)} h_k^{(2)}\right) \tag{10.211}$$

$$P\left(v_i = 1|\boldsymbol{h}^{(1)}, \boldsymbol{\theta}\right) = \sigma\left(\sum_j w_{ij}^{(1)} h_j^{(1)}\right) \tag{10.212}$$

这几乎就是 RBM 的分布，只是多出了一个项，亦即$h_j^{(1)}$的分布。该项依赖于$\boldsymbol{W}^{(2)}$和$\boldsymbol{h}^{(2)}$，也就是说，$\boldsymbol{h}^{(1)}$层也包含从上而来的结合效果。因此，如果硬要将这 2 层$(\boldsymbol{v}, \boldsymbol{h}^{(1)})$视为 RBM 的话，就会失去来自上层的结合效果。因此，为了补全这个$\sum_k w_{jk}^{(2)} h_k^{(2)}$效果，在此采用$(\boldsymbol{v}, \boldsymbol{h}^{(1)})$间的结合$\sum_i w_{ij}^{(1)} v_i$来代替。也就是说，在预学习中可以采用如式（10.213）和式

(10.214) 所示的模型来近似。

$$P\left(h_j^{(1)}=1|\boldsymbol{v},\boldsymbol{W}^{(1)}\right)\approx\sigma\left(\sum_i w_{ij}^{(1)}v_i+\sum_i w_{ij}^{(1)}v_i\right) \tag{10.213}$$

$$P\left(v_i=1|\boldsymbol{h}^{(1)},\boldsymbol{W}^{(1)}\right)\approx\sigma\left(\sum_j w_{ij}^{(1)}h_j^{(1)}\right) \tag{10.214}$$

这正是一个可视层扩展为原来的 2 倍的 RBM，这是如图 10.17 所示的图的扩展修改的原因所在。

2. $\boldsymbol{h}^{(\ell)}$和$\boldsymbol{h}^{(\ell+1)}$的 2 层

接下来要看的是中间层的层对$(\boldsymbol{h}^{(\ell)},\boldsymbol{h}^{(\ell+1)})$。这 2 层的完全条件概率如式 (20.215) 和式 (10.216) 所示。

$$P\left(h_j^{(\ell+1)}=1|\boldsymbol{h}^{(\ell)},\boldsymbol{h}^{(\ell+2)},\boldsymbol{\theta}\right)=\sigma\left(\sum_l w_{lj}^{(\ell+1)}h_l^{(\ell)}+\sum_k w_{jk}^{(\ell+2)}h_k^{(\ell+2)}\right) \tag{10.215}$$

$$P\left(h_j^{(\ell)}=1|\boldsymbol{h}^{(\ell-1)},\boldsymbol{h}^{(\ell+1)},\boldsymbol{\theta}\right)=\sigma\left(\sum_l w_{lj}^{(\ell)}h_l^{(\ell-1)}+\sum_k w_{jk}^{(\ell+1)}h_k^{(\ell+1)}\right) \tag{10.216}$$

又一次出现了来自上、下层的多出项，因此在进行预学习时，如果只取出$\boldsymbol{h}^{(\ell)}$和$\boldsymbol{h}^{(\ell+1)}$的 2 层，就会丢失与$\boldsymbol{h}^{(\ell-1)}$和$\boldsymbol{h}^{(\ell+2)}$的结合。故在预学习中进行如式 (10.217) 和式 (10.218) 所示的补充。

$$P\left(h_j^{(\ell+1)}=1|\boldsymbol{h}^{(\ell)},\boldsymbol{W}^{(\ell+1)}\right)\approx\sigma\left(\sum_l w_{lj}^{(\ell+1)}h_l^{(\ell)}+\sum_l w_{lj}^{(\ell+1)}h_l^{(\ell)}\right) \tag{10.217}$$

$$P\left(h_j^{'(\ell)}=1|\boldsymbol{h}^{(\ell+1)},\boldsymbol{W}^{(\ell+1)}\right)\approx\sigma\left(\sum_k w_{jk}^{(\ell+1)}h_k^{(\ell+1)}+\sum_k w_{jk}^{(\ell+1)}h_k^{(\ell+1)}\right) \tag{10.218}$$

与此相对应的是，在预学习中，中间层的权重数量从原来的$\boldsymbol{W}^{(\ell+1)}$变成了$2\boldsymbol{W}^{(\ell+1)}$，是扩展前的 2 倍。

3. $\boldsymbol{h}^{(L-1)}$和$\boldsymbol{h}^{(L)}$的 2 层

最后来看一下最上层的层对$(\boldsymbol{h}^{(L-1)},\boldsymbol{h}^{(L)})$。它们的完全条件分布如式 (10.219) 和式 (10.220) 所示。

$$P\left(h_j^{(L)}=1|\boldsymbol{h}^{(L-1)},\boldsymbol{\theta}\right)=\sigma\left(\sum_l w_{lj}^{(L)}h_l^{(L-1)}\right) \tag{10.219}$$

$$P\left(h_j^{(L-1)}=1|\boldsymbol{h}^{(L-2)},\boldsymbol{h}^{(L)},\boldsymbol{\theta}\right)=\sigma\left(\sum_l w_{lj}^{(L-1)}h_l^{(L-2)}+\sum_k w_{jk}^{(L)}h_k^{(L)}\right) \tag{10.220}$$

为了再次对多出的项进行补充，在预学习中修正为如式 (10.221) 和式 (10.222) 所示的表示。这也正是图 10.17 所示的对最上层的扩展。

$$P\left(h_j^{(L)}=1|\boldsymbol{h}^{(L-1)},\boldsymbol{W}^{(L)}\right)\approx\sigma\left(\sum_l w_{lj}^{(L)}h_l^{(L-1)}\right) \tag{10.221}$$

$$P\left(h_j^{(L-1)}=1|\boldsymbol{h}^{(L)},\boldsymbol{W}^{(L)}\right)\approx\sigma\left(\sum_k w_{jk}^{(L)}h_k^{(L)}+\sum_k w_{jk}^{(L)}h_k^{(L)}\right) \tag{10.222}$$

10.9.2　DBM 的调优

在完成了 DBM 的预学习后，接下来就要进行参数的调优。为此，将 DBM 作为一个整体，并采用极大似然估计法来进行学习，当然由于计算量的问题，同样也需要采用近似的极大似然法的学习。在此，我们将对数似然函数梯度中出现的 2 项分开，分别进行讨论。

首先是梯度的正相位，这需要进行如式（10.223）所示的期望值计算。

$$\mathrm{E}_{P(\mathbf{h}^{(1)},\cdots,\mathbf{h}^{(L)}|\mathbf{v})q(\mathbf{v})}\left[\mathrm{v}_i\mathrm{h}_j^{(1)}\right],\quad \mathrm{E}_{P(\mathbf{h}^{(1)},\cdots,\mathbf{h}^{(L)}|\mathbf{v})q(\mathbf{v})}\left[\mathrm{h}_j^{(\ell)}\mathrm{h}_k^{(\ell+1)}\right] \tag{10.223}$$

为了消除这个期望值中出现的组合爆发，在此可以采用平均场近似法。尽管在这里是一个 DBM，但是因为也仅是一个具有特殊结合结构的玻尔兹曼机，所以此前求得的平均场近似公式也可以直接采用。因此，我们在可视层固定训练数据$\boldsymbol{v}^{(n)}$时的分布中，采用平均场进行近似，如式（10.224）所示。

$$P\left(\boldsymbol{h}^{(1)},\cdots,\boldsymbol{h}^{(L)}|\boldsymbol{v}^{(n)}\right)\approx\prod_{\ell=1}^{L}\prod_j Q\left(h_j^{(\ell)}|\boldsymbol{v}^{(n)}\right) \tag{10.224}$$

因此，决定如式（10.225）所示平均场的自洽方程如式（10.226）～式（10.228）所示。

$$\mu_j^{(\ell,n)}=Q\left(h_j^{(\ell)}=1|\boldsymbol{v}^{(n)}\right) \tag{10.225}$$

$$\mu_j^{(1,n)}=\sigma\left(\sum_i w_{ij}^{(1)}v_i^{(n)}+\sum_k w_{jk}^{(2)}\mu_k^{(2,n)}\right) \tag{10.226}$$

$$\mu_j^{(\ell,n)}=\sigma\left(\sum_l w_{lj}^{(\ell)}\mu_l^{(\ell-1,n)}+\sum_k w_{jk}^{(\ell+1)}\mu_k^{(\ell+1,n)}\right) \tag{10.227}$$

$$\mu_j^{(L,n)}=\sigma\left(\sum_l w_{lj}^{(L)}\mu_l^{(L-1,n)}\right) \tag{10.228}$$

在此，采用逐次迭代法进行求解即可。由于决定$\mu_j^{(\ell,n)}$的表达式与$\mu_l^{(\ell-1,n)}$和$\mu_k^{(\ell+1,n)}$有相互依赖关系，所以这种双向性的相互结合大大增加了计算量。如果采用神经网络来替换这个平均场近似的话，就会成为一个循环的神经网络。

不管怎样，在求得平均场的值之后，正相位可以用这些样本的平均值进行近似，如式（10.229）和式（10.230）所示，其周围的结构与通常的玻尔兹曼机相同。

$$\begin{aligned}\mathrm{E}_{P(\mathbf{h}^{(1)},\cdots,\mathbf{h}^{(L)}|\mathbf{v})q(\mathbf{v})}\left[\mathrm{v}_i\mathrm{h}_j^{(1)}\right]&\approx\mathrm{E}_{Q(\mathrm{h}_j^{(1)}|\mathbf{v})q(\mathbf{v})}\left[\mathrm{v}_i\mathrm{h}_j^{(1)}\right]\\&=\frac{1}{N}\sum_{n=1}^{N}v_i^n\mu_j^{(1,n)}\end{aligned} \tag{10.229}$$

$$\mathrm{E}_{P(\mathbf{h}^{(1)},\ldots,\mathbf{h}^{(L)}|\mathbf{v})q(\mathbf{v})}\left[\mathrm{h}_j^{(\ell)}\mathrm{h}_k^{(\ell+1)}\right] \approx \mathrm{E}_{Q(\mathrm{h}_j^{(\ell)}|\mathbf{v})Q(\mathrm{h}_k^{(\ell+1)}|\mathbf{v})q(\mathbf{v})}\left[\mathrm{h}_j^{(\ell)}\mathrm{h}_k^{(\ell+1)}\right] = \frac{1}{N}\sum_{n=1}^{N}\mu_j^{(\ell,n)}\mu_k^{(\ell+1,n)} \tag{10.230}$$

其次，考虑一下梯度的负相位。因为这是模型分布的期望值，所以可以采用吉布斯采样来近似。在 DBM 的调优中，将预学习中得到的参数值$\boldsymbol{\theta}(0)=\left(\boldsymbol{W}^{(1)}(0) \quad \cdots \quad \boldsymbol{W}^{(L)}(0)\right)^{\top}$作为梯度上升法的初始值来使用。因此，为了进行负相位的计算，首先从如式（10.231）所示的初始值分布开始。

$$P\left(\boldsymbol{v},\boldsymbol{h}^{(1)},\cdots,\boldsymbol{h}^{(L)}|\boldsymbol{\theta}(0)\right) \tag{10.231}$$

通过M个独立吉布斯链的运行，各链的初始值分别采用随机初始化的值。经过老化后，从各多链中各生成一个如式（10.232）所示的样本组。

$$\boldsymbol{v}^{(m)}(0),\boldsymbol{h}^{(1,m)}(0),\cdots,\boldsymbol{h}^{(L,m)}(0) \quad (m=1,2,\cdots,M) \tag{10.232}$$

其中，m为取样链的链标记。通过使用如此得到的M个样本组对负相位的近似，得到如式（10.233）和式（10.234）所示的结果。

$$\mathrm{E}_{P(\mathbf{v},\mathbf{h}^{(1)},\cdots,\mathbf{h}^{(L)}|\boldsymbol{\theta}(0))}\left[\mathrm{v}_i\mathrm{h}_j^{(1)}\right] \approx \frac{1}{M}\sum_{m=1}^{M}v_i^m(0)h_j^{(1,m)}(0) \tag{10.233}$$

$$\mathrm{E}_{P(\mathbf{v},\mathbf{h}^{(1)},\cdots,\mathbf{h}^{(L)}|\boldsymbol{\theta}(0))}\left[\mathrm{h}_j^{(\ell)}\mathrm{h}_k^{(\ell+1)}\right] \approx \frac{1}{M}\sum_{m=1}^{M}h_j^{(\ell,m)}(0)h_k^{(\ell+1,m)}(0) \tag{10.234}$$

至此，即可以将这个负相位的近似结果与之前采用平均场近似计算的正相位结合起来，进行如式（10.235）所示的参数更新。

$$\boldsymbol{\theta}(1) \longleftarrow \boldsymbol{\theta}(0)+\Delta\boldsymbol{\theta}(0) \tag{10.235}$$

其中，正相位的平均场近似也是相对于参数值$\boldsymbol{\theta}(0)$进行的。

在随后的更新中，有必要从如式（10.236）所示的，针对被更新的参数$\boldsymbol{\theta}(1)$的分布中，进行抽样。

$$P\left(\boldsymbol{v},\boldsymbol{h}^{(1)},\cdots,\boldsymbol{h}^{(L)}|\boldsymbol{\theta}(1)\right) \tag{10.236}$$

为此，使用与 PCD 法相似的思想，亦即将上次的样本值$\boldsymbol{v}^{(m)}(0),\boldsymbol{h}^{(1,m)}(0),\cdots,\boldsymbol{h}^{(L,m)}(0)$设定为本次吉布斯链的初始值，然后使多链运行 1 步，再次进行样本的抽取。所抽取的样本如式（10.237）所示。

$$\boldsymbol{v}^{(m)}(1),\boldsymbol{h}^{(1,m)}(1),\cdots,\boldsymbol{h}^{(L,m)}(1) \quad (m=1,2,\cdots,M) \tag{10.237}$$

然后，在采用该样本的样本平均近似计算的负相位中，代入$\boldsymbol{\theta}(1)$的正相位的平均场近似，计算更新量$\Delta\boldsymbol{\theta}(1)$，并采用计算得到的值再次进行参数的更新，如式（10.238）所示。

$$\boldsymbol{\theta}(2) \longleftarrow \boldsymbol{\theta}(1)+\Delta\boldsymbol{\theta}(1) \tag{10.238}$$

通过以上同样操作的反复进行，直到参数更新结束为止，以此来实现参数的学习。

10.9.3　向顺序传播神经网络的转换

学习后的 DBM，通过向顺序传播神经网络的转换，可以作为确定的模型来使用。或者与 DBN 相同，也可以通过向顺序传播神经网络的转换，进而采用误差反向传播法进行参数的调优。

这个转换的基本构思也和 DBN 没有太大的差别。在 DBM 的情况下，由于图是无向的，所以加入了新的要素。首先关注第 1 层的隐性层，如预学习介绍中所叙述的那样，从$\boldsymbol{v}$和$\boldsymbol{h}^{(2)}$两个方向向$\boldsymbol{h}^{(1)}$进行输入。但是，如果将 DBM 转换为向上的正向传播网络，就会失去从$\boldsymbol{h}^{(2)}$向$\boldsymbol{h}^{(1)}$的下行影响。为了弥补这个问题，使用（预）学习后的参数来计算平均场近似的分布，如式（10.239）所示。

$$P\left(\boldsymbol{h}^{(1)},\cdots,\boldsymbol{h}^{(L)}|\boldsymbol{v}\right)\approx Q\left(\boldsymbol{h}^{(1)},\cdots,\boldsymbol{h}^{(L)}|\boldsymbol{v}\right) \tag{10.239}$$

通过边缘化计算和处理，可以得到如式（10.240）所示的边缘分布。

$$Q\left(h^{(2)}=1|\boldsymbol{v}\right) \tag{10.240}$$

该部分捕捉了$\boldsymbol{h}^{(1)}$对$\boldsymbol{h}^{(2)}$的影响信息。因此，不仅是训练数据$\boldsymbol{v}^{(n)}$，分布$Q\left(h_k^{(2)}=1|\boldsymbol{v}^{(n)}\right)$的值也均作为对神经网络的辅助输入来使用。为此，必须像图 10.19 那样对神经网络的结构进行扩展。新添加的层的节点$Q\left(h_k^{(2)}=1|\boldsymbol{v}^{(n)}\right)$与$h_j^{(1)}$层通过权重$w_{jk}^{(2)}$相结合，因此被赋予了权重共享的条件。另外，根据问题的需要，也可以在最上部加入 softmax 层等。$\boldsymbol{h}^{(L)}$和连接这个 softmax 层的权重使用随机初始化的值。在该设定中，对神经网络实施基于通常的误差传播法的有监督学习，来进行参数值的调整。结果得到的顺序传播神经网络可以作为分类器使用。

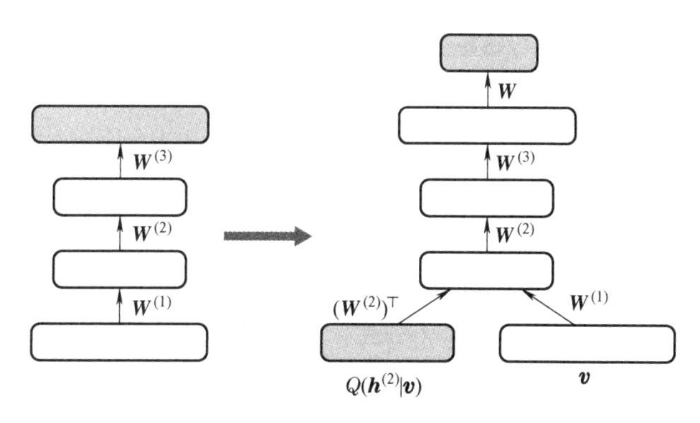

图 10.19　DBM 通过灰色层的添加，将 DBM 转换为顺序传播型神经网络

第11章 深度强化学习

为了将深度强化学习应用于产业，目前全世界都在积极地进行相关技术的开发。这是由于强化学习中，即使训练数据没有添加标注的标签，计算程序算法也可以通过不断的试错而自行进行学习。特别是计算机围棋中，阿尔法围棋（AlphaGo）的出现使深度学习的强化学习成为可能，这一点给人们留下了深刻的印象。本章以理解AlphaGo的计算方法为目标，来进行深度强化学习的讲解。

11.1 强化学习

广为人知的、显示深度学习威力的一个事例，是由谷歌旗下的Deepmind公司开发的AlphaGo，在2016年与围棋世界冠军职业九段李世石进行的一场围棋人机大战。

围棋的搜索空间，即游戏呈现的盘面集合非常庞大，所以若靠人工编程来战胜专业棋手可能仍然是遥不可期的事情。但是，最近展望深度学习的未来，人们期待通过深度学习，游戏可以达到人工无可企及的深度。实际上，Deepmind公司已经将深度学习很好地应用到了计算机围棋上，并首次打败了专业围棋手，这一突破的关键就是强化学习（reinforcement learning）[65,66]。到目前为止，本书涉及的机器学习范例主要是有监督的学习。虽然也实现了诸如自编码器等几个例子，但这也仅是特殊情况下所实现的无监督机器学习。与此不同的是所谓的强化学习，与之前介绍的有监督学习的思想和目的均有着较大的区别。如果要粗略地概括一下的话，强化学习的实现是希望学习对象在未知的环境中采取各种相应的行动。

我们可以想象一下，在未知环境中不能够很好地进行作业的机器人。机器人尝试某一行动，把获得的结果当作“报酬”作为参考，以此来探讨好的行动方法。作为报酬，我们取几个数值来检测一下机器人完成了多少想要做的行动。这样，机器人通过反复行动所获得的报酬，经过计算、试错就可以获得最佳的行动策略。

这种方法最适合让计算机进行游戏攻略。实际上，作为前期实验，1992年IBM的杰拉尔德·特萨罗（Gerald Tesawro）就开发了一种基于强化学习的TD游戏，这是一种15子的棋盘游戏比赛程序，并达到了专业的水准。不过它并没有很好地应用到国际象棋等其他游戏上，因此，利用强化学习进行的游戏学习并没有取得突出的进展。但是，最近Deep Mind将深度学习应用于强化学习中，并取得了惊人的成绩，这一划时代的成果就是AlphaGo。

本节从强化学习最基础的知识讲起。首先要识别深度强化学习的必然性及其意义，然后讲解强化学习中的主要观点及问题，最后介绍Deep Mind的两项成果，即阿塔丽游戏和围棋攻略。

11.1.1　马尔可夫决策过程

强化学习的基本结构如图11.1所示。agent是诸如机器人或围棋程序的智能体，也就是接下来学习行动的行动主体。与agent相对应的是环境（environment）。环境是agent施加行动（action）的对象，根据行动的需求，将状态（state）的观测值与报酬（reward）返回到agent。由于这些概念过于抽象，在此我们考虑制作一个学习电视游戏的程序。在这种情况下，agent就相当于程序，环境就是游戏机。状态是显示在电视上的各个时刻的画面，agent加在画面上的行动就是操控。报酬则需要根据游戏的种类，从行动的结果增减的点数来推算。另外，在强化学习中，把游戏开始到结束这一流程视为一个剧集（episode）。

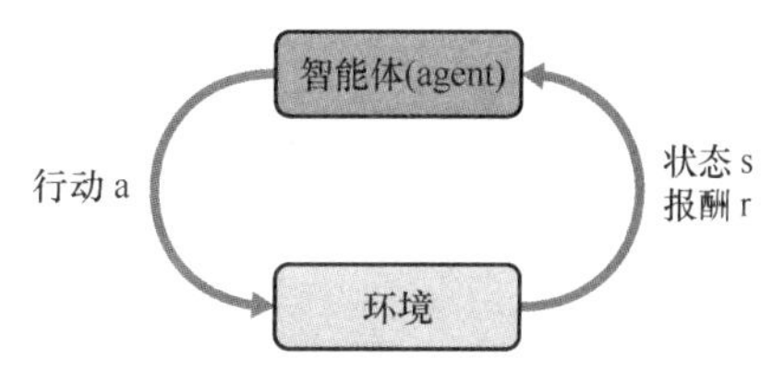

图11.1　强化学习结构图

以下考虑以离散时间$t = 0, 1, 2, \cdots$的模型。在时刻t，观测到环境状态为$\mathrm{s}(t)$的agent，根据某些实际的行动原则，选择行动$\mathrm{a}(t)$并付诸执行。接受行动的环境将其状态变化到$\mathrm{s}(t+1)$，然后将报酬$\mathrm{r}(t+1)$返回到agent。按此流程，这一过程不断反复进行。

那么，如何进行行动的选取呢？行动的选取可以根据agent已有的策略（policy）π，并通过基准值的比较来选择，此时的策略即为依据状态采取的行动。当然，策略也可以是在给定状态条件下行动的概率分布，如下式所示。

$$a(t) = \pi\big(s(t)\big)\ (\text{决定论的}),\ a(t) \sim \pi\big(\mathrm{a}(t)|s(t)\big)\ (\text{概率论的}) \tag{11.1}$$

$\pi\big(\mathrm{a}|s\big)$表示条件概率的分布，且本书假定这个策略在时间上是恒定的。因为强化学习是无监督的学习，因此考虑从环境获得的报酬来寻找最合适的方法。在某种意义上可以说，强化学习就是进行学习报酬最大化的策略π的搜寻。

实际上，在强化学习中，要实现最大化的不是实时报酬$\mathrm{r}(t)$，而是在不断地选择某种方法时获得的报酬总和，也就是说我们只要考虑$r(t+1) + r(t+2) + r(t+3) + \cdots$即可。在强化学习中，引入了运用于经济学的当前价值折损模型进行累计报酬的计算，以求得收益（return）的最大化，如式（11.2）所示。

$$R(t) = r(t+1) + \gamma r(t+2) + \gamma^2 r(t+3) + \cdots = \sum_{k=0}^{\infty} \gamma^k r(t+k+1) \tag{11.2}$$

式中，$0 < \gamma \leqslant 1$为折现率（discount rate）。由于实际的变化情况无法预知，在此引入了折现率γ，也是为了表达将来在报酬里放置多大的权重的一个想法。另外，引入小于1的折现率γ，从而使得代表收益的无限项累加和收敛。

运用折现率定义的收益，在强化学习中需要寻找使其最大化的方法。准确地说，这个收益$R(t)$是以随机变量来进行模型化的，因此要进行最大化的是它的期望值。实际上，强化学习的框架将环境状态、agent的行动、报酬都当作随机变量来处理。由于不加限定的一般系统是无法进行彻底处理的，所以我们需要为这个概率模型制定几个假设前提。首先环境变化遵循马尔可夫过程，其次 agent 从不具备任何与环境相关的知识这一设定开始学习。因此，agent 对环境性质的观测是依据每次施加的行动而返回的状态变化的取样和报酬这两个值来进行的。

通过以上的设定得到的模型可以概括为一个马尔可夫决策过程（Markov Decision Process，MDP）。因此，环境的变化可以通过马尔可夫过程来描述，其状态变化可以用转移概率表示。在时刻t的环境状态记为$\mathrm{s}(t)=s$，由 agent 选择的行动记为$\mathrm{a}(t)=a$，向下一个状态的转移记为$\mathrm{s}(t+1)=s'$。其状态转移概率可由式（11.3）求得。

$$P\left(s'|s,a\right)=P\left(\mathrm{s}(t+1)=s'|\,\mathrm{s}(t)=s,\,\mathrm{a}(t)=a\right) \tag{11.3}$$

考虑到过去的有用信息已经全部被折合为当前的状态$\mathrm{s}(t)=s$，因此，正如马尔可夫链表述的“决定下一个状态$\mathrm{s}(t+1)=s'$的是当前时刻的信息，与过去的信息没有任何关系”。由于根据环境状态和策略选择的行动a的生成概率分布为$\pi(\mathrm{a}(t)|\mathrm{s}(t))$，因此，状态转移的概率可以通过当前状态下所有行动概率的和来表示，如式（11.4）所示。

$$P^{\pi}\left(s'|s\right)=\sum_{a}P\left(s',a|s\right)=\sum_{a}\pi(a|s)\,P\left(s'|s,a\right) \tag{11.4}$$

另外，由于报酬$\mathrm{r}(t+1)=r$和行动$\mathrm{s}(t+1)=s'$的状态转移是同时传递给 agent 的，因此，可由如式（11.5）所示的条件概率分布生成。

$$P\left(r|s',s,a\right)=P\left(\mathrm{r}(t+1)=r|\,\mathrm{s}(t+1)=s',\,\mathrm{s}(t)=s,\,\mathrm{a}(t)=a\right) \tag{11.5}$$

根据乘法定理得到的概率$P\left(r,s'|s,a\right)=P\left(r|s',s,a\right)P\left(s'|s,a\right)$表示行动$a$加在时刻$t$的状态$s$上，是如何影响下一时刻观测到的报酬和状态的。并且，利用这个概率，时刻$t+1$获得的条件报酬的期望值可以表示为如式（11.6）所示的形式。

$$\begin{aligned}R(s,a,s')&=\mathrm{E}_{P}\left[\mathrm{r}(t+1)|\,\mathrm{s}(t+1)=s',\,\mathrm{s}(t)=s,\,\mathrm{a}(t)=a\right]\\&=\sum_{r}r\,P\left(r|\,s',\,s,a\right)\end{aligned} \tag{11.6}$$

通过施加行动a转移到下一状态s'所获得的报酬的期望值可以表示为如式（11.7）所示的形式。

$$R^{\pi}(s)=\sum_{a,s'}\pi(a|s)P\left(s'|s,a\right)R(s,a,s') \tag{11.7}$$

这就是当时刻为t，状态为s时，采取行动策略π获得的报酬的期望值。Agent 的学习是基于先前的假设，在不具备与状态转移概率$P\left(s'|s,a\right)$、期待报酬概率$R(s,a,s')$的分布结构等一切相关信息的条件下，学习选择收益最大化的行动策略π。

11.1.2 贝尔曼方程式及最佳策略

为了实现强化学习，以下我们将计算一下，持续采用某一特定的策略π时，获得的收益期望值。特别地，我们将t时刻观测到状态s时获得的期望值，定义为状态价值函数（statevalue function)，如式（11.8）所示。

$$V^{\pi}(s) = \mathrm{E}_{P,\pi}\left[\mathrm{R}(t) \mid \mathrm{s}(t) = s\right] \tag{11.8}$$

这个期望值是在策略π下，MPD 的马尔科夫链决定的期望值。运用条件期望值的性质，可将其稍做变形，得到如式（11.9）所示的形式。

$$\begin{aligned} V^{\pi}(s) &= \sum_{a} \pi(a|s)\,\mathrm{E}_P\left[\mathrm{R}(t) \mid \mathrm{s}(t) = s,\, \mathrm{a}(t) = a\right] \\ &= \sum_{a,s'} \pi(a|s)\,P(s'|s,a)\,\mathrm{E}_P\left[\mathrm{R}(t) \mid \mathrm{s}(t+1) = s',\, \mathrm{s}(t) = s,\, \mathrm{a}(t) = a\right] \end{aligned} \tag{11.9}$$

根据收益的定义，如式（11.10）所示的递推公式成立。

$$\mathrm{R}(t) = \mathrm{r}(t+1) + \gamma \sum_{k=0}^{\infty} \gamma^k\, \mathrm{r}(t+k+2) = \mathrm{r}(t+1) + \gamma\, \mathrm{R}(t+1) \tag{11.10}$$

进而得到式（11.11）。

$$V^{\pi}(s) = \sum_{a,s'} \pi(a|s)\,P(s'|s,a)\left(\mathrm{E}_P\left[\mathrm{r}(t) \mid s',\, s,\, a\right] + \gamma \mathrm{E}_P\left[\mathrm{R}(t+1) \mid s',\, s,\, a\right]\right) \tag{11.11}$$

其中，括号中的第一项为$R(s,a,s')$的期望值，第二项中的收益$\mathrm{R}(t+1)$为时刻$\mathrm{r}(t+2)$以后的报酬，如$\mathrm{r}(t+3)$、$t+2$等。由于 MDP 满足马尔可夫链的性质，由此决定的概率丝毫不依赖过去的时刻t的信息s与a。也就是说，括号内第二项中出现的期望值可以表示为如式（11.12）所示的形式。

$$\mathrm{E}_P\left[\mathrm{R}(t+1) \mid s',\, s,\, a\right] = \mathrm{E}_P\left[\mathrm{R}(t+1) \mid s'\right] = V^{\pi}(s') \tag{11.12}$$

显然这就是时刻$t+1$时的状态价值函数。概括这一结果，可得到如式（11.13）所示的贝尔曼方程式（Bellman's equation）。

（状态价值函数的贝尔曼方程式）

$$V^{\pi}(s) = R^{\pi}(s) + \gamma \sum_{s'} P^{\pi}(s'|s) V^{\pi}(s') \tag{11.13}$$

这是动态规划法等基本的重要方程式。在强化学习的计算中贝尔曼方程式是一大支柱。

对于观测到状态s后的收益期望值，我们引入状态价值函数$V^{\pi}(s)$来描述。为了更详细地介绍这个收益期望值的构造，在此将时刻t观测状态s时，选择行动a之后所获得的收益期望值，我们引入行动价值函数（action- value function）来描述。如式（11.14）所示。

$$Q^{\pi}(s,a) = \mathrm{E}_P\left[\mathrm{R}(t) \mid \mathrm{s}(t) = s,\, \mathrm{a}(t) = a\right] \tag{11.14}$$

如果将这个行动价值函数当作时刻t所有的状态下可能选择的行动a的策略权重进行累加的话，就变成了状态价值函数，如式（11.15）所示。

$$V^{\pi}(s) = \sum_{a} \mathrm{E}_P\left[\mathrm{R}(t), \mathrm{a}(t) = a \mid \mathrm{s}(t) = s\right] = \sum_{a} \pi(a|s) Q^{\pi}(s,a) \tag{11.15}$$

行动价值函数也满足贝尔曼方程式。如之前所述的那样，这是因为

$$
\begin{aligned}
Q^{\pi}(s,a) &= \sum_{s'} P(s'|s,a)\,\mathrm{E}_P\big[\mathrm{R}(t)|\,s,\,a,\,s'\big] \\
&= \sum_{s'} P(s'|s,a)\,\mathrm{E}_P\big[\mathrm{r}(t+1)|\,s,\,a,\,s'\big] + \\
&\quad \gamma \sum_{s'} P(s'|s,a)\,\mathrm{E}_P\big[\mathrm{R}(t+1)|\,s,\,a,\,s'\big] \\
&= \sum_{s'} P(s'|s,a)\,R(s,a,s') + \gamma \sum_{s'} P(s'|s,a)\,\mathrm{E}_P\big[\mathrm{R}(t+1)|\,s'\big]
\end{aligned}
\tag{11.16}
$$

与状态价值函数的情况一样，将上式的最后一行运用马尔可夫性质，利用时刻$t+1$时可能采取的行动$\mathrm{a}(t+1)=a'$，则可以将出现在第二项中的期望值改写为如式（11.17）所示的形式。从而得到行动价值函数的贝尔曼方程式。

$$
\mathrm{E}_P\big[\mathrm{R}(t+1)|\,s'\big] = \sum_{a'} \pi(a'|s')\,\mathrm{E}_P\big[\mathrm{R}(t+1)|\,s',a'\big] = \sum_{a'} \pi(a'|s')\,Q^{\pi}(s',a') \tag{11.17}
$$

（行动价值函数的贝尔曼方程式）

$$
\begin{aligned}
Q^{\pi}(s,a) &= \sum_{s'} P(s'|s,a)\,R(s,a,s') + \\
&\quad \gamma \sum_{s'} \sum_{a'} \pi(a'|s')\,P(s'|s,a)\,Q^{\pi}(s',a')
\end{aligned}
\tag{11.18}
$$

那么价值函数与贝尔曼方程式在强化学习中发挥怎样的作用呢？为了便于理解，需要利用价值函数来定义好的策略。现在假设有两个策略π和π'，对所有的可能状态s满足如式（11.19）所示的条件。

$$
V^{\pi}(s) \geqslant V^{\pi'}(s) \tag{11.19}
$$

此时，如要确定π与π'是否相等，或哪个是更好的策略($\pi \geqslant \pi'$)，还需要进一步明确由此条件所能给出的π与π'相互关系的定义。由此，根据这个偏序[1]关系就可以引入最优策略（optimum policy）π^* 的概念。但这个最优策略未必只有一个，这是因为能够实现$\max_\pi V^{\pi}(s)$的策略π可能有几个。这个最大值[2]的表示如式（11.20）所示。

$$
V^*(s) = V^{\pi^*}(s) = \max_{\pi} V^{\pi}(s) \tag{11.20}
$$

实际上，在此所能采用的顺序关系只能是偏序，因此，也不能确定是否还存在除极大值$\sup_\pi V^{\pi}(s)$以外的最大值，在此，我们假设这个最大值是存在的。如果考虑对应这个最优策略$\pi^* = \mathrm{argmax}_\pi V^{\pi}(s)$的行动价值函数的话，则对于所有的最优策略，也同样可以提供相同的最大值，因此显示出了$Q^{\pi^*}(s,a) = Q^*(s,a) \equiv \max_\pi Q^{\pi}(s,a)$这一性质。

如果某一最优策略符合贝尔曼方程式（11.18）的话，参照式（11.15）则可得到如式

---

[1] 所谓的偏序是指所有的关系对未必是能够确定大小关系的顺序。

[2] 在此，确切地说应该“不是最大值，而是极大值之一”。

(11.21）所示的结果。

$$Q^{\pi^*}(s,a)=\sum_{s'}P\big(s'|s,a\big)\,R(s,a,s')+\gamma\sum_{s'}P\big(s'|s,a\big)\,V^{\pi^*}(s') \tag{11.21}$$

由该式可知，右边依赖于最优策略的部分只有$V^{\pi^*}(s')$。如果这个值是最优策略π^*的话，则无论最终选择的是什么策略，其结果将都是同一个值。因此，这个$Q^{\pi^*}(s,a)$也可以在所有的最优策略中取相同的值。此外，由于式（11.21）右边出现的$P\big(s'|s,a\big)$自然是一个正数，因此$V^{\pi^*}(s')$成为价值函数$V^{\pi}(s')$的最大值。另外，$Q^{\pi^*}(s,a)$还可以提供行动价值函数的最大值，亦即对于任何非最优策略$\pi(<\pi^*)$，其结果为如式（11.22）所示的形式。

$$Q^{\pi^*}(s,a)>Q^{\pi}(s,a)\quad(\forall s,\,\forall a\in\mathcal{A}(s)) \tag{11.22}$$

其中，$\mathcal{A}(s)$为环境状态为s时，agent 可能采取的行动的集合。于是可得如式（11.23）所示的结果。

$$Q^{\pi^*}(s,a)=Q^*(s,a)\equiv\max_{\pi}Q^{\pi}(s,a)\quad(\forall s,\,\forall a\in\mathcal{A}(s)) \tag{11.23}$$

另外，在状态s下，最优策略π^*选择的行动$a_i(s)$一定如式（11.24）所示那样，是将最优行动的价值函数变成最大化的a。

$$a_i\in\underset{a}{\operatorname{argmax}}\;Q^*(s,a) \tag{11.24}$$

从直觉上看，这一性质是一种自洽的条件。这是由于如式（11.15）所示的价值函数最大化的策略π^*，在每一时刻仅持续选择使行动价值函数最大化的a的缘故。这种策略很贪心(greedy)，因为只是基于当前时刻的想法进行的决定，而根本不考虑长期战略来进行报酬的改善。

在此，我们再仔细对式（11.24）进行一下解读。首先利用式（11.23）和贝尔曼方程式，可使任意的(s,a)和$\pi^*=\operatorname{argmax}_{\pi}Q^{\pi}(s,a)$符合如式（11.25）所示的条件。

$$\begin{aligned}
Q^{\pi^*}(s,a)&=\max_{\pi}Q^{\pi}(s,a)\\
&=\sum_{s'}P\big(s'|s,a\big)\,R(s,a,s')+\gamma\sum_{s'}P\big(s'|s,a\big)\sum_{a'}\pi^*(a'|s')\,Q^{\pi^*}(s',a')\\
&\leqslant\sum_{s'}P\big(s'|s,a\big)\,R(s,a,s')+\gamma\sum_{s'}P\big(s'|s,a\big)\left(\sum_{a'}\pi^*(a'|s')\right)\left(\max_{a'}Q^{\pi^*}(s',a')\right)\\
&=\sum_{s'}P\big(s'|s,a\big)\,R(s,a,s')+\gamma\sum_{s'}P\big(s'|s,a\big)\max_{a'}Q^{\pi^*}(s',a')
\end{aligned} \tag{11.25}$$

这表明，在实现了最大值（等号）的时候，则在$\pi^*(a'|s')\neq0$时，a'一定变成$\operatorname{argmax}_{a'}Q^{\pi^*}(s',a')$。由此可知，如果各个时刻选取使行动价值函数最大化的最优策略的话，在任何时刻都可以使状态价值函数最大化。

综合以上各最优价值函数的性质，可以得出以下的重要结论。首先将如式（11.15）所示状态价值函数与行动价值函数的关系运用最优策略的话，则可得到如式（11.26）所示的结果。

$$V^*(s)=\sum_a \pi^*(a|s)\,Q^*(s,a)=\left(\max_a Q^*(s,a)\right)\sum_a \pi^*(a|s)=\max_a Q^*(s,a) \quad (11.26)$$

这是因为，在进行如式（11.24）所示那样实现价值函数最大值的行动选择时，由于概率π^*不为 0，将其与式（11.25）相结合的话，则可得到如式（11.27）和式（11.28）所示的贝尔曼最优方程式（bellman's optimum equation）。

（贝尔曼最优方程式）

$$Q^*(s,a)=\sum_{s'} P\big(s'|s,a\big)\left(R(s,a,s')+\gamma\max_{a'\in\mathcal{A}(s')} Q^*(s',a')\right) \quad (11.27)$$

$$V^*(s)=\max_{a\in\mathcal{A}(s)}\sum_{s'} P\big(s'|s,a\big)\Big(R(s,a,s')+\gamma V^*(s')\Big) \quad (11.28)$$

11.1.3 TD 误差学习

如果我们能够掌握所有关于环境信息的$R(s,a,s')$和$P(s'|s,a)$，则可以直接通过贝尔曼最优方程式来求取最优价值函数，从而实现最优策略的决定。作为动态规划法的一个例子，贝尔曼方程式是一个自洽的方程式，因此，也可以采用逐次迭代法来进行求解。

另一方面，我们所面临的不是一个单纯的优化问题，而是强化学习。由于 agent 手头预先不具有关于环境的任何信息，这种情况下也可以利用最优方程式来进行最优策略的学习。

在学习过程中，我们可以考虑以一个固定的状态价值函数$V^\pi(s)$来预测策略实施将能够获得的收益。假设在时刻t，状态$\mathrm{s}(t)=s$的条件下，按着某一策略行动，以获得的经验（报酬）为基础，进行价值函数$V^\pi(s)$值的更新，以此实现 agent 的学习。

在此，我们先从蒙特卡洛法开始进行介绍。在这个方法中，在观测状态$\mathrm{s}(t)=s$时开始，到策略收益确定之前，反复通过一个固定策略的实施，进行相应行动得到的状态的观测。因此，这种收益的计算，必须要等到一个剧集的结束才能完成。收益计算完成之后，按如式（11.29）所示的方法对价值函数进行更新，这种方法被称为蒙特卡洛法。

（蒙特卡洛法）

$$V^{(i+1)}(s)\longleftarrow V^{(i)}(s)+\eta\big(R(t)-V^{(i)}(s)\big) \quad (11.29)$$

其中，η为学习率。这个更新表达式也可以表示为如式（11.30）所示的形式。

$$V^{(i+1)}(s)\longleftarrow (1-\eta)V^{(i)}(s)+\eta\,R(t) \quad (11.30)$$

由此可知，在价值函数的推定值中，仅将在某一剧集中观测到的收益$R(t)$乘以η所得到的量进行价值函数的更新。亦即，这个更新是使状态价值函数靠近实际观测收益的一个操作。因此，通过这一操作的多次反复进行，它可以使状态价值函数接近观测收益的样本平均值，最终可以期待收敛为策略相对应的状态价值函数。如式（11.31）所示。

$$V^{(i)} \to V^{\pi} \quad (i \to \infty) \tag{11.31}$$

蒙特卡洛法中需要有收益$R(t)$的值，因此，每次的更新都必须等到一个剧集的观测结束为止，这是一种成本很高的学习法。为此，我们可以结合动态规划法来创造一个更好的方法。首先关注一下贝尔曼的方程式，蒙特卡洛法遵循如式（11.32）所定义的状态价值函数。

$$V^{\pi}(s) = \mathrm{E}_{P,\pi}\left[\mathrm{R}(t)|\, s\right] \tag{11.32}$$

因此可以利用上式右边对应的收益（样本平均）来学习。正如我们在贝尔曼方程式推导过程中所看到的那样，相同的函数也可以表示为如式（11.33）所示的递归形式。

$$V^{\pi}(s) = \mathrm{E}_{P,\pi}\left[\mathrm{r}(t+1) + \gamma V^{\pi}\big(\mathrm{s}(t+1)\big)|\, \mathrm{s}(t) = s\right] \tag{11.33}$$

因此，利用上式右边期望的推定值（样本平均）也可以进行学习。只是其中当前时刻的$V^{\pi}\big(\mathrm{s}(t+1)\big)$还是未知的，所以采用$V^{(i)}\big(\mathrm{s}(t+1)\big)$的推定值来代替㊀。我们将这种方法称为 bootstrap 法。为了缩小 bootstrap 法评价的 TD 误差，亦即式（11.33）两边的差值，只要进行如式（11.34）所示的价值函数更新即可。

$$\Big(r(t+1) + \gamma V^{(i)}\big(s(t+1)\big)\Big) - V^{(i)}(s(t)) \tag{11.34}$$

这也就是定型化的 TD 法。

（TD 法）

$$V^{(i+1)}(s) \longleftarrow V^{(i)}(s) + \eta\big(r + \gamma V^{(i)}(s') - V^{(i)}(s)\big) \tag{11.35}$$

其中，$s(t+1) = s'$为时刻$t+1$时的状态观测值，$r(t+1) = r$为实际获得的报酬，进行的是只采用一个样本的学习。这个式子还可以表示为如式（11.36）所示，或许更易于理解。

$$V^{(i+1)}(s) \longleftarrow (1-\eta)V^{(i)}(s) + \eta\big(r + \gamma V^{(i)}(s')\big) \tag{11.36}$$

这样，引入 bootstrap 法，不必等到剧集结束，只用下一时刻$t+1$的观测值就可以立即实现更新。

11.1.4　Q 学习

TD 法是通过策略π对应的预测收益$V^{\pi}(s)$的学习，来进行最优策略的搜索的。下面我们考虑行动价值函数$Q^{\pi}(s,a)$的学习，通过Q^{π}来寻找最优策略的方法。

若当前时刻t时，状态与行动为$(\mathrm{s}(t), \mathrm{a}(t)) = (s, a)$，则在下一时刻获得报酬$\mathrm{r}(t+1) = r$，$(\mathrm{s}(t+1), \mathrm{a}(t+1)) = (s', a')$时，Sarsa 法利用以上所有这些信息所做的更新如式（11.37）所示。

㊀ 在时刻t时，通过第i次的观测更新，得到的$V^{(i)}$。

（Sarsa 法）

$$Q^{(i+1)}(s,a) \longleftarrow Q^{(i)}(s,a) + \eta\big(r + \gamma Q^{(i)}(s',a') - Q^{(i)}(s,a)\big) \tag{11.37}$$

这是参照如式（11.18）所示的贝尔曼方程式进行的更新法。通过大量的反复更新，不久将收敛为如式（11.38）所示的行动价值函数。

$$Q^{(i)} \to Q^{\pi} \quad (i \to \infty) \tag{11.38}$$

利用这种（学习获得的）行动价值函数就可以寻找到最优的策略。Sarsa 这一名称是使用(s,a,r,s',a')的信息组合而构成的。

由于通过最优行动价值函数$Q^*(s,a)$的学习，就可以实现高效率地强化学习，因此，只要利用最优价值函数对应的贝尔曼方程式（11.27）即可。如式（11.39）所示。

（Q 学习）

$$Q^{(i+1)}(s,a) \longleftarrow Q^{(i)}(s,a) + \eta\big(r + \gamma \max_{a'} Q^{(i)}(s',a') - Q^{(i)}(s,a)\big) \tag{11.39}$$

由此可知，此时根据假设，$Q^{(i)}$收敛为最优行动价值函数。如式（11.40）所示。

$$Q^{(i)} \to Q^{*} \quad (i \to \infty) \tag{11.40}$$

进行该学习时，各时刻的行动只要重复随机选择的一种行动即可。由于无需考虑策略就可以进行学习，因此把这种基于式子（11.39）所示的**Q**学习（Q-learning）叫作无策略型（off-policy）TD 学习。而且，不必像 Sarsa 那样，在学习后再针对策略将价值函数最大化，就可以直接进行最优行动价值函数的学习。

我们再来考虑小批量学习情况。这种方法，只要将贝尔曼最优方程式中的马尔可夫决策过程的期望值用环境$\mathcal{E}$[⊖]实际取样的状态和报酬的样本平均值转换为如式（11.41）所示的形式即可。

$$Q^*(s,a) = \mathrm{E}_{(s',r)\sim\mathcal{E}(s',r|s,a)}\left[r + \gamma \max_{a'} Q^*(s',a') \middle| s,a\right] \tag{11.41}$$

因此，如果通过递推法能够反复得到答案的话，则可得到如式（11.42）所示的结果。

$$Q^{(i+1)}(s,a) \longleftarrow \mathrm{E}_{(s',r)\sim\mathcal{E}}\left[r + \gamma \max_{a'} Q^{(i)}(s',a') \middle| s,a\right] \tag{11.42}$$

推而广之，再考虑Q学习的话，引入学习率η，使其符合如式（11.43）所示的条件即可。

$$\begin{aligned} &Q^{(i+1)}(s,a) \\ &\longleftarrow Q^{(i)}(s,a) + \eta\left(\mathrm{E}_{(s',r)\sim\mathcal{E}}\left[r + \gamma \max_{a'} Q^{(i)}(s',a') \middle| s,a\right] - Q^{(i)}(s,a)\right) \end{aligned} \tag{11.43}$$

⊖ 这个环境分布是后面将看到的经过反复多次试验汇集而成的数据的经验分布。因此，这里$\mathcal{E}$的期望值表示小批量相关的样本平均值。

通常，对于Q学习的初始值，所有的(s,a)均设为$Q^{(0)}(s,a)=0$。另外，在线学习中，更新式右边的期望值由一个样本(s',a')的评价值替代。

11.2　近似函数与深度 Q 网络

11.2.1　Q 学习与近似函数

图 11.2 为各种状态-行动(s_σ,a_α)下的状态价值函数$Q(s_\sigma,a_\alpha)$的汇总表。Q学习开始之际，将任意数或 0 填入表内。一旦学习开始，以现有的状态为基础，采取适当的行动获得报酬，再进行转移状态的观测，并用这些数据按照Q学习的更新规则来进行Q值的更新。亦即在各个学习阶段i，实现Q值表中$(s_{\sigma(i)},a_{\alpha(i)})$的不断更新。这种学习对于小尺寸的表很有效，这是因为用于学习的经验很多，这个更新箭头大多会通过相同的(s_σ,a_α)，从而不断地向合适的Q值收敛。但是，随着可能状态数的增加，表格尺寸变大，这种方法就会趋于失效。这是由于用于学习的训练数据（经验）数量有限，从而使得表的一大部分趋于不会出现更新操作，从而使得表中大部分值没有得到学习。

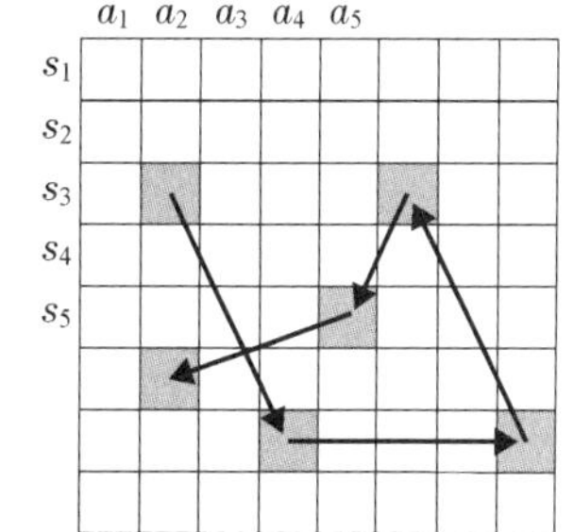

图 11.2　$Q(s_\sigma,a_\alpha)$表（学习中按照$i=1\to2\to3\to\cdots$的顺序，依次实现表中箭头所示位置$(s_{\sigma(i)},a_{\alpha(i)})$中的Q值的不断更新，更新的部分在此用灰色来表示）

但是，在机器学习中，即使是在数据量较少的情况下，也是以实现泛化为目的的。因此，如果只有表的一部分参与经验学习，则那些未经经验学习的位置(s,a)也会影响其学习的效果。我们所希望的是，在整个表内都能够实现接近真正答案的状态。那么如何才能获得泛化呢？其实作为已有的泛化方法，可以应用监督学习。接下来详细介绍的这个方法叫作函数近似法（function approximation）。对于函数近似法，在表中不直接进行价值函数的更新，而是首先假设价值函数是作为参数$\boldsymbol{w}$的特定函数，并将其模型化为$\hat{Q}(s,a;\boldsymbol{w})$。亦即，在学习中考虑如式（11.44）所示的近似。

$$Q^{(i)}(s,a)\simeq\hat{Q}(s,a;\boldsymbol{w}^{(i)})\tag{11.44}$$

学习中，不直接改变表中$Q^{(i)}$的值，而是通过如式（11.45）所示的参数更新，实现$\hat{Q}$的更新。

$$\boldsymbol{w}^{(i+1)}\longleftarrow\boldsymbol{w}^{(i)}+\Delta\boldsymbol{w}^{(i)}\tag{11.45}$$

这样，对特定状态-行动(s,a)进行的参数更新，通过函数近似从而影响所有状态、行动对应的$\hat{Q}$值，以此希望能够实现涉及到表的全部元素的学习效果。且这个参数的收敛值$\boldsymbol{w}^*$将实现与最优行动价值函数接近的最优近似值。如式（11.46）所示。

$$Q^*(s,a)\simeq\hat{Q}(s,a;\boldsymbol{w}^*)\tag{11.46}$$

在采用 TD 法进行状态价值函数学习时，同样要对状态价值函数采用函数近似的方法，如式（11.47）所示。

$$V^{(i)}(s) \simeq \hat{V}(s;\boldsymbol{w}^{(i)}) \tag{11.47}$$

一个好的$\hat{Q}(s,a;\boldsymbol{w}^{(i)})$函数究竟该怎样选择呢？显然，随意选用的模型是无法达到真正的目的的。好在，我们通过监督学习已经获得了神经网络这一具有极高性能的模型，在此可以运用它。

最简单的函数近似是一种叫线性结构的体系。这一方法，首先已为状态-行动(s,a)准备好表现$\boldsymbol{x}(s,a)$。假设函数近似模型是系数具有这一参数表现的线性函数，如式（11.48）所示。

$$\hat{Q}(s,a;\boldsymbol{w}) = \boldsymbol{x}^\top \boldsymbol{w} = \sum_k x_k w_k \tag{11.48}$$

这个模型进行的就是随后即将介绍的梯度下降法的计算，也是为了简化而常用的简便方法。针对更复杂的问题，还需要更强大的泛化方法，届时还要发挥神经网络的威力。如图 11.3所示，神经网络有几种运用方法。事先准备好所需要的神经网络，一旦进入状态，就可以输出所有可能的行动价值函数，以应用于$\hat{Q}(s,a;\boldsymbol{w}^{(i)})$的函数近似。

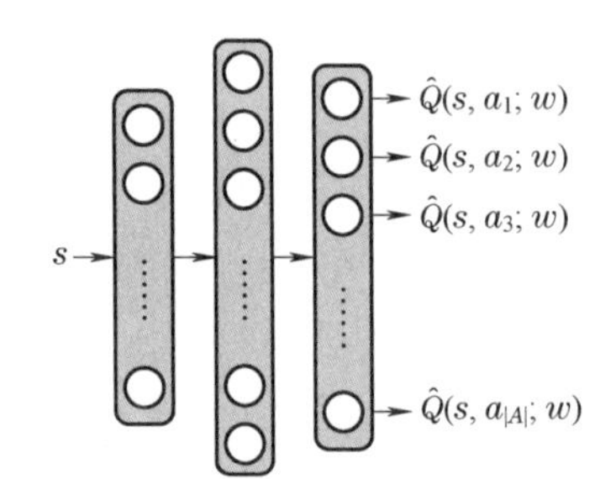

图 11.3 提供行动价值函数近似值的神经网络

其中，函数近似参数即为神经网络的权重参数。这个方法也是很早以前就有的方法，只是最近为其赋予了 Q 网络（Q-network）这一新的名称。采用深度学习的 Q 网络，又叫深度 Q 学习（deep Q-learning）或深度 Q 网络（Deep Q-Network，DQN）。

那么，有监督的学习如何具体应用于函数近似呢？Q 学习时，为了使方均误差等的误差函数最小化，同样需要进行参数的调整，如式（11.49）所示。

$$E^{(i)}(\boldsymbol{w}^{(i)}) = \mathrm{E}_{(s,a)\sim\rho(\mathrm{s,a})}\left[\frac{1}{2}\left(\hat{Q}(s,a;\boldsymbol{w}^{(i)}) - y_i(s,a)\right)^2\right] \tag{11.49}$$

其中，ρ(s, a)被称为行动分布（behavior distribution），是通过（小）批量学习提供的经验分布。亦即这个误差函数的期望值的计算是通过（小批量中存在的）agent 实际体验的状态、行动的标准样本（Q 学习通常认为是一种获得样本的在线学习），这几乎与普通的监督学习的过程相同。

可是作为目标值，该使用怎样的数据呢？当然，如果知道准确的$Q^*(s,a)$值的话，那么就可以如式（11.50）所示的那样用于监督学习即可。

$$y_i(s,a) = Q^*(s,a) \tag{11.50}$$

但是，在强化学习中，$Q^*(s,a)$就是我们想要求得的答案，所以它是不能作为监督数据的。因此，在强化学习的函数近似法中，参考 bootstrap 法，如式（11.42）那样采用一种用于最优价值函数更新的近似方法，将如式（11.51）所示的结果作为目标值使用。

$$y_i(s,a) = \mathrm{E}_{(s',r)\sim\mathcal{E}}\left[r + \gamma \max_{a'} \hat{Q}(s',a';\boldsymbol{w}^{(i)}) \middle| s,a\right] \tag{11.51}$$

于是，误差函数可表示为如式（11.52）所示的形式。

$$\begin{aligned} E^{(i)}(\boldsymbol{w}^{(i)}) =& \mathrm{E}_{(s,a,r,s')}\left[\frac{1}{2}\left(r + \gamma \max_{a'} \hat{Q}(s',a';\boldsymbol{w}^{(i)}) - \hat{Q}(s,a;\boldsymbol{w}^{(i)})\right)^2\right] + \\ & \mathrm{E}_{(s,a)}\left[\frac{1}{2}\mathrm{V}_{(r,s')}\left[\left(r + \gamma \max_{a'} \hat{Q}(s',a';\boldsymbol{w}^{(i)})\right)^2 \middle| s,a\right]\right] \end{aligned} \tag{11.52}$$

其中，第 2 项出现的$V_{(r,s')}$是经验分布(r,s')的方差。强化学习的特征是监督数据$r + \gamma \max_{a'} \hat{Q}(s',a';\boldsymbol{w}^{(i)})$仍然依赖于权重参数。不过，这是学习的目标值，与本次参数更新中设置的参数不同。因此，根据学习目的进行这个误差函数的梯度计算时，出现在$y_i(s,a)$上的权重没有产生微分作用，只有$-\hat{Q}(s,a;\boldsymbol{w}^{(i)})$项的$\boldsymbol{w}^{(i)}$产生了微分作用。如式（11.53）所示。

$$\begin{aligned} &\nabla_{\boldsymbol{w}^{(i)}} E^{(i)}(\boldsymbol{w}^{(i)}) \\ &\simeq -\mathrm{E}_{(s,a,r,s')}\left[\left(r + \gamma \max_{a'} \hat{Q}(s',a';\boldsymbol{w}^{(i)}) - \hat{Q}(s,a;\boldsymbol{w}^{(i)})\right) \nabla_{\boldsymbol{w}^{(i)}} \hat{Q}(s,a;\boldsymbol{w}^{(i)})\right] \end{aligned} \tag{11.53}$$

如此以来，梯度下降法的学习即可以定型化。其中，式（11.52）中服务于误差函数梯度的只有第 1 项的期望值。因此，梯度下降法的$\boldsymbol{w}^{(i+1)} \leftarrow \boldsymbol{w}^{(i)} - \eta \nabla_{\boldsymbol{w}^{(i)}} E^{(i)}(\boldsymbol{w}^{(i)})$参数更新可以具体表示为如式（11.54）所示的形式。

$$\begin{aligned} \boldsymbol{w}^{(i+1)} \leftarrow \boldsymbol{w}^{(i)} + \eta \, \mathrm{E}_{(s,a,r,s')}\Big[&\big(r + \gamma \max_{a'} \hat{Q}(s',a';\boldsymbol{w}^{(i-1)}) - \\ &\hat{Q}(s,a;\boldsymbol{w}^{(i)})\big) \nabla_{\boldsymbol{w}^{(i)}} \hat{Q}(s,a;\boldsymbol{w}^{(i)})\Big] \end{aligned} \tag{11.54}$$

如果进行的不是小批量学习，而是在线学习时，只要按式（11.55）进行即可。

$$\begin{aligned} \boldsymbol{w}^{(i+1)} \longleftarrow \boldsymbol{w}^{(i)} + \eta \Big(&r + \gamma \max_{a'} \hat{Q}(s',a';\boldsymbol{w}^{(i-1)}) - \\ &\hat{Q}(s,a;\boldsymbol{w}^{(i)})\Big) \nabla_{\boldsymbol{w}^{(i)}} \hat{Q}(s,a;\boldsymbol{w}^{(i)}) \end{aligned} \tag{11.55}$$

下面将要介绍的是采用小批量进行的深度 Q 学习，而不是在线学习。

11.2.2　深度 Q 学习

深度 Q 学习或深度 Q 网络（DQN），是将多层神经网络应用于行动价值函数的函数近似方法。实际中，主要采用的是卷积神经网络，其具体的构造将在阿卡利游戏的介绍中再进行详细介绍。在此，首先介绍一下 DQN 学习过程的特征。

在 DQN 的小批量学习中，经验回放（experience replay）这一想法很重要[67,68,70]。我们可以想象一下进行游戏攻略学习的 DQN，其中最简单的学习法即为一边尝试着进行游戏，同时也进行学习。这种情况下，神经网络按时间序列处理在线不断传来的数据。当然，按时间序列传递来的监督数据是彼此密切相关的，例如当前游戏的比赛场面将出现什么状态，在很大程度上取决于稍前的画面状态。于是就变成了神经网络利用强相关的数据来进行学习，如此也会产生相应的困难。这是由于数据过于集中，而产生的所谓的数据不均衡的学习障碍，因此可以通过经验回放来解决。

在经验回放中，可以事先进行几个游戏比赛，并制成学习数据的批量。在正式的学习之前，多积累一些游戏数据，然后将获得的实际数据与场景切分成各个时刻的经验 $(\mathrm{s}(t), \mathrm{a}(t), \mathrm{r}(t+1), \mathrm{s}(t+1))$，并以分散的状态汇集在一起。实际上，这样的数据可以通过各种方法进行游戏而获得。我们把瞬时的经验$(\mathrm{s}(t), \mathrm{a}(t), \mathrm{r}(t+1), \mathrm{s}(t+1))$的集合$\mathcal{D}$称作回放记忆（replay memory），学习时从这些记忆回放中随机选取经验$(\mathrm{s}(t), \mathrm{a}(t), \mathrm{r}(t+1), \mathrm{s}(t+1))$用作有监督学习的数据，这样就可以消除训练数据序列间的关联。此外，也可以认为这些数据是从一个独立分布中提取的数据，以此来减轻因数据不均衡而导致的学习负荷。

这一方法首先将通过各种尝试所获得的经验不加整理地短期记忆下来，然后再一边随机进行记忆回放，一边进行有效的学习。其实，这一结构是模仿大脑中的海马边记边整理的机理制成的。据可靠学说认为，海马先将短期获得的经验存储起来，在睡眠时再将该记忆重现，最后作为长期记忆固定在大脑皮层。这一机理通过小白鼠实验得到了证实。

利用经验回放的优点还有，从回放记忆中随机提取经验的继续学习，可以在参数更新中，将相同的经验多次用于学习中。因此，训练数据得到了有效利用。另外，在线进行的 Q 学习，当行动价值函数稍作变动时，会使下一时刻的最优行动产生很大的变动㊀，从而会使得最优行动（策略）会不停地左右摇摆，导致学习出现不稳定的问题。经验回放具有把行动分布平均化（综合各种经验）的作用，因而可以避免不必要的波动。

DQN 第二个改良之处是如式（11.54）所示的梯度下降法中的参数处理。更新式（11.54）的目标值$r+\gamma \max_{a'} \hat{Q}(s', a'; \boldsymbol{w}^{(i-1)})$利用了上一次更新所设置的权重。这样，随着梯度的每次更新，由于参数更新，也会导致目标信号摇摆不定，同时也影响学习的收敛。因此，可以采用固定值$\boldsymbol{w}_{-}^{(i)}$来代替$\boldsymbol{w}^{(i-1)}$，如式（11.56）所示。

$$\boldsymbol{w}^{(i+1)} \leftarrow \boldsymbol{w}^{(i)} - \eta \mathrm{E}_{(s,a,r,s')}\left[\left(r+\gamma \max_{a'} \hat{Q}(s', a'; \boldsymbol{w}_{-}^{(i)}) - \hat{Q}(s, a; \boldsymbol{w}^{(i)})\right) \nabla_{\boldsymbol{w}^{(i)}} \hat{Q}(s, a; \boldsymbol{w}^{(i)})\right] \tag{11.56}$$

㊀ 当有多个局部极大值存在时，即使函数$Q(s,a)$有很小的修正，也会使$a^*(s)=\mathrm{argmax}_a\ Q(s,a)$发生很大的变动。通过函数$Q$的曲线也可以看出，在多个极值出现的地方，函数会因为变量的些许变动而发生急剧的变化。

虽然这个参数$\boldsymbol{w}_{-}^{(i)}$基本是固定的，但定期也会更新该值。具体是参照每进行C次的参数更新，更新一次$\boldsymbol{w}_{-}^{(i)}$这样的比例，从而周期性地将最新的参数值向 Q 网络进行复制引入。如式（11.57）和式（11.58）所示。

$$\boldsymbol{w}_{-}^{(Cm)} \leftarrow \boldsymbol{w}^{(Cm-1)} \quad (m=1,2,\ldots) \tag{11.57}$$

$$\boldsymbol{w}_{-}^{(Cm)} = \boldsymbol{w}_{-}^{(Cm+1)} = \boldsymbol{w}_{-}^{(Cm+2)} = \cdots = \boldsymbol{w}_{-}^{(Cm+C-1)} \quad (m=1,2,\ldots) \tag{11.58}$$

其中，只有初始值$\boldsymbol{w}_{-}^{(0)}$事先取适当的值，并保存起来作为参数不更新时期的监督数据，在此期间该数值不变，继续使用相同值。亦即，暂时将过去已有的参数值继续用作监督数据，这个超参数C的值在 Atari2600 游戏的攻略中达到了 10000。另外，为了实现监督数据$\hat{Q}(s',a';\boldsymbol{w}_{-}^{(i)})$生成的这个神经网络是为 DQN 的对象学习而单独准备的。为了对两者进行区分，我们将监督用网络称为目标网络（target network）。

参考 11.1 哈萨比斯率领的 Deep Mind

Deep Mind 的创立者戴密斯·哈萨比斯（Demis Hassabis）年轻时就是著名的计算机游戏开发者。兴趣转移到人工智能后，成为了脑神经科学研究者。据说，他在学习博士课程时候，对脑的了解仅限于大脑是位于头盖骨中这样简单的认知[69]。但是哈萨比斯很快作为神经科学家开始崭露其卓越的才能。他的研究领域及成果主要是海马与记忆丧失。就是这样一位在研究领域一帆风顺的神经科学家，不久，再度变为人工智能开发者。他虽然离开了神经科学领域，但是他建立的 Deep Mind 技术核心完全出自神经科学。最近受到工作的启发，他们提出了可微分的神经网络计算机这一想法。

11.3 雅达利游戏和 DQN

正如我们所看到的那样，大部分 DQN 在强化学习中仍使用以往的研究框架。但是，通过利用经验回放的小批量学习与利用目标网络进行的监督数据的生成，使得当前的情况有了很大的改变。

另外，在 DNQ 中，正如它的名字那样，通过函数近似而使用了真正的多层神经网络。本节以具体的雅达利游戏应用为例，稍加详细地介绍其结构构造与 DQN 的实际运行。

雅达利 2600（Atari2600）是 1977 年美国雅达利公司发售的，最早的 ROM 盒式录音带家用视频游戏机。它在日本被家用计算机埋没，影响不大，但在美国却成为历史性的轰动一时的游戏机。植入了《空间侵略者》和《吃豆人》等著名游戏。虽说是初期的电视游戏，但是至今对初学者来说，许多游戏仍很难操作，如果让机器来攻略则更难。在 2013 年末的国际会议 NIPS2013 和 2015 年的自然杂志上，Deep Mind 团队发表了由 DQN 进行的雅达利 2600 游戏的学习成果。登载在自然（Nature）杂志上的涉及多个领域的 49 种游戏，半数以上超过了 75%的人类专业游戏选手。更有几款游戏，其成绩达到了人类的 10 倍。这些成果受到人们的关注，更加增强了人们对深度学习可以应用于强化学习的认识。本节将依据文献[70]来进行这部分内容的介绍。

如上所述，机器学习雅达利游戏的方法就是深度Q学习，表示游戏状态的数据就是计算机画面上的影像，DQN将这一影像输入到如图11.3所示的深度CNN，该深度CNN网络的输出是与可采取行动对应的Q值。那么，agent所能采取的行动是什么呢？

实际上，雅达利2600游戏是通过操作一种叫做操纵杆的特殊控制器来进行的。这个操纵杆上有棒状的操纵把手，可以向上、下、左、右以及相应的45°斜向8个方向转动。如果包括不作任何移动这一选择在内，则一次操作可选择的移动模式一共有9种，此外操纵杆上的触发按钮还有按与不按两种选择，这个按钮在向敌人攻击时使用。总之，雅达利2600中最大可以采取9×2=18种行动（根据游戏种类的不同，该可选项会有所减少）。因此，Q网络的输出层也要相应地准备18个输出神经元。为了实现输入图像的处理，Q网络的中间层使用了CNN。但是，在输出层及其前一层采用的仍然是全相连的网络层，以此实现DQN的Q值输出。网络的简略结构如图11.4所示。

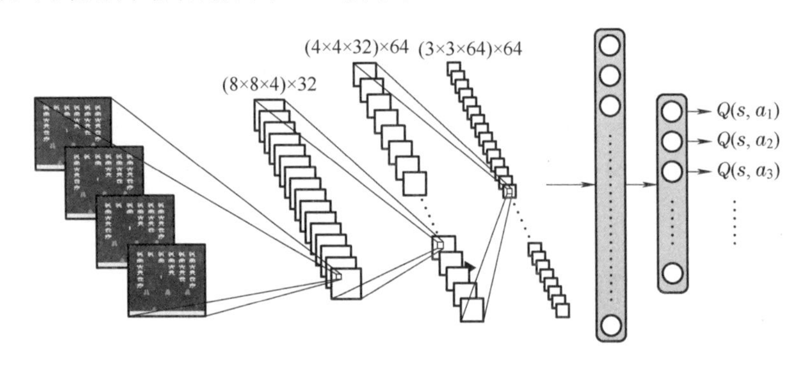

图11.4　雅达利游戏学习网络简略图（如（8×8×4）×32那样的数字表示的是过滤器的尺寸和通道数，实际采用的滤波器参数还需要根据输入图像的实际画质作进一步调整）

最后，就是用经验回放的小批量梯度下降法进行深度Q学习。这种误差逆传播法利用RMSprop（详见4.2.5节）来进行。在完成了网络搭建和超参数选择后，对游戏深度CNN网络所有的学习训练均使用同一经验回放（计算方法）来进行。通过学习和训练，最终可以得到能够使游戏获得高分的核心行动。例如在Nature的网页上可以看到一个叫作“Breakout”的块破碎游戏的视频，在经过600个剧集的情景学习之后，自然就掌握了最好的隐藏方法，很快就能实现游戏的通关。这意味着，无论何种游戏，DQN总是最通用的算法。不过，也有以此方法无法进行学习的游戏，例如在吃豆人游戏中，仅能达到职业选手13％的成绩。这类游戏中，由于许多敌人辗转多个场所，环境过于复杂，对决定行动的策略难分优劣。除此之外，也不可能有长期永恒通用的战略，但作为短期的战略也很难做到每次都能对其进行修改。因此，也许还需要更好的算法，在学习上也需要加大计算成本。

文献[70]在几个细节的地方下了一些功夫，现将其中主要的内容加以介绍。首先是

DQN 的数据输入和预处理，原始的游戏画面是 210×160 像素的 128 色图像，由于图像的颜色与游戏本身无关，因此将图像转换为只有亮度信息的灰度级图像（gray scale）。另外，对游戏画面图像采用缩放（scale down）技术，降低图像尺寸，使其像素降低到 82×82。将这样形成的汇集时间上连续的四幅画面图像放在一起，并视为一幅 4 通道的图像，作为 DQN 的输入。这幅 4 通道图像即为强化学习当前的状态设定，这一系列的前置处理在文献［70］中被记为ϕ。

其次是网络的结构。如图 11.4 所示，最前面的三个隐藏层为卷积层，其后与其相连的依次为全相连的隐藏层和输出层。任一中间层的激活函数均为 ReLU 函数。网络的输入为 84×84×4 的图像，接收该输入的第一个隐藏层具有 32 个 8×8 的滤波器，该层的步幅为 4。第二个隐藏层是一个由步幅为 2 的 64 个 4×4 滤波器构成的卷积层。第三个隐藏层是一个由步幅为 1 的 64 个 3×3 滤波器构成的卷积层，该隐藏层的输出被送到一个由 512 个神经元构成的全相连隐藏层，并作为其输入。最后的输出层是由只与各个行动的数量相对应的神经元构成的全相连层，其激活函数均为线性函数。

下面介绍一下学习与训练数据。整个游戏的学习使用了 5000 万帧的图像，大约需要一个月时间。首先，将用于学习的每次报酬确定为规格化±1 或 0。这样虽然损失了报酬的大小信息，但可以防止所学习的梯度不合理的大范围变化。关于所使用的超参数的大小，RMSprop 采用的小批量的尺寸为 32。学习中运用了本节最后将要介绍的ϵ- Greedy 策略进行行动的选择。ϵ值在学习最初的数百万帧中，从 1 到 0.1 呈线性下降，在其后的学习中固定下来。另外，学习中运用了跳帧技术。游戏画面以每秒几十帧的速度切换，如果 agent 对每一帧都采取行动的话，很明显都将是无用的。这是因为游戏是配合人的速度感觉制作的，其状态变化不会那么快，因此，用于学习的场景画面也要拉开间距，场景每更新 4 次只提取 1 次的画面，供 agent 进行观测并进行行动的选择，由此计算成本也得到了降低。

最后，再简单介绍一下学习后的性能评价情况。实际上，游戏比赛时要根据最优策略选择行动。在此采用的是ϵ- Greedy 策略。如式（11.59）所示。

$$\pi^{\epsilon}(a|s)=\begin{cases}1-\epsilon+\dfrac{\epsilon}{|\mathcal{A}(s)|} & a=\underset{a}{\operatorname{argmax}}\,Q(s,a)\\ \frac{\epsilon}{|\mathcal{A}(s)|} & \text{其他}\end{cases} \tag{11.59}$$

实验中使用$\epsilon=0.05$ 这个值。另外，agent 每 6 帧切换一次行动，在此期间保持同一行动。

11.4　策略学习

11.4.1　基于梯度上升法的策略学习

在此之前，我们介绍了适合深度强化学习的方法，并以此为基础介绍了深度强化学习在雅达利游戏中的应用。所用的强化学习方法是通过最优行动价值函数$Q^*(a,s)$的学习找到最优行动$a^* = \mathrm{argmax}_a\, Q^*(a, {}^\forall s)$，但是随着环境能够采用的状态$s$数量的增加，这一方法越来越不现实。这是因为最优行动的确定必须在所有的状态下都能使得最优行动价值函数最大化，在状态s数量较大的情况下，应该直接学习生成行动的策略。为此，首先要用附带参数的函数将策略模型化，如式（11.60）所示。

$$\pi(a|s) \approx \pi(a|s, \boldsymbol{\theta}) \tag{11.60}$$

在此基础上，再考虑从时刻 0 的状态s_0开始，获得的长期报酬的总和，如式（11.61）所示。

$$\rho(\pi) = \mathrm{E}_{P,\pi}\left[\sum_{t=0}^{\infty} \gamma^t r(t+1) \;\middle|\; s_0\right] \tag{11.61}$$

接下来，将策略π全部用参数模型进行置换。为了使得公式的表达整齐完整，在此引入以下两个量，如式（11.62）和式（11.63）所示。

$$d^\pi(s) = \sum_{k=0}^{\infty} \gamma^k P^\pi(\mathrm{s}(k) = s|s_0, \boldsymbol{\theta}) \tag{11.62}$$

$$R(a,s) = \sum_{s'} P(s'|s,a) R(s,a,s') \tag{11.63}$$

其中，当$\gamma = 1$时，$d^\pi(s)$表示在一个剧集中访问的状态为s的大致次数。

长期报酬$\rho(\pi)$是衡量策略好坏的尺度，在此我们来看一下策略模型$\rho(\pi)$关于参数$\boldsymbol{\theta}$的梯度。于是，如后面将要证明的那样，式（11.64）所示的定理成立。

定理 11.1 （策略梯度定理）

$$\frac{\partial \rho(\pi)}{\partial \theta} = \sum_s d^\pi(s) \sum_a \frac{\partial \pi(a|s)}{\partial \theta} Q^\pi(s,a) \tag{11.64}$$

尽管d^π也依赖于策略π，但这个函数的微分最终不会出现在结果里，因此为了寻找使$\rho(\pi)$最大化的π，运用梯度法时，合理利用这一定理，会使得计算大幅简化。这个定理的证明将在随后给出，在此我们先来看一下，在梯度上升法中这一梯度策略的参数更新，如式（11.65）所示。

$$\boldsymbol{\theta}^{(s+1)} = \boldsymbol{\theta}^{(s)} + \eta \nabla_{\boldsymbol{\theta}}\, \rho(\pi)|_{\boldsymbol{\theta}^{(s)}} \tag{11.65}$$

采用这个更新法所导出的最优值是希望最优策略可以使报酬$\rho(\pi)$最大化。在此代入策略梯度定理，$d^\pi(s)$表示在这一策略下访问各状态的频度，所以我们考虑代替添加这一系数的操作，用经验分布相关的期望值来进行近似，如式（11.66）所示。

$$\nabla_{\boldsymbol{\theta}}\, \rho(\pi) \approx \mathrm{E}_{(s,a)\in\mathcal{D}}\left[\nabla_{\boldsymbol{\theta}} \pi(a|s) \frac{Q^\pi(s,a)}{\pi(a|s)}\right] \tag{11.66}$$

其中，平均经验分布用数据平均来计算。不过，右边用策略值来除以$\pi(a|s)$是为了均衡按策略选择的行动与无选择行动之间的偏差。最终可得以下的参数更新规则，如式（11.67）

所示。

$$\boldsymbol{\theta}^{(t+1)} = \boldsymbol{\theta}^{(t)} + \eta \, \mathrm{E}_{(s,a)\in\mathcal{D}} \left[\nabla_{\boldsymbol{\theta}} \pi(a|s) \, \frac{Q^{\pi}(s,a)}{\pi(a|s)} \right]_{\theta^{(t)}} \tag{11.67}$$

通过这种梯度上升法找到的最优参数$\boldsymbol{\theta}^*$，可以求得最优策略的函数近似模型$\pi(a|s,\boldsymbol{\theta}^*)$。式（11.67）所需要的$Q^{\pi}(s,a)$值，采用$r(t)$进行代入的方法被称为 REINFORCE 算法。

11.4.2　策略梯度定理的证明

对式（11.15）两边用参数进行微分的话，则得到如式（11.68）所示的结果。

$$\begin{aligned}\frac{\partial V^{\pi}(s)}{\partial \theta} &= \frac{\partial}{\partial \theta} \sum_a \pi(a|s) \, Q^{\pi}(s,a) = \sum_a \left(\frac{\partial \pi}{\partial \theta} Q^{\pi} + \pi \, \frac{\partial Q^{\pi}}{\partial \theta} \right) \\ &= \sum_a \left(\frac{\partial \pi}{\partial \theta} Q^{\pi} + \pi \, \frac{\partial}{\partial \theta} \left(R(a,s) + \gamma \sum_{s'} P(s'|s,a) V^{\pi}(s') \right) \right)\end{aligned} \tag{11.68}$$

为了得到上式最后一行进一步的结果，将如式（11.18）所示的贝尔曼方程式再次运用到式（11.15）中。于是，由于$R(a,s)$项不存在策略的依赖性，因此得到如式（11.69）所示的结果。

$$\begin{aligned}\frac{\partial V^{\pi}(s)}{\partial \theta} &= \sum_a \frac{\partial \pi(a|s)}{\partial \theta} Q^{\pi}(s,a) + \gamma \sum_{s',a} P(s'|s,a) \, \pi(a|s) \frac{\partial V^{\pi}(s')}{\partial \theta} \\ &= \sum_a \frac{\partial \pi(a|s)}{\partial \theta} Q^{\pi}(s,a) + \gamma \sum_{s',a'} P^{\pi}(s'|s) \frac{\partial \pi(a'|s')}{\partial \theta} Q^{\pi}(s',a') + \\ &\quad \gamma^2 \sum_{s'} P^{\pi}(s'|s) \sum_{s''} P^{\pi}(s''|s') \frac{\partial V^{\pi}(s'')}{\partial \theta}\end{aligned} \tag{11.69}$$

将上式第二行的变换采用$\partial V^{\pi}(s')/\partial\theta$继续进行改写，并将这一变形反复无限地进行的话，则可以得到如式（11.70）所示的结果。

$$\frac{\partial V^{\pi}(\mathrm{s}(t)=s)}{\partial \theta} = \sum_{s',a'} \sum_{k=0}^{\infty} \gamma^k P^{\pi}(\mathrm{s}(t+k)=s'|\mathrm{s}(t)=s) \frac{\partial \pi(a'|s')}{\partial \theta} Q^{\pi}(s',a') \tag{11.70}$$

于是，由于$\rho(\pi) = V^{\pi}(\mathrm{s}(0)=s_0)$，因此从式（11.62）可得到式（11.64）。

11.5　AlphaGo

基于深度学习的计算机围棋程序就是 AlphaGo[71]，AlphaGo 由神经网络进行监督学习和强化学习，并且通过合理组合蒙特卡洛树进行搜索，从而达到了惊人的程度。因此，其实际模型是以上多项技术略显复杂的组合。以下根据文献［71］逐项对其进行简单介绍。

11.5.1　蒙特卡洛树搜索（MCTS）的构想

在 AlphaGo 中，采用了蒙特卡洛树搜索（Monte Carlo Tree Search，MCTS）。在进行

每一次投子时，均通过蒙特卡洛法随机模拟游戏的各种展开，从中选择最优的策略。在此引入的搜索树（游戏树）如图 11.5a 所示，该有向图中的每一个节点均对应着围棋博弈的一个盘面布局。这样，连接节点间的边就是从某一布局向下一布局转换的可选行动或合法行动。在进行最佳策略搜索时，首先将当前的盘面布局作为起点（根节点），把此前已经模拟好的盘面布局作为子孙节点，从而形成如图 11.5a 所示的搜索树。然后从树末端的叶节点开始，再随机地进行游戏的模拟，随着节点的增加树也在不断成长，以此来搜索各个合理行动的评价值，如图 11.5b 所示。

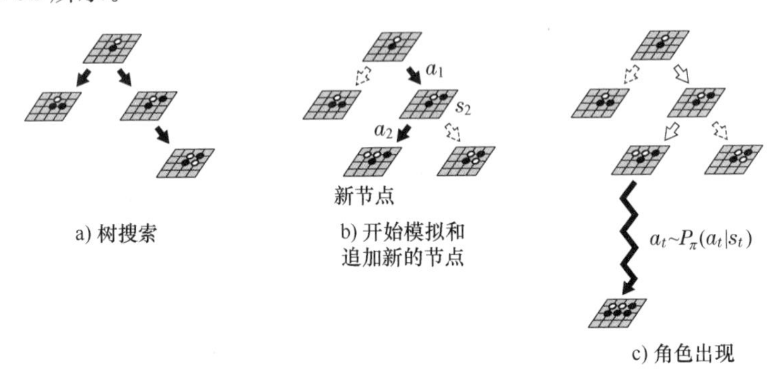

图 11.5　通过蒙特卡洛树搜索的模拟和分布

不过，在搜索空间较大的游戏中，仅凭随机游戏无法进行好的策略的正确评价。因此需要选择确实有前景的好的行动来进行模拟，并基于模拟结果随时更新各节点的评价值。在经过充分模拟之后，以各节点被选择的次数和评价值为基础来推断最有前景的行动。根据模拟开始节点选择的不同，蒙特卡洛树搜索也有几种不同的实现。本节最后以 AlphaGo 为例，对其进行详细介绍。

11.5.2　SL 策略网络P_σ

在围棋当前的盘面布局为s时，通过神经网络进行策略$P_\sigma(a|s)$的制定，从而给出向下一个盘面布局移动的行动a。我们将实现这种策略制定的神经网络称为 SL 策略网络，该网络通过深度 CNN 实现，其中的模型参数设为σ。

网络的输入为表示棋盘的 19×19 的图像，图像具有 48 个通道。棋盘上的每一个位置都可能处于黑子、白子和没有棋子的 3 种状态，与此对应的就是输入图像的 3 个通道。除此之外，输入图像的其他通道也分别表示着盘面的各种信息，例如棋子周围空位置的“气口”、过去的投子信息、什么位置可以提对方棋子等。在规则学习完成以后，只需要输入原始的盘面信息，而无需特意添加其他辅助信息。以盘面输入的通道信息作为这些判断参考和切口，有助于学习与推论的进行，用尽量少的计算量实现模型的高效能。这也是通过特征量的设计，力图取得机器学习性能提高的一般思想。

模型的整体结构是一个 13 层的 CNN 学习，输出层采用 softmax 层给出应该选取各最优

方法a的概率$P_\sigma(a|s)$，激活函数采用 ReLU。

学习数据使用人的对战记录进行监督学习，即学习像人类一样只看盘面即能知道应该采取什么行动，也可以说是把人类的经验知识转储到神经网络上。训练数据采用了存储在因特网围棋网站 KGS 上相当于 6～9 段棋谱中的 16 万个棋局。学习方法是当盘面状态为s时，从真人棋手实际选择的行动a开始，实现行动似然的最大化。如式（11.71）所示。

$$\sigma \longleftarrow \sigma + \eta \frac{1}{N} \sum_{n=1}^{N} \frac{\partial \log P_\sigma(a_n|s_n)}{\partial \sigma} \tag{11.71}$$

基于这一设定，50 台 GPU 花费三周时间，得到了 SL 策略网络$\boldsymbol{P_\sigma}$。学习后的 SL 策略网络，预计可以达到专业赛手 57%的精确度。尽管没对游戏的进展进行探索，但凭 CNN 就实现了极高的性能。

11.5.3 roll out 策略P_π

最后我们来看一下随机选择策略到终局的布局，因为选择策略需要利用分布，这就是 roll out 策略$P_\pi(a|s)$。

虽然 SL 策略网络具有很高精确度，但即使采用 GPU 进行预测也需要 3ms 的时间，因此不适合如学习阶段进行的 Durbin 验证计算的情形。在这样的学习阶段，我们需要一种精确度稍差一些，但预测速度更快的策略。在此，采用了通常的 softmax 回归的 roll out 策略，其输入为与 19×19 的盘面上位置(i,j)对应的 109747 个局部的特征量$x_{i,j,k=1,\cdots,109747}$。通过从英特网对局的 Tygem 围棋（东洋围棋）服务器上提取的 800 万个盘面布局对 softmax 回归的$P_\pi(a|s)$进行训练。学习后模型的初始预测精度为 24.2%，尽管与 XL 策略网络相比还有很大的差距，但是，仅用 CPU 就可以以 2μs 速度进行预测。

11.5.4 LR 策略网络P_ρ

之前讨论了监督学习，虽说可以期待一些泛化，但是训练数据、计算成本却都是有限的。因此，即使进行监督学习，也很难超越普通专业棋手积累的经验，要想打败人类还需努力。

下面基于学习后的 SL 策略网络P_σ，通过自我对战进行强化学习，由此实现策略网络能力的大幅度提升。为了进行 SL 策略网之间的对战强化学习，在此运用了报酬函数$r(s_t)$。其中，报酬在终局以外的盘面均设为 0，当$t=T$迎来终局时，如果获胜的话则显示$z_T=r(s_T)$，若输的话则显示$z_T=-r(s_T)$。所以，如果运用基于 REINFORCE 计算的策略梯度法，则强化学习的模型参数P的更新变为如式（11.72）所示的形式。

$$\rho \longleftarrow \rho + \eta \frac{1}{N} \sum_{n=1}^{N} \sum_{t} \frac{\partial \log P_\rho(a_{nt}|s_{nt})}{\partial \rho} z_{nt} \tag{11.72}$$

采用 50 个 GPU，通过上述更新，进行大约一天的学习。不过，为了防止过度学习，对

战双方的策略网络从过去的更新信息存储中随机选取参数值，对战的对手也经常选用不同的策略网络。通过这种自我对战型强化学习，形成的结果即为 LR 策略网$P_\rho(a|s)$。只要依据这一策略选择行动a，对 Pachi 这一最尖端的开放源围棋程序可以达到 85%的获胜率。

11.5.5 价值网络$\boldsymbol{v}$

下面，我们要介绍的不是进行行动选择的策略，而是进行盘面s价值评价的价值网络$v(s)$的构建。由于最优策略是未知的，因此考虑采用 LR 策略网进行最优棋步的大致预测。于是，从现在的盘面布局s开始，把基于这一 LR 策略网络持续选择棋步时的对战结果作为这个盘面的评价值进行预测，于是得到如式（11.73）所示的进行强化学习的价值网络$v(s)$。

$$v^{P_\rho}(s)=\mathrm{E}\left[z_t|\, s_t=s,\, a_t,\ldots,a_T\sim P_\rho\right] \tag{11.73}$$

为了把这样的价值函数模型化，也采用神经网络$v_\theta(s)$来进行。其结构是与策略网络相似的 CNN，但是输出层不是 softmax，而是具有预测$v^{P_\rho}(s)$值的输出神经元，用于学习的误差函数是均方误差。其参数更新如式（11.74）所示。

$$\theta\longleftarrow\theta+\eta\frac{1}{N}\sum_{n=1}^{N}\frac{\partial v^\theta(s_n)}{\partial\theta}\left(z_n-v_\theta(s_n)\right) \tag{11.74}$$

为了进行学习数据对应的盘面s_n的目标评价值z_n的制作，首先从某种程度上随机的$\boldsymbol{P_\sigma}$开始，然后在中途切换为P_ρ，并一直到终局，根据结果的胜负进行z值的确定。采用 50 个 GPU 对该价值网络进行 1 周的训练。

如果单独采用这样制作的各种策略・盘面评价函数的话将无法实现期待的性能，AlphaGo 通过评价函数的综合充分运用，使得蒙特卡洛树搜索的搜索能力有了飞跃式的提升。

11.5.6 策略与价值网络进行的蒙特卡洛树搜索

蒙特卡洛树搜索考虑的并不是根据现在的盘面随意地进行各种游戏，而是集中最优手段进行模拟游戏和判断。像围棋这样探索空间巨大的游戏，如果仅采用随机的方法进行游戏的模拟，是不可能找到最佳的行动策略的，因此，期待蒙特卡洛树搜索是有效的方法。

如图 11.5a 所示，首先根据当前的局面（根节点）考虑各种游戏展开的搜索树，把过去的盘面模拟中与当前的根节点相连接的子树作为初始值加入到该搜索树中。树的叶子节点（行动）a被赋予了行动价值$Q(s,a)$、到目前为止被遍历次数的总数$N_{r,v}(s,a)$以及策略的先验概率分布$P(s,a)$。在此，N_r表示今后考虑使用P_π的 roll out 的访问次数，而N_v是在状态价值网络上进行盘面评价的总次数。另外，在评价总数$N_{r,v}(s,a)$中，局面最终被认定为获胜的次数记为$W_{r,v}(s,a)$。这些数值随着树不断地进行更新。

如图 11.5b 所示，在通过该树对游戏进行模拟时，各个时刻t、局面s_t下的行动的选择如式（11.75）所示。

$$a_t=\underset{a}{\operatorname{argmax}}\left(Q(s_t,a)+u(s_t,a)\right) \tag{11.75}$$

其中，除了行动价值以外，还提供了行动选择的奖励$u(s_t,a)$，该奖励由策略的先验概率$P(s,a)$来决定。如式（11.76）所示。

$$u(s_t,a)=c_{PUCT}\,P(s,a)\frac{\sqrt{\sum_{a'}N_r(s,a')}}{1+N_r(s,a)} \tag{11.76}$$

最后一个要素具有对多次模拟的策略和行动降低采用概率、促进更广搜索的作用。如此不断地进行行动和策略的选择，直到搜索到树的叶子节点s_L为止。一旦到达树的叶子节点，采用 roll out 策略P_π连续进行自我对战，直到终局战到结束，再进行报酬的评价。如图 11.5c 所示。报酬根据 roll out 的胜负取$r=\pm1$，其后，利用$z_t=r$进行 roll out 次数和评价值的更新，如式（11.77）所示。

$$N_r(s_t,a_t)\longleftarrow N_r(s_t,a_t)+1,\quad W_r(s_t,a_t)\longleftarrow W_r(s_t,a_t)+z_t \tag{11.77}$$

再对已选择的行动进行如式（11.78）所示的更新。

$$N_r(s_t,a_t)\longleftarrow N_r(s_t,a_t)+n_{rl},\quad W_r(s_t,a_t)\longleftarrow W_r(s_t,a_t)-n_{rl} \tag{11.78}$$

亦即，对于被选择了n_{rl}次的行动，其评价也相应地降低了n_{rl}，其魅力也随之下降。于是，同时并行进行的模拟计算选择同一节点的可能性也降低了。一旦到达叶子节点的盘面s_L，则该次的模拟结束，上述两个参数值也同时返回到其初始值。

另外，中途如果超出选择次数$N_r(s,a)$的阈值，则在该处进行的行动选择将产生一个新的子节点s'，从而使搜索树进行新的成长。新节点的$W_{r,v}$和$N_{r,v}$的初始值设为 0，其先验概率以$P(s',a')\propto(P_\sigma(s',a'))^{0.67}$的形式来表示。

在末端s_L，采用评价函数$v_\theta(s_L)$的值进行W_v的更新。如果在末端这个值还未得到计算结果的话，则通过价值网络来评价，根据这个评价函数从根结点到末端进行如式（11.79）所示的更新。

$$N_v(s_t,a_t)\longleftarrow N_v(s_t,a_t)+1,\quad W_v(s_t,a_t)\longleftarrow W_v(s_t,a_t)-v_\theta(s_L) \tag{11.79}$$

各状态・行动的评价值由价值网络与 roll out 的结果组合的蒙特卡洛平均给出，如式（11.80)所示。

$$Q(s,a)=(1-\lambda)\frac{W_v(s,a)}{N_v(s,a)}+\lambda\frac{W_r(s,a)}{N_r(s,a)} \tag{11.80}$$

以上操作结束后，再次重复从根节点开始的模拟，以在指定的时间内进行尽可能多的模拟。搜索结束后，AlphaGo 选择对根节点访问次数最多的行动作为实际的行动选择。

以上，就是自然杂志发表的 AlphaGo 的全貌，通过现代的并行计算环境的深度强化学习、蒙特卡洛树搜索以及神经科学等各种现代科学技术和知识的结合，打造出了前所未有的 AlphaGo。

附　　录

附录 A　概率基础

A.1　随机变量和概率分布

概率其实是个很复杂的问题[73]。根据实际需要，在此仅就无差别的原理加以介绍[⊖]。

所谓无差别的原理也就是应用高中数学进行概率基础的学习。如果n个事件的发生都没有特殊理由的话，那么，其中m个事件发生的概率即为m/n。例如，根据该定义，掷一次骰子，出现偶数面的概率为 3/6=1/2。

为了便于把概率现象模型化，在此引入随机变量（random variable）的概念。设x为随机变量，这个变量实际上可以是各种值，如把x作为掷骰子出现的面，那么它就可以取 1～6 的整数值。我们把实际实现的值叫作实现值，在实际试验时，把可能出现的实现值的概率记作$P(x)$，也被称为随机事件的概率分布或分布（probability distribution）。在刚才掷骰子的例子中，我们自然将其表示为$P(1)=\cdots=P(6)=1/6$。另外，随机变量服从概率分布，因此，可将随机变量统一记为$P(\mathrm{x})$，并将该随机变量实际取实现值x就表示为$x\sim P(\mathrm{x})$，也表示从$P(\mathrm{x})$中提取了样本实现值x。概率分布一般依赖于多个随机变量。下面，通过具体的实例来进行介绍，该实例以后还会多次用到。

例 A.1　（囊袋中的硬币）

现在箱子里放入白色囊袋和黑色囊袋共计 100 个。囊袋为白色或黑色分别用随机变量x的实现值○、●来表示。然后，在囊袋里放入 0 或 1 枚硬币，硬币的枚数也用随机变量y的实现值 0、1 来表示。则各囊袋的个数及硬币的枚数如下表所示。

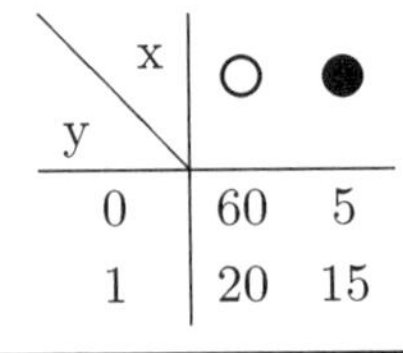

y \ x	○	●
0	60	5
1	20	15

现从箱中随机抽取一个囊袋，囊袋为白色($x=\circ$)，且囊袋中硬币枚数为 1 ($y=1$)的概率

⊖ 希望从数学角度加深理解的读者，请参见文献［55，73］等。

可通过以下概率分布$P(\mathrm{x},\mathrm{y})$给出。

$$P(x=\circ,y=1)=\frac{20}{60+5+20+15}=\frac{1}{5} \tag{A.1}$$

这种由多个随机变量表示的，并且同时取得各随机变量表现值的概率的分布通常被称为同时概率分布$P(\mathrm{x}_1,\cdots,\mathrm{x}_N)$（joint probability distribution）。此时，$P(x,y)=P(y,x)$，也就是说变量的顺序没有意义。

对于同时概率分布，在某一个随机变量取一个特定实现值时，如果将对于剩余变量的全部实现值的概率相加的话，则将得到该特定事件的发生概率。我们将同时概率分布的这一操作称为边缘化（marginalization）。

定理 A.2 （加法定理（全概率法则））

$$P(\mathrm{x}=x)=\sum_y P(\mathrm{x}=x,\mathrm{y}=y) \tag{A.2}$$

对于多变量的边缘化操作也是同样的。以囊袋为例，不管囊袋的颜色如何，囊袋一定具有一个放入硬币的概率。根据硬币是放入白色的囊袋还是放入黑色的囊袋这两种情况，其结果一定是

$$P(\mathrm{y}=1)=\frac{20+15}{100}=\frac{20}{100}+\frac{15}{100}=P(x=\circ,y=1)+P(x=\bullet,y=1)$$

当然，如果将所有事件的发生概率相加的话，其结果一定为 1。可以证明，$P(\mathrm{y}=0)+P(\mathrm{y}=1)=1$。

A.1.1 独立性

设x，y是同时旋转的两个骰子可能出现的面。由于这两个面之间彼此不相关，两个骰子分别同时出现面x和y的概率当然可以表示为单个事件概率的乘积，即$P(x,y)=P(x)P(y)$。一般地，对于两个独立的随机变量，其同时分布是通过独立事件概率分布的积来定义的。

$$P(x,y)=P(x)P(y) \tag{A.3}$$

A.1.2 伯努利分布

对于一个骰子来说，任何一个面都有 1/6 的出现概率，这稍有些简单。以下再举一个稍复杂一点的例子。

以进行猜骰子面是偶数或奇数的游戏为例，假设庄家是个不诚实的人，对骰子的密度进行了加工，从而改变了每个面出现的难易程度，因此，出现奇数$x=1$和出现偶数$x=0$的概率也发生了改变。假设出现奇数面的概率为p，则出现偶数面的概率为$1-p$㊀。描述这样的事件发生的概率分布就是伯努利分布。

㊀ 到此，之前所采用的其实是频度概率（frequency probability）。按照频度概率的观点，若掷n次骰子时有m次奇数的面出现，考虑那个比值m/n，当试验的次数增加到$n\to\infty$的极限时，则以此比值近似作为奇数的面出现的概率p。

定义 A.3 （伯努利分布）

$$P(\mathrm{x}=x)=p^x(1-p)^{1-x} \tag{A.4}$$

当然，$P(\mathrm{x}=1)=p$, $P(\mathrm{x}=0)=1-p$。

A.2 连续随机变量和概率密度函数

概率函数的取值也不限于离散值。设明天的气温为随机变量t，则其实现值取实数值，这样的变量又称为连续随机变量。与连续变量对应的概率分布称为概率密度（probability density）⊖。概率密度为$P(x)$，表示x的实现值x从$x-\Delta x/2$进入$x+\Delta x/2$的范围的概率为$P(x)\Delta x$。其中，Δx为一个微小量。由于所有事件发生的概率总和为 1，因此

$$\int P(x)\mathrm{d}x=1 \tag{A.5}$$

A.2.1 高斯分布

高斯分布$P(x)=\mathcal{N}(x;\mu,\sigma^2)$是一个典型的概率密度函数，如图 A.1 所示。

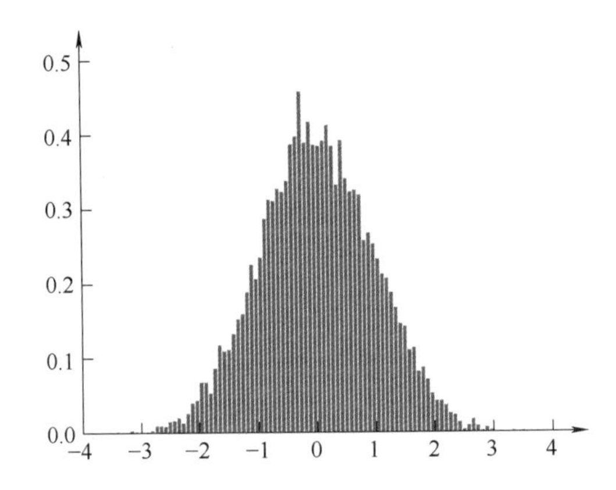

图 A.1 从高斯分布$\mathcal{N}(x;0,1)$中抽取 1 万个点做样本所构成的直方柱状图

定义 A.4 （高斯分布）

$$\mathcal{N}(x;\mu,\sigma^2)=\sqrt{\frac{1}{2\pi\sigma^2}}\mathrm{e}^{-\frac{1}{2\sigma^2}(x-\mu)^2} \tag{A.6}$$

式中，μ为实数，σ为一个取正实数值的分布参数。分布参数表示该分布满足式（A.5）的关系，这是高斯积分的典型练习问题，一定要记住。

⊖ 由于本书对离散变量与连续变量不做区分，因此将这种情况统称为分布。对离散变量的概率密度也称为概率质量函数。

A.2.2　条件概率

下面介绍条件概率。之前提到的$P(x=\circ, y=1)$的例子，是讨论抽取白色囊袋且囊袋带有硬币的概率。在这里，我们假设以抽取白色囊袋为前提条件，再来考虑囊袋中放有硬币的概率，这种情况即为条件概率，记为$P(y=1|x=\circ)$。此时的白色囊袋就是之前表中与$\circ$相对应的纵列，其数量总计为$60+20=80$个，其中 20 个放入了硬币，则

$$P(y=1|x=\circ)=\frac{20}{80}=\frac{1}{4} \tag{A.7}$$

这个概率可以改写为

$$P(y=1|x=\circ)=\frac{\frac{20}{100}}{\frac{80}{100}}=\frac{P(x=\circ, y=1)}{P(x=\circ)} \tag{A.8}$$

亦即$P(x=\circ, y=1)=P(y=1|x=\circ)P(x=\circ)$，这是条件概率的一般性质。因此，条件概率一般可由下式求得：

定义 A.5　（条件概率（乘法定理））

$$P(x|y)=\frac{P(x,y)}{P(y)} \tag{A.9}$$

如果将y，z一起用用于条件定义的话，则

$$P(x|y,z)=\frac{P(x,y,z)}{P(y,z)}=\frac{P(x,y|z)P(z)}{P(y|z)P(z)}=\frac{P(x,y|z)}{P(y|z)} \tag{A.10}$$

一般地，对于多变量条件概率下式成立。

定义 A.6　（多变量条件概率）

$$P(x|y,z_1,z_2,\ldots)=\frac{P(x,y|z_1,z_2,\ldots)}{P(y|z_1,z_2,\ldots)} \tag{A.11}$$

A.2.3　贝叶斯定理

如果将全概率法则$P(y)=\sum\limits_x P(x,y)=\sum\limits_x P(y|x)P(x)$应用于下式所示的条件概率$P(x|y)$，则可得著名的贝叶斯定理[⊖]。

$$P(x|y)=\frac{P(x,y)}{P(y)}=\frac{P(y|x)P(x)}{P(y)} \tag{A.12}$$

定理 A.7　（贝叶斯定理）

$$P(x|y)=\frac{P(y|x)P(x)}{\sum\limits_x P(y|x)P(x)} \tag{A.13}$$

⊖ 如果以变量的表现值来进行概率的计算，请以所有可能的情况进行累加计算。

其中，我们称$P(\mathrm{x})$为关于x的先验概率（prior probability），$P(\mathrm{x}|\mathrm{y})$则为后验概率（posterior probability）。在之前的例子中，在打开囊袋之前，取出的囊袋为白色的先验概率为$P(x=\circ)=80/100=0.8$。现在，我们先不看囊袋的颜色，试想一下在确认囊袋内有硬币时囊袋为白色的后验概率。如果猜中囊袋内有硬币的话，那么该囊袋为白色的概率就发生了变化。为什么呢？在这个例子当中，由于白色囊袋与黑色囊袋放入硬币的比例不同，因而，能猜中囊袋内有硬币的难易程度也不同。实际计算一下，当囊袋内有硬币放入时，囊袋为白色的后验概率已下降到$P(\circ|y=1)=20/35\approx0.57$。

A.2.4 概率的链规律

如果连续使用两次条件概率的定义的话，就可以将三个变量的概率分解为$P(x,y,z)=P(x|y,z)P(y,z)=P(x|y,z)P(y|z)P(z)$那样的单变量的条件概率的积。如此类推，就可以直接得到以下一般的链规律。

$$P(x_1,\cdots,x_M)=P(x_1)\prod_{m=2}^{M}P(x_m|x_1,\cdots,x_{m-1}) \tag{A.14}$$

A.2.5 条件的独立性

以下，我们以条件概率的观点来理解一下$P(x,y)=P(x)P(y)$的独立性。从式（A.15）的定义可以看出，如果$P(x|y)=P(x)$，$P(y|x)=P(y)$，则随机变量x与y具有相互独立性，此时的条件概率变得与没有条件情况下的概率是相同的。以出现x值的概率为例，其概率实际上与作为y的实现值会出现什么没有任何关系。这恰恰表明了两者的独立性。

如果在x与y的概率分布中出现了x，y以外的变量，则x与y的独立性可以相应地如式（A.15）加以定义，这就是条件的独立性。

定义 A.8 （附带条件的独立性）

随机变量x与y以$\mathrm{z}_1,\mathrm{z}_2,\cdots$，作为条件的附带条件的独立性，满足以下条件。

$$P(x,y|z_1,z_2,\cdots)=P(x|z_1,z_2,\cdots)P(y|z_1,z_2,\cdots) \tag{A.15}$$

亦即，在通过观测确定了$\mathrm{z}_1,\mathrm{z}_2,\cdots$的实现值之后，x与y即成为两个独立的随机变量。

A.3 期望值与方差

A.3.1 期望值

随机变量的函数$O(\mathrm{x})$的期望值$\mathrm{E}_{x\sim P}[O(\mathrm{x})]$是指代入从概率分布$P(\mathrm{x})$中取样的变量的实现值的平均值。尽管其表示的方法有很多，但期望值可通过下式的右侧来定义。

$$\mathrm{E}_{x\sim P}[O(\mathrm{x})]=\mathrm{E}_P[O(\mathrm{x})]=\mathrm{E}[O(\mathrm{x})]=\sum_x O(x)P(x) \tag{A.16}$$

如果是连续变量的话，可以把右边的和用积分置换成$\int O(x)P(x)\mathrm{d}x$。关于服从高斯分布的 x 的期望值，根据下面的计算可以得到其μ值。

$$\mathrm{E}_{\mathcal{N}}[\mathrm{x}] = \frac{1}{\sqrt{2\pi\sigma^2}} \int_{-\infty}^{\infty} x \mathrm{e}^{-\frac{1}{2\sigma^2}(x-\mu)^2} \mathrm{d}x$$
$$= \frac{1}{\sqrt{2\pi\sigma^2}} \int_{-\infty}^{\infty} \left(\sigma^2 \frac{\partial}{\partial \mu} + \mu\right) \mathrm{e}^{-\frac{1}{2\sigma^2}(x-\mu)^2} \mathrm{d}x = \frac{\sigma^2}{\sqrt{2\pi\sigma^2}} \frac{\partial \sqrt{2\pi\sigma^2}}{\partial \mu} + \mu$$

考虑条件概率的话，期望值也可以成为条件期望值。

$$\mathrm{E}_{(x,y)\sim P(\mathrm{x}|y)}[O(\mathrm{x})|y] = \sum_x O(x)P(x|y) \tag{A.17}$$

A.3.2　方差

方差是表征实现值在期望值周边实际分布情况的值。其定义如下：

$$Var[O(\mathrm{x})] = \mathrm{E}_{x\sim P}\left[\left(O(\mathrm{x}) - \mathrm{E}_{x\sim P}[O(\mathrm{x})]\right)^2\right] \tag{A.18}$$

它是通过期望值来估计平均偏离程度的量，在高斯分布的情况下，则

$$Var_{\mathcal{N}}[\mathrm{x}] = \frac{1}{\sqrt{2\pi\sigma^2}} \int_{-\infty}^{\infty} (x-\mu)^2 \mathrm{e}^{-\frac{1}{2\sigma^2}(x-\mu)^2} \mathrm{d}x$$
$$= \frac{1}{\sqrt{2\pi\sigma^2}} \int_{-\infty}^{\infty} 2\sigma^4 \frac{\partial}{\partial \sigma^2} \mathrm{e}^{-\frac{1}{2\sigma^2}(x-\mu)^2} \mathrm{d}x = \frac{2\sigma^4}{\sqrt{2\pi\sigma^2}} \frac{\partial \sqrt{2\pi\sigma^2}}{\partial \sigma^2} = \sigma^2$$

式中，σ为决定分布分散程度的参数。

此外，在由两个随机变量构成的高斯分布的概率函数中，经常采用如下所示的协方差。

$$Cov[O(\mathrm{x}), Q(\mathrm{y})]$$
$$= \mathrm{E}_{(x,y)\sim P(\mathrm{x},\mathrm{y})}\left[\left(O(\mathrm{x}) - \mathrm{E}_{x\sim P(\mathrm{x})}[O(\mathrm{x})]\right)\left(Q(\mathrm{y}) - \mathrm{E}_{y\sim P(\mathrm{y})}[Q(\mathrm{y})]\right)\right]$$

式中，$P(\mathrm{x})$为边缘化的概率。

如果在区间$[a,b]$上的分布为均匀分布，即在$a \leqslant x \leqslant b$的范围内，其概率密度为$P(x) = 1/(b-a)$，在该区间以外认为其概率密度为$P(x) = 0$，则以这种$\mathcal{U}(x;a,b)$为概率密度的$x$的期望值与方差为

$$\mathrm{E}_{\mathcal{U}}[\mathrm{x}] = \int_a^b \frac{x}{b-a} \mathrm{d}x = \frac{a+b}{2}$$
$$Var_{\mathcal{U}}[\mathrm{x}] = \int_a^b \frac{(x-(a+b)/2)^2}{b-a} \mathrm{d}x = \frac{a^2-2ab+b^2}{12}$$

A.4　信息量与散度

在通过实验观测随机变量$\mathrm{x}=x$的实现值时，我们定义该观测事实具有的信息量为$I(x)$。随机性越大的事件其承载的信息量应该越多，这是因为经常发生的事件，它并未承载很多的信息，于是，我们也可以以概率的倒数$1/P(x)$来作为信息量的定义。但是，分别观测的两个独立的现象x，y所获得的信息量并不是$1/(P(x)P(y))$，而是这两个独立的现象分别承载的信息量的和，这是自然的定义。因此，将上述量再进行一个取对数的操作，从而得到自信息量

的定义。

定义 A. 9 （自信息量）

$$I(x) = -\log P(x) \tag{A. 19}$$

通常，在采用 2 作为对数的底时，信息量的单位为比特（bit）；以自然对数的底e为底时，称为自然单位信息量（natural unit of information）（nit）；以 neipia 为底时，称为 nepit，此时将所有的观测值进行平均化，以此来定义分布本身所含有的信息熵，亦称为平均信息量。

定义 A. 10 （平均信息量，Shannon 熵）

$$H(P) = \mathrm{E}_P[I(\mathrm{x})] = -\sum_x P(x)\log P(x) \tag{A. 20}$$

另外，与平均信息量的概念类似，还有由两个分布定义的交叉熵（cross entropy）。需要注意的是，表征自我信息量的分布与取平均的分布是不同的。

定义 A. 11 （交叉熵）

$$H(P,Q) = \mathrm{E}_P[-\log Q(\mathrm{x})] = -\sum_{x\sim P(\mathrm{x})} P(x)\log Q(x) \tag{A. 21}$$

与交叉熵相关的量有 KL 散度（Kullback- Leibler divergence）。

定义 A. 12 （KL 散度）

$$\begin{aligned} \mathrm{D_{KL}}(P\|Q) &= \mathrm{E}_P\left[\log\frac{P(\mathrm{x})}{Q(\mathrm{x})}\right] \\ &= \sum_{x\sim P(\mathrm{x})} P(x)\big(\log P(x) - \log Q(x)\big) \end{aligned} \tag{A. 22}$$

这个量表征两个分布的远近。例如，计算一下方差为 1 的两个高斯分布$P(x) = \mathcal{N}(x;\mu_1,1)$和$Q(x) = \mathcal{N}(x;\mu_2,1)$的 KL 散度的话，则有

$$\mathrm{D_{KL}}(P\|Q) = \int_{-\infty}^{\infty}\frac{-(x-\mu_1)^2 + (x-\mu_2)^2}{2}P(x)\mathrm{d}x = \frac{(\mu_1-\mu_2)^2}{2}$$

由此可以看出，其确实是通过平均值的差来表征两个分布的远近。

一般地，KL 散度是一个关于Q的下凸（泛）函数，只有当$P = Q$时，取得最小值$\mathrm{D_{KL}}(P\|P) = 0$，因此也的确是两个分布间的距离。但是，由于$P$与$Q$的更换是不对称的，因此很难成为真正数学意义上的距离。

附录 B　变分法

机器学习的工作之一就是要实现目标函数的极值化。当目标函数为通常参数的一般函数时，可采用微分法。但是，当目标函数与其他函数具有依赖关系时，就不能采用微分法进行函数极值的求解，而需要采用变分法。

B. 1　泛函数

对于一个普通的函数f，如果代入变量x的数值，会得到函数的数值$f(x)$，因此数值与数值之间是相对应的。对一般函数，考虑其定积分$F[f]=\int_{-\infty}^{\infty}f(x)\mathrm{d}x$。当然，如当$f(x)=\mathrm{e}^{-x^2}$那样给出具体的函数形式的话，则$F[f]$可以给出相应的定积分的值。但是，函数$F$本身可看作是与各种不同形式的函数$f$相对应的函数图像。像这样，把函数作为自变量而构成的函数形式即为泛函数。

我们观察一下在$f(0)=1,f(1)=1$时的函数$y=f(x)$的图像，这是一条连接点$(x,y)=(0,0)$和点$(1,1)$的曲线。这条曲线的长度，可通过对(x,f)和$(x+\mathrm{d}x,y+f'(x)\mathrm{d}x)$之间的微小距离$\sqrt{\mathrm{d}x^2+(f'(x)\mathrm{d}x)^2}$进行积分来求得，即有

$$L[f]=\int_0^1\sqrt{1+\left(f'(x)\right)^2}\mathrm{d}x \tag{B. 1}$$

这正是函数f的泛函数。以下，我们介绍寻找使得这样的泛函数最小化的函数f的方法。

B. 2　欧拉·拉格朗日方程式

寻找一般函数的最小值只要采用微分方程即可解决。那么，如何寻找使泛函数$F[f]$最小化的函数f呢？实际上，泛函数也可以通过下面所介绍的方法引入极值问题。

我们考查一下如下所示的依赖f和f'的泛函数。

$$L[f,f']=\int l(f(x),f'(x))\mathrm{d}x \tag{B. 2}$$

为了寻找这个极值，首先让函数的变量发生一个微小的变动

$$f(x)\rightarrow f(x)+\delta f(x) \tag{B. 3}$$

此时，泛函数的变化量近似等于函数 l 的泰勒 1 次展开，即为

$$\begin{aligned}L[f+\delta f,f'+\delta f']-L[f,f']&\approx\int\left(\frac{\partial l}{\partial f(x)}\delta f(x)+\frac{\partial l}{\partial f'(x)}\frac{\mathrm{d}\delta f(x)}{\mathrm{d}x}\right)\mathrm{d}x\\&=\int\left(\frac{\partial l}{\partial f}-\frac{\mathrm{d}}{\mathrm{d}x}\frac{\partial l}{\partial f'}\right)\delta f(x)\mathrm{d}x\end{aligned} \tag{B. 4}$$

对式（B. 4）最后一行进行部分积分。由于在函数取得极值的情况下，无论发生多么微小的变化$\delta f(x)$，这个积分值必须为 0，亦即括号中的运算结果必须是 0。这样，即可得到确

定泛函数极值化的函数型的欧拉・拉格朗日方程式。

公式 B. 1 （欧拉・拉格朗日方程式）

$$\frac{\partial l(f(x), f'(x))}{\partial f(x)} - \frac{\mathrm{d}}{\mathrm{d}x}\frac{\partial l(f(x), f'(x))}{\partial f'(x)} = 0 \tag{B. 5}$$

以这种思想来使泛函数极值化的方法通常被称为变分法。为了确定使长度最小化的f，我们对式（B. 1）运用该方法。由于l与f'只是表面依赖，所以

$$\frac{\mathrm{d}}{\mathrm{d}x}\frac{f'(x)}{\sqrt{1+\left(f'(x)\right)^2}} = 0 \tag{B. 6}$$

因此，当$f'(x)$为一个定值时，f即为一条直线，自然再现了“连接两点间的最短路径是直线”这一结果。

参 考 文 献

[1] 岡谷貴之．深層学習．講談社，2015.

[2] I. Goodfellow, Y. Bengio, and A. Courville. *Deep Learning.* MIT Press, 2016.
`http://www.deeplearningbook.org`

[3] R.O. Duda, P.E. Hart, and D.G. Stork. *Pattern Classification* 2nd ed.. Wiley, 2000.

[4] C.M. ビショップ．パターン認識と機械学習（上）（下）．丸善出版，2012.

[5] T. M. Mitchell. *Machine Learning.* Mc Graw-Hill, 1997.

[6] 東京大学教養学部統計学教室（編）．自然科学の統計学．東京大学出版会，1992.

[7] 人工知能学会（監修），麻生英樹ら．深層学習．近代科学社，2015.

[8] A. Krizhevsky, I. Sutskever, and G.E. Hinton. ImageNet classification with deep convolutional neural networks. *Advances in Neural Information Processing Systems*, 2012.

[9] Q.V. Le. Building high-level features using large scale unsupervised learning. *Acoustics, Speech and Signal Processing* (*ICASSP*), 2013.

[10] `https://googleblog.blogspot.jp/2012/06/using-large-scale-brain-simulations-for.html`

[11] M.F. ベアー, B.W. コノーズ, M.A. パラディーソ．カラー版 神経科学．西村書店，2007.

[12] R.J. Williams and D. Zipser. A learning algorithm for continually running fully recurrent neural networks. *Neural Computation*, 1: 270–280, 1989.

[13] Y.A. LeCun *et al.*. Efficient backprop. *Neural networks: Tricks of the Trade.* Springer, 9–48, 2012.

[14] I.J. Goodfellow *et al.*. Maxout networks. *Proceedings of the 30th International Conference on Machine Learning*, 28(3): 1319–1327, 2013.

[15] G. Montúfar *et al.*. On the number of linear regions of deep neural networks. *Advances in Neural Information Processing Systems*, 2014.

[16] A. Choromanska *et al.*. The loss surfaces of multilayer networks. *Artificial Intelligence and Statistics*, 2015.

[17] Y. Nesterov. A method of solving a convex programming problem with convergence rate O (1/sqr(k)). *Soviet Mathematics Doklady*, 27: 372–376, 1983.

[18] J. Duchi, E. Hazan, and Y. Singer. Adaptive subgradient methods for online learning and stochastic optimization. *Journal of Machine Learning Research*, 12: 2121–2159, 2011.

[19] T. Tieleman and G. Hinton. Lecture 6.5-RMSProp, *COURSERA: Neural networks for machine learning.* University of Toronto, Tech. Rep, 2012.

[20] M.D. Zeiler. ADADELTA: An adaptive learning rate method. arXiv:1212.5701, 2012.

[21] D.P. Kingma and J. Ba. Adam: A method for stochastic optimization. arXiv:1412.6980, 2014.

[22] A.L. Maas, A.Y. Hannun, and A.Y. Ng. Rectifier nonlinearities improve neural network acoustic models. *Proceeding of ICML*, 30(1), 2013.

[23] K. He *et al.*. Delving deep into rectifiers: Surpassing human-level performance on ImageNet classification. *Proceedings of the IEEE International Conference on Computer Vision*, 2015.

[24] 甘利俊一. 情報幾何学の新展開. サイエンス社, 2014.

[25] S. Amari. Natural gradient works efficiently in learning. *Neural computation*, 10: 251–276, 1998.

[26] X. Glorot and Y. Bengio. Understanding the difficulty of training deep feedforward neural networks. *Artificial Intelligence and Statistics*, 9: 249–256, 2010.

[27] K. He *et al.*. Delving deep into rectifiers: Surpassing human-level performance on ImageNet classification. *Proceedings of the IEEE International Conference on Computer Vision*, 2015.

[28] L. Prechelt. Early stopping: But when?. *Neural Networks: Tricks of the Trade.* Springer, 53–67, 2012.

[29] C. Szegedy *et al.*. Intriguing properties of neural networks. arXiv:1312.6199, 2013.

[30] I.J. Goodfellow, J. Shlens, and C. Szegedy. Explaining and harnessing adversarial examples. arXiv:1412.6572, 2014.

[31] D.G. ルーエンバーガー. 金融工学入門 第 2 版. 日本経済新聞出版社, 2015.

[32] C. Szegedy *et al.*. Going deeper with convolutions. *Proceedings of the IEEE Conference on Computer Vision and Pattern Recognition*, 2015.

[33] N. Srivastava *et al.*. Dropout: A simple way to prevent neural networks from overfitting. *Journal of Machine Learning Research*, 15: 1929–1958, 2014.

[34] D. Warde-Farley *et al.*. An empirical analysis of dropout in piecewise linear networks. arXiv:1312.6197, 2013.

[35] S. Ioffe and C. Szegedy. Batch normalization: Accelerating deep network training by reducing internal covariate shift. arXiv:1502.03167, 2015.

[36] C. Zhang *et al.*. Understanding deep learning requires rethinking generalization. arXiv:1611.03530, 2016.

[37] S. Amari. A theory of adaptive pattern classifiers. *IEEE Transactions on Electronic Computers*, 3: 299–307, 1967.

[38] D.E. Rumelhart, G.E. Hinton, and R.J. Williams. Learning representations by back-propagating errors. *Nature*, 323: 533–538, 1986.

[39] M. Nielsen. Neural networks and deep learning.
`http://neuralnetworksanddeeplearning.com/`

[40] G.W. Cottrell and P. Munro. Principal components analysis of images via back propagation. *Visual Communications and Image Procession '88*, 1988.

[41] K. Fukushima. Neocognitron: A self-organizing neural network model for a mechanism of pattern recognition unaffected by shift in position. *Biological Cybernetics*, 36: 193–202, 1980.

[42] Y. LeCun *et al.*. Backpropagation applied to handwritten zip code recognition. *Neural computation* 1: 541–551, 1989.

[43] K. Jarrett *et al.*. What is the best multi-stage architecture for object recognition?. *Proceedings of the IEEE 12th International Conference on Computer Vision*, 2009.

[44] K. Simonyan and A. Zisserman. Very deep convolutional networks for large-scale image recognition. arXiv:1409.1556, 2014.

[45] 中山英樹. 深層畳み込みニューラルネットワークによる画像特徴抽出と転移学習. 電子情報通信学会音声研究会, 2015.

[46] https://blog.keras.io/how-convolutional-neural-networks-see-the-world.html

[47] C. Szegedy *et al.*. Going deeper with convolutions. *Proceedings of the IEEE Conference on Computer Vision and Pattern Recognition*, 2015.

[48] A. Dosovitskiy, J.T. Springenberg, and T. Brox. Learning to generate chairs with convolutional neural networks. *Proceedings of the IEEE Conference on Computer Vision and Pattern Recognition*, 2015.

[49] A. Nguyen, J. Yosinski, and J. Clune. Deep neural networks are easily fooled: High confidence predictions for unrecognizable images. *Proceedings of the IEEE Conference on Computer Vision and Pattern Recognition*, 2015.

[50] M. Sundermeyer *et al.*. Translation Modeling with Bidirectional Recurrent Neural Networks. *EMNLP*, 2014.

[51] R. Pascanu, T. Mikolov, and Y. Bengio. On the difficulty of training recurrent neural networks. *Proceedings of the 30th International Conference on Machine Learning*, 28(3): 1310–1318, 2013.

[52] I. Sutskever, O. Vinyals, and Q.V. Le. Sequence to sequence learning with neural networks. *Advances in Neural Information Processing Systems*, 2014.

[53] O. Vinyals and Q. Le. A neural conversational model. arXiv:1506.05869, 2015.

[54] 渡辺有祐. グラフィカルモデル. 講談社, 2016.

[55] 伊藤清. 確率論. 岩波書店, 1991.

[56] Y. Bengio. Learning deep architectures for AI. *Foundations and trends in Machine Learning*, 2: 1–127, 2009.

[57] N. Le Roux and Y. Bengio. Representational power of restricted Boltzmann machines and deep belief networks. *Neural computation*, 20: 1631–1649, 2008.

[58] G.E. Hinton. A practical guide to training restricted Boltzmann machines. *Neural networks: Tricks of the Trade*. Springer, 599–619, 2012.

[59] G.E. Hinton. Training products of experts by minimizing contrastive divergence. *Neural computation*, 14: 1771–1800, 2002.

[60] Y. Bengio and O. Delalleau. Justifying and generalizing contrastive

divergence. *Neural computation*, 21: 1601–1621, 2009.

[61] M.A. Carreira-Perpinan and G.E. Hinton. On contrastive divergence learning. *Artificial Intelligence and Statistics*, 2005.

[62] T. Tieleman. Training restricted Boltzmann machines using approximations to the likelihood gradient. *Proceedings of the 25th International Conference on Machine Learning*, 1064–1071, 2008.

[63] T. Tieleman, and G. Hinton. Using fast weights to improve persistent contrastive divergence. *Proceedings of the 26th Annual International Conference on Machine Learning*, 1033–1040, 2009.

[64] G.E. Hinton, S. Osindero, and Y.-W. Teh. A fast learning algorithm for deep belief nets. *Neural computation*, 18: 1527–1554, 2006.

[65] R. サットン, A. バルト. 強化学習. 森北出版, 2000.

[66] 牧野貴樹ら. これからの強化学習. 森北出版, 2016.

[67] L.J. Lin. Reinforcement learning for robots using neural networks. *Carnegie-Mellon Univ. Pittsburgh PA School of Computer Science*, 1993.

[68] V. Mnih *et al.*. Playing atari with deep reinforcement learning. arXiv:1312.5602, 2013.

[69] `https://www.technologyreview.com/s/532876/googles-intelligence-designer/`

[70] M. Volodymyr *et al.*. Human-level control through deep reinforcement learning. *Nature*, 518: 529–533, 2015.

[71] V. Mnih *et al.*. Mastering the game of Go with deep neural networks and tree search. *Nature*, 529: 484–489, 2016.

[72] G. イツァーク. 不確実性下の意思決定理論. 勁草書房, 2014.

[73] A.N. コルモゴロフ. 確率論の基礎概念. 筑摩書房, 2010.

[74] K. Simonyan, A. Vedaldi, and A. Zisserman. Deep inside convolutional networks: Visualising image classification models and saliency maps. arXiv:1312.6034, 2013.